K. Niederdrenk

Die endliche Fourier- und Walsh-Transformation mit einer Einführung in die Bildverarbeitung

Meinen lieben Kindern

Maren, Lisa und Laura

gewidmet, die wegen dieses Buches eine Zeitlang zu kurz kamen.

Klaus Niederdrenk

Die endliche Fourier- und Walsh-Transformation mit einer Einführung in die Bildverarbeitung

Eine anwendungsorientierte Darstellung
mit FORTRAN 77-Programmen

2., neubearbeitete und erweiterte Auflage

Herausgegeben von Gisela Engeln-Müllges

Friedr. Vieweg & Sohn Braunschweig/Wiesbaden

CIP-Kurztitelaufnahme der Deutschen Bibliothek

Niederdrenk, Klaus:
Die endliche Fourier- und Walsh-Transformation
mit einer Einführung in die Bildverarbeitung:
e. anwendungsorientierte Darst. mit FORTRAN-
77-Programmen / Klaus Niederdrenk. Hrsg. von
Gisela Engeln-Müllges. – 2., neubearb. u. erw.
Aufl. – Braunschweig; Wiesbaden: Vieweg, 1984.
ISBN-13: 978-3-528-18535-0 e-ISBN-13: 978-3-322-84115-5
DOI: 10.1007/978-3-322-84115-5

1. Auflage 1982
2., neubearbeitete und erweiterte Auflage 1984

ISBN-13: 978-3-528-18535-0

Inhaltsverzeichnis

VORWORT ZUR 2. AUFLAGE

In der zweiten Auflage dieses Buches sind natürlich einige inkorrekte Textstellen berichtigt worden.
Auch die in Standard-FORTRAN 77 geschriebenen Programme sind bezüglich des Rechenaufwandes teilweise verbessert, bezüglich ihrer Einsatzmöglichkeiten erweitert und durch ein Programm zur eindimensionalen reellen Fourier-Transformation ergänzt worden. Dieses neue Programm hilft zum Bespiel denjenigen Anwendern, die die diskrete Fourier-Transformation etwa auf Mikrorechnern realisieren wollen, auf denen eine komplexe Rechnung nicht unterstützt wird. Es läßt sich außerdem leicht in andere Programmiersprachen übertragen.

In der Regel führt eine neue Auflage zu einer Vergrößerung des Umfangs - so auch hier. Gegenüber der ersten Auflage ist das erste Kapitel über die endliche Fourier-Transformation um einen Abschnitt erweitert worden, der sich kurz mit der unendlichen Fourier-Transformation und den darauf zugeschnittenen Begriffen der nichtperiodischen Faltung und Korrelation befaßt und in dem anschließend Möglichkeiten eines effizienten Einsatzes der Schnellen Fourier-Transformation (FFT) hierfür behandelt werden.
Diese Ergänzung hat sich aus praktischen Gesichtspunkten als ebenso wichtig herausgestellt wie eine in der ersten Auflage fehlende einführende Behandlung des Korrelationsbegriffs, dem nun in Kapitel 3.3 ausführlich Rechnung getragen wird.
Schließlich ist Kapitel 2.4 noch durch die Herleitung der Schnellen Walsh-(Paley-) Transformation vervollständigt worden.

Ich hoffe, mit dieser zweiten Auflage der Gefahr, daß umfangreicherer Stoff die Direktheit der Darstellung und die Übersichtlichkeit zumindest stellenweise beeinträchtigt, nicht erlegen zu sein.

Aachen, im Juni 1984

VORWORT

Die diskrete Fourier-Transformation als Hilfsmittel ist weit verbreitet. Auf modernen Rechenanlagen wird sie sehr effizient eingesetzt und ist in wichtigen Anwendungsgebieten aus Naturwissenschaft und Technik nicht mehr wegzudenken.

Bei der endlichen Fourier-Analyse geht man davon aus, daß das vorliegende Signal als eine Überlagerung von harmonischen Sinus- und Kosinusschwingungen mit unterschiedlichen Frequenzen darstellbar ist. Die endliche Fourier-Transformation ordnet diesem Signal bestimmte Koeffizienten zu, nämlich die Amplituden der einzelnen harmonischen Schwingungen. Anhand dieser Koeffizienten kann man zum Beispiel sehen, wie stark bestimmte Schwingungen in dem Signal vertreten sind. Die Beträge dieser Koeffizienten lassen sich graphisch darstellen; man erhält das Amplituden-Spektrum, das zum Beispiel so aussehen kann:

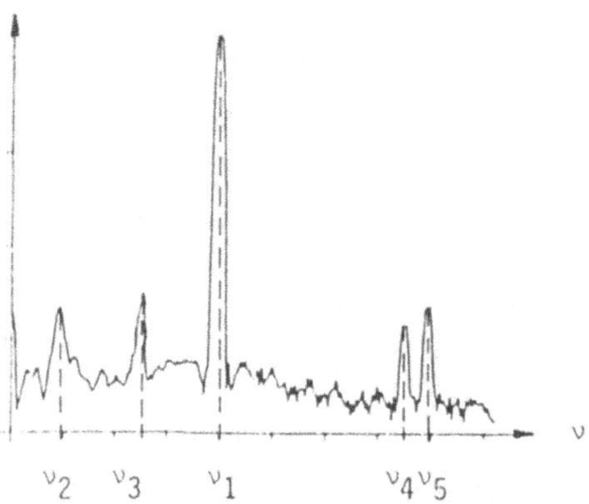

Auf der Abszisse sind die Frequenzen ν, die ganzzahligen Vielfachen einer bestimmten Grundfrequenz, aufgetragen, und die Ordinatenwerte geben die Amplituden der Schwingungen mit den entsprechenden Frequenzen in dem analysierten Signal wieder. Von Interesse sind häufig diejenigen harmonischen Schwingungen, die besonders stark in dem analysierten Signal vertreten sind. Im obigen Beispiel ist dies die Schwingung mit der Frequenz ν_1; etwas mehr bedeutend als die übrigen Schwingungen sind aber auch die beiden mit den gegenüber ν_1 niedrigeren Frequenzen ν_2 und ν_3 und die beiden mit den gegenüber ν_1 höheren Frequenzen ν_4 und ν_5. Der Frequenz ν_1 kommt häufig besondere Bedeutung zu, da die bei weitem dominierende Schwingung in dem Signal diese Frequenz hat. So kann es sich dabei um die Resonanzfrequenz oder Eigenfrequenz handeln.

Die diskrete Fourier-Transformation vollzieht einen endlichen, periodischen Prozeß nach, und zwar umso besser, je größer die Anzahl der diskreten Daten von einem Signal ist. Die diskrete Fourier-Transformation steht daher nicht mit der unendlichen nichtperiodischen Fourier-Transformation in enger Verbindung, die man formal aus der endlichen Fourier-Transformation erhält, wenn man die endliche Periodenlänge beiderseits gegen Unendlich streben läßt. Selbst mit sehr vielen diskreten Werten wird immer nur ein endlicher Bereich, der Bereich einer Periode, erfaßt, und es ist eine Frage der Skalierung, welche endliche Größe der Periodenlänge entspricht. Bei hinreichend vielen diskreten Werten wird die Approximation eines endlichen, periodischen Prozesses außerordentlich gut.

Die (diskrete) Fourier-Analyse findet insbesondere bei Signalen Anwendung, die in Natur und Technik vorkommende Ereignisse beschreiben und physikalisch begründet sind. Das periodische System der dazu benutzten harmonischen Schwingungen ist nicht allzu leicht zu handhaben. Das einfachste periodische System, mit dem sich endliche periodische Vorgänge beschreiben lassen, ist das System der Walsh-Funktionen oder damit verwandte Funktionensysteme. Mit diesen Funktionen kann man sehr einfach und sehr schnell arbeiten.

Die endliche Walsh-Transformation ordnet dem untersuchten Signal die Amplituden der einzelnen Walsh-Schwingungen zu, die dieses Signal enthält. Für die diskrete Walsh-Transformation und die endliche Walsh-Transformation gilt das gleiche wie für die entsprechenden Fourier-Transformationen: Im diskreten Fall wird ein endlicher, periodischer Prozeß gut approximiert.

Diese (diskreten) Transformationen werden häufig bei bestimmten Faltungs- und Korrelationsprozessen benutzt, die auf dem Umweg über eine solche Transformation sehr effizient berechenbar sind. In der Statistik zum Beispiel dient die Korrelation als ein Maß zur Beschreibung einer Abhängigkeit, und mit Hilfe von Faltungen lassen sich etwa bestimmte systematische Störungen in Signalen beschreiben.

Das erste Kapitel dieses Buches beschäftigt sich mit der endlichen und der diskreten Fourier-Transformation und deren Eigenschaften im eindimensionalen und im mehrdimensionalen Fall und stellt die Zusammenhänge zwischen diesen Transformationen her, die zum Verständnis und zur richtigen Interpretation von mit Hilfe von Computern ermittelten Ergebnissen der diskreten Fourier-Transformation wichtig sind.

Das zweite Kapitel behandelt in gleicher Weise die endliche und die diskrete Walsh-Transformation.

In beiden Kapiteln werden schnelle Algorithmen zur Bestimmung der diskreten Transformationen behandelt, die neben der gewonnenen enormen Zeitersparnis gegenüber einer direkten Berechnung der diskreten Koeffizienten außerdem den Vorteil haben, numerisch außerordentlich stabil, das heißt rundefehlerunempfindlich zu sein. Dies ist eine nicht zu vernachlässigende Komponente bei der Rechnung auf Computern, da man dabei Zahlen immer nur mit endlicher Stellenzahl, das heißt gerundet, darstellen kann und eine Rechenvorschrift deshalb nicht exakt ausgeführt wird. In ungünstigen Fällen können sich die Rundefehler derart verstärken, daß das vom Rechner gelieferte Ergebnis praktisch nichts mehr mit der exakten Lösung zu tun hat. Diese unangenehme Eigenschaft haben die angegebenen schnellen Transformationsalgorithmen nicht.
Für die für die Anwendung wichtigsten Fälle der eindimensionalen und zweidimensionalen Transformationen sind diese schnellen Transformationsalgorithmen zusätzlich in Form von Standard-FORTRAN 77-Programmen angegeben.

Eine wichtige Entscheidung kann dieses Buch dem Anwender nicht abnehmen. Auf die Tatsache, daß die (diskrete) Fourier- oder Walsh-Transformation auch ein zunächst nichtperiodisches Signal periodisch "macht", kann man insofern einen Einfluß ausüben, als daß man bei nichtperiodischen Signalen die Periodenlänge selbst bestimmt. Hat man etwa für x-Werte größer als Null folgendes Signal vorgegeben

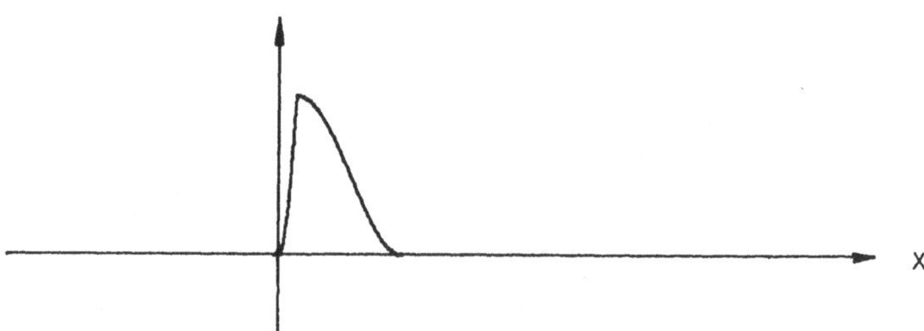

so macht es einen großen Unterschied, ob man nur den Anteil der Funktion mit Werten ungleich Null betrachtet und damit die nachfolgende Analyse folgendes periodisches Signal mit der Periode P untersucht

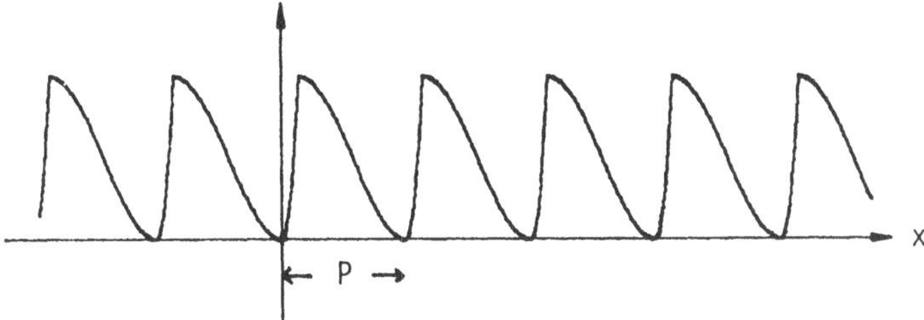

oder ob man einen bestimmten sinnvollen Bereich $\tilde{P}$ als den Bereich einer Periode auszeichnet und dieses Signal dann untersucht; das zu analysierende periodische Signal könnte dann etwa so aussehen

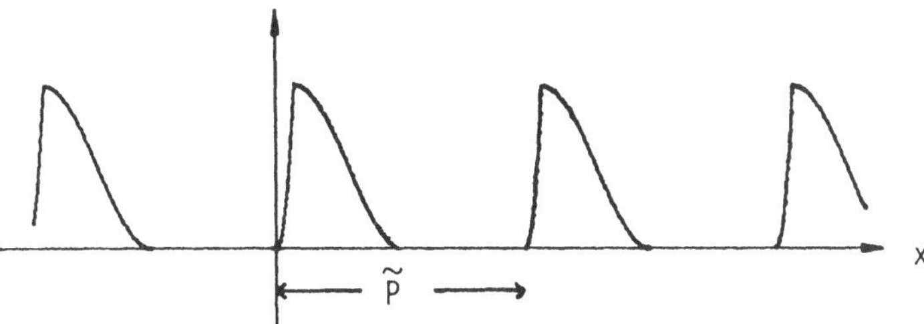

So muß man sich in solchen Fällen klar darüber sein, an welcher Information von diesem Signal man interessiert ist und welchen Weiterverarbeitungsprozessen man dieses Signal unterwerfen will.

In letzter Zeit hat sich die digitale Bilddatenverarbeitung als ein sehr wichtiges Anwendungsgebiet der diskreten Fourier- und Walsh-Transformation herausgeschält. Eine Einführung in dieses Anwendungsgebiet gibt das dritte Kapitel. Die digitale Bildverarbeitung befindet sich noch in einem Stadium, in dem zwar für einzelne bestimmte Auswertungen Algorithmen und Techniken erprobt sind, im großen und ganzen aber mehr getestet als gezielt angewandt wird. Im Gegensatz zur eigentlich wichtigen Bildauswertung ist die davorgeschaltete Bildaufbereitung oder Bildvorverarbeitung größtenteils standardisiert; Methoden hierzu werden im dritten Abschnitt dieses Kapitels behandelt, wobei die Verwendung von vorher hergeleiteten Eigenschaften der behandelten diskreten Transformationen berücksichtigt ist. Das komplexe Gebiet der eigentlichen Bildauswertung kann nur mit einigen einfachen Beispielen angedeutet werden.

Die Erstellung der Programme und die Rechnungen für die Beispiele wurden auf der Rechenanlage CDC Cyber 175 des Rechenzentrums der RWTH Aachen durchgeführt.

Mein Dank gilt allen, die an der Entstehung dieses Buches mitgewirkt haben.

Aachen, im Juli 1982

BEZEICHNUNGEN

$\equiv$	: identisch gleich
$\approx$	: ungefähr gleich (näherungsweise)
$< \infty$	: beschränkt, endlich
$\{f,g,\ldots\}$	: Menge mit Elementen $f,g,\ldots$
$\in$	: Element von
$\mathbb{N} = \{1,2,3,\ldots\}$	: Menge der natürlichen Zahlen
$\mathbb{Z} = \{0,\pm1,\pm2,\ldots\}$	: Menge der ganzen Zahlen
$\mathbb{R} = \{x \mid x \text{ reell}\}$	: Menge der reellen Zahlen
$\mathbb{R}^2 = \{(x,y) \mid x,y \in \mathbb{R}\}$	: Menge der geordneten Paare reeller Zahlen
$i = \sqrt{-1}$	: imaginäre Einheit
$\mathbb{C} = \{z = x + iy \mid x,y \in \mathbb{R}\}$	: Menge der komplexen Zahlen
$\mathrm{Re}(z) \equiv \mathrm{Re}\,(x + iy) = x$	: Realteil einer komplexen Zahl
$\mathrm{Im}(z) \equiv \mathrm{Im}\,(x + iy) = y$	: Imaginärteil einer komplexen Zahl
$\bar{z} \equiv \overline{x + iy} = x - iy$	: konjugiert komplexe Zahl einer komplexen Zahl
$\lvert z\rvert \equiv \lvert x + iy\rvert = \sqrt{z\cdot\bar{z}} = \sqrt{x^2 + y^2}$	: Betrag einer komplexen Zahl
$[a,b] = \{x \in \mathbb{R} \mid a \leq x \leq b\}$	: abgeschlossenes Intervall
$[a,b) = \{x \in \mathbb{R} \mid a \leq x < b\}$	: links abgeschlossenes, rechts offenes Intervall
$(a,b) = \{x \in \mathbb{R} \mid a < x < b\}$	: offenes Intervall
$\delta_{k\ell} = \begin{cases} 1 , & k = \ell \\ 0 , & k \neq \ell \end{cases} \quad (k,\ell \in \mathbb{Z})$	: Kronecker-Symbol
$\mathrm{sgn}(m) = \begin{cases} 1 , & m \geq 0 \\ -1 , & m < 0 \end{cases}$	: Vorzeichen der Zahl m
$A \bmod m$	: Rest bei der Division des Ausdrucks A durch m (A modulo m)

$\oplus$	: Modulo-2-Addition
$\ominus$	: Modulo-2-Subtraktion
$f^{\wedge}$	: Fourierkoeffizient von f
$\hat{f}$	: Fouriertransformierte von f
$f^{\vee}$	: Walshkoeffizient von f
$f^{\sim}$	: Walsh-Paley-Koeffizient von f
$\mathcal{F}$	: Fourierreihe oder -teilsumme
$\mathcal{DF}$	: diskrete Fourierteilsumme
$\mathcal{W}$	: Walshreihe oder -teilsumme
$\mathcal{DW}$	: diskrete Walshteilsumme
$f * g$	: zyklische Faltung der Funktionen f und g
$f \circ g$	: zyklische Korrelation der Funktionen f und g
$(f * g)_{\mathbb{R}}$	: Faltung auf $\mathbb{R}$ der Funktionen f und g
$(f \circ g)_{\mathbb{R}}$	: Korrelation auf $\mathbb{R}$ der Funktionen f und g
$f \circledast g$	: dyadische Faltung der Funktionen f und g
$f \odot g$	: dyadische Korrelation der Funktionen f und g
$\mathcal{O}$	: Landausches groß-Oh-Symbol

1. DIE ENDLICHE FOURIER-TRANSFORMATION

Hat man ein "Signal", d.h. aus mathematischer Sicht eine Funktion über einem endlichen Definitionsbereich, so kann man es als eine überall definierte periodische Funktion auffassen, indem man sich dieses Signal immer wiederkehrend vorstellt. Joseph Fourier erkannte 1822, daß ein solches Signal als eine Überlagerung (Superposition) von harmonischen Schwingungen unterschiedlicher Frequenzen aufgefaßt werden kann. Die Einzelschwingungen sind also Sinus- und Kosinusfunktionen mit abzählbar verschiedenen Frequenzen und bestimmten Amplituden.

In vielen Fällen ist es nützlich, eine solche Darstellung eines Signals zu kennen; die Größe einer Amplitude spiegelt die Intensität des entsprechenden Frequenzanteils in diesem Signal wider. Man kann so etwa Resonanzfrequenzen feststellen, denn der Absolutbetrag der zugehörigen Amplituden ist unverhältnismäßig groß.

1.1 DIE EINDIMENSIONALE ENDLICHE FOURIER-TRANSFORMATION UND IHRE EIGENSCHAFTEN

Eine auf $\mathbb{R}$ definierte reell- oder komplexwertige Funktion f heißt periodisch mit der Periode X oder X-periodisch $(X > 0)$, falls

(1.1) $$f(x \pm X) = f(x) \quad \text{für alle} \quad x \in \mathbb{R} \quad \text{ist.}$$

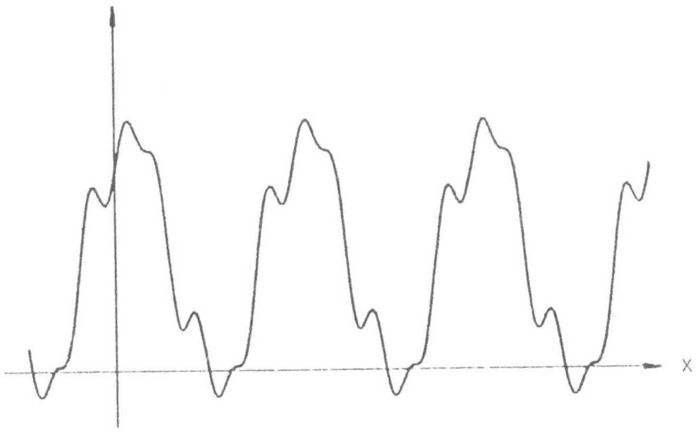

x

Bild 1.1: Beispiel einer periodischen Funktion

Eine solche Funktion erfüllt für beliebige $\alpha \in \mathbb{R}$

$$(1.2)\qquad \int_0^X f(x)dx = \int_\alpha^{\alpha+X} f(x)dx \quad ,$$

denn es ist unter Ausnutzung der Periodizität

$$\int_\alpha^{\alpha+X} f(x)dx = \int_\alpha^X f(x)dx + \int_X^{\alpha+X} f(x)dx = \int_\alpha^X f(x)dx + \int_0^\alpha f(x+X)dx = \int_0^X f(x)dx \; .$$

Eine periodische Funktion f mit der Periode X ist durch ihre Restriktion auf einen Fundamentalbereich $[\alpha,\alpha+X)$ ($\alpha \in \mathbb{R}$ beliebig) eindeutig festgelegt; es genügt also, diese Funktion f auf dem fundamentalen Intervall $[0,X)$ zu betrachten. Will man eine solche periodische Funktion zur besseren Handhabung durch geeignete Ansatzfunktionen approximieren, so ist es naheliegend, solche Ansatzfunktionen zu wählen, die das periodische Verhalten der Funktion widerspiegeln.

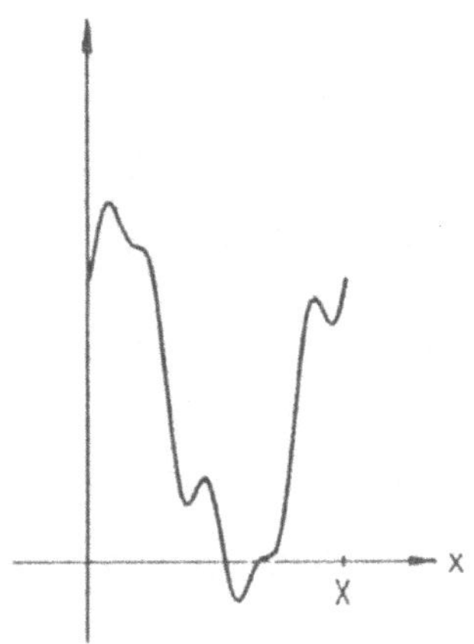

Bild 1.2: Periodische Funktion aus Bild 1.1 im fundamentalen Intervall

Ein Beispiel hierfür ist das komplexe trigonometrische System

$$\Pi = \left\{ e^{2\pi i\, k \frac{x}{X}} \;\middle|\; k \in \mathbb{Z} \right\} \quad \text{mit der imaginären Einheit} \quad i = \sqrt{-1}\,.$$

Hierbei ist nach der Euler'schen Regel

$$e^{i\zeta} = \cos\zeta + i \sin\zeta \qquad\qquad (\zeta \in \mathbb{R})\;.$$

Jede der Funktionen aus diesem System ist periodisch mit der Periode X, denn es ist

$$e^{2\pi i\, k \frac{x+X}{X}} = e^{2\pi i\, k \frac{x}{X}}\, e^{2\pi i\, k} = e^{2\pi i\, k \frac{x}{X}} \quad ,$$

da

$$(1.3)\qquad e^{2\pi i \cdot m} = \cos(m \cdot 2\pi) + i \sin(m \cdot 2\pi) = 1 \quad \text{(nur) für beliebige } m \in \mathbb{Z}$$

ist.

Diese Funktionen genügen außerdem der folgenden Orthonormalitätsrelation

$$(1.4)\qquad \frac{1}{X}\int_0^X e^{2\pi i\, k \frac{x}{X}}\; e^{-2\pi i\, \ell \frac{x}{X}}\, dx = \delta_{k\ell}$$

mit dem Kronecker-Symbol

$$\delta_{k\ell} = \begin{cases} 1 \;, & k = \ell \\ 0 \;, & k \neq \ell \end{cases} \qquad (k,\ell \in \mathbb{Z}) \;.$$

Denn es gilt

$$\frac{1}{X}\int_0^X e^{2\pi i\, k \frac{x}{X}}\; e^{-2\pi i\, \ell \frac{x}{X}}\, dx = \frac{1}{X}\int_0^X e^{2\pi i(k-\ell)\frac{x}{X}}\, dx \;.$$

Für $k = \ell$ ist die rechte Seite $= 1$, und für $k \neq \ell$ folgt mit (1.3)

$$\frac{1}{X}\int_0^X e^{2\pi i \frac{x}{X}(k-\ell)}\, dx = \frac{1}{X}\,\frac{X}{2\pi i(k-\ell)}\, e^{2\pi i \frac{x}{X}(k-\ell)}\Bigg|_0^X = \frac{1}{2\pi i(k-\ell)}\left\{ 1 - 1 \right\} = 0 \;.$$

Zur Approximation von f wählt man ein endliches Teilsystem des unendlichen Funktionensystems Π aus, das mit

$$(1.5)\qquad \Pi_K = \left\{ e^{2\pi i\, k \frac{x}{X}} \;\middle|\; |k| \leq K \right\} \qquad (k \in \mathbb{N})$$

bezeichnet sei. Funktionen aus diesem System heißen **komplexwertige trigonometrische Polynome**. Die Approximation periodischer Funktionen mit trigonometrischen Polynomen ist sinnvoll, denn es gilt folgender Satz nach Weierstraß:

> SATZ 1.1: Jede beschränkte periodische Funktion f mit der Periode X läßt sich beliebig genau durch eine (geeignete) Linearkombination von Funktionen aus Π_K approximieren, wenn man nur K groß genug wählt.

Um eine in gewisser Hinsicht möglichst gute Approximation einer periodischen Funktion durch ein trigonometrisches Polynom aus Π_K

$$\phi(x) = \sum_{k=-K}^{K} c_k\, e^{2\pi i\, k \frac{x}{X}}$$

zu erhalten, muß man die komplexen Koeffizienten c_k geeignet wählen. Nach der klassischen Methode wählt man als Koeffizienten die **Fourierkoeffizienten**

$$(1.6)\qquad c_k \equiv f\hat{}(k) = \frac{1}{X}\int_0^X f(x)\, e^{-2\pi i\, k \frac{x}{X}}\, dx \;.$$

Die so gewählte Approximation minimiert den mittleren quadratischen Fehler:

SATZ 1.2: Die Funktion f sei periodisch mit der Periode X und sei absolut quadratisch integrierbar, d.h. es existiere das Integral

$$\int_0^X |f(x)|^2 \, dx \quad \text{(zumindest im uneigentlichen Sinn).}$$

Dann wird für beliebige Funktionen

$$\phi(x) = \sum_{k=-K}^{K} c_k \, e^{2\pi i \, k \frac{x}{X}}$$

($c_k \in \mathbb{C}$) aus Π_K das Fehlermaß

$$\left(\int_0^X |f(x) - \phi(x)|^2 \, dx \right)^{1/2}$$

genau dann minimal, wenn man als Koeffizienten c_k des trigonometrischen Polynoms ϕ die eindeutig bestimmten Fourierkoeffizienten

$$f^\wedge(k) = \frac{1}{X} \int_0^X f(x) \, e^{-2\pi i \, k \frac{x}{X}} \, dx \qquad (|k| \leq K)$$

wählt.

BEWEIS: Zur Abkürzung seien

$$\varphi_k(x) = e^{2\pi i \, k \frac{x}{X}} \quad , \qquad (\varphi, \Psi) = \frac{1}{X} \int_0^X \varphi(x) \, \overline{\Psi(x)} \, dx$$

$\left(\overline{\Psi(.)}\right.$ ist der konjugiert komplexe Wert von $\left.\Psi(.)\right)$. Dann gilt mit

$$\phi(x) = \sum_{k=-K}^{K} c_k \, \varphi_k(x)$$

$$\begin{aligned} 0 \leq (f-\phi,\ f-\phi) &= (f,f) - (f,\phi) - (\phi,f) + (\phi,\phi) \\ &= (f,f) - \sum_{k=-K}^{K} \overline{c_k} \, f^\wedge(k) - \sum_{k=-K}^{K} c_k \, \overline{f^\wedge(k)} + \sum_{k=-K}^{K} c_k \sum_{\ell=-K}^{K} \overline{c_\ell} (\varphi_k, \varphi_\ell) \ . \end{aligned}$$

Aufgrund der Orthonormalitätsrelation (1.4) ist $(\varphi_k, \varphi_\ell) = \delta_{k\ell}$ und daher

$$\begin{aligned} 0 \leq (f-\phi,\ f-\phi) &\equiv \frac{1}{X} \int_0^X |f(x) - \phi(x)|^2 \, dx \\ &= (f,f) - \sum_{k=-K}^{K} \left\{ \overline{c_k} \, f^\wedge(k) + c_k \, \overline{f^\wedge(k)} \right\} + \sum_{k=-K}^{K} c_k \, \overline{c_k} = \end{aligned}$$

$$= (f,f) + \sum_{k=-K}^{K} \left\{ c_k - f^\wedge(k) \right\} \left\{ \overline{c_k} - \overline{f^\wedge(k)} \right\} - \sum_{k=-K}^{K} f^\wedge(k)\, \overline{f^\wedge(k)}$$

$$\equiv (f,f) + \sum_{k=-K}^{K} | c_k - f^\wedge(k)|^2 - \sum_{k=-K}^{K} |f^\wedge(k)|^2 \quad .$$

Die rechte Seite und damit der Fehler im quadratischen Mittel wird genau dann minimal, wenn man als Koeffizienten c_k die Fourierkoeffizienten $f^\wedge(k)$ wählt.

■

Als **Fourierreihe** einer periodischen Funktion f bezeichnet man die unendliche Reihe, die man erhält, wenn man als Approximationsfunktionen das unendliche System Π statt des endlichen Systems Π_K zugrundelegt und die Koeffizienten nach Satz 1.2 bestimmt, d.h. die Reihe

$$(1.7) \qquad \mathcal{F}(f)(x) = \sum_{k=-\infty}^{\infty} f^\wedge(k) \cdot e^{2\pi i\, k \frac{x}{X}} \quad .$$

Die Approximation mit Funktionen aus Π_K nach Satz 1.2 ist somit eine abgebrochene Fourierreihe und wird als **Fourierteilsumme** der Fourierreihe von f bezeichnet: *)

$$(1.8) \qquad \mathcal{F}_K(f)(x) = \sum_{k=-K}^{K} f^\wedge(k) \cdot e^{2\pi i\, k \frac{x}{X}} \quad .$$

Da mit der Substitution $x/X=u$ für die Fourierkoeffizienten (1.6)

$$f^\wedge(k) = \int_0^1 f(X \cdot u)\, e^{-2\pi i\, k u}\, du$$

folgt, hängen diese Koeffizienten selbst nicht von der Länge X des Periodenintervalls ab, wohl aber die Fourierreihe und die Fourierteilsumme.

Die Zuordnung der Fourierkoeffizienten (1.6) zu einer periodischen Funktion f wird häufig auch **endliche Fourier-Transformation** von f genannt; das Wort "endlich" bezieht sich hierbei auf das im periodischen Fall ausreichende endliche Integrationsintervall $[0,X)$.

In der straffen komplexen Schreibweise der Fourierreihe (1.7) und der Fourierteilsumme (1.8) einer periodischen Funktion f sind die Frequenzan-

---

*) Die Fourierteilsumme braucht auch im Hinblick auf die späteren Aussagen nicht eine symmetrisch abgebrochene Fourierreihe zu sein; dies dient ausschließlich der einfacheren Darstellung!

teile der einzelnen Sinus- und Kosinusschwingungen in den komplexen Fourierkoeffizienten enthalten. Ausgeschrieben lautet zum Beispiel die Fourierteilsumme (1.8)

$$\begin{aligned}\mathcal{F}_K(f)(x) &= \sum_{k=-K}^{K} f^\wedge(k)\left\{\cos(2\pi k\,\tfrac{x}{X}) + i\,\sin(2\pi k\,\tfrac{x}{X})\right\}\\ &= \sum_{k=-K}^{-1} f^\wedge(k)\cos(2\pi k\,\tfrac{x}{X}) + f^\wedge(0) + \sum_{k=1}^{K} f^\wedge(k)\cos(2\pi k\,\tfrac{x}{X})\\ &\quad + i\left\{\sum_{k=-K}^{-1} f^\wedge(k)\sin(2\pi k\,\tfrac{x}{X}) + 0 + \sum_{k=1}^{K} f^\wedge(k)\sin(2\pi k\,\tfrac{x}{X})\right\}.\end{aligned}$$

Die Kosinusfunktion ist gerade, d.h. $\cos(-\xi) = \cos(\xi)$, und die Sinusfunktion ist ungerade, d.h. $\sin(-\xi) = -\sin(\xi)$, so daß sich die einzelnen Summen zusammenfassen lassen:

$$(1.9)\quad \begin{aligned}\mathcal{F}_K(f)(x) &= f^\wedge(0) + \sum_{k=1}^{K}\left\{f^\wedge(k) + f^\wedge(-k)\right\}\cos(2\pi k\,\tfrac{x}{X})\\ &\quad + \sum_{k=1}^{K} i\left\{f^\wedge(k) - f^\wedge(-k)\right\}\sin(2\pi k\,\tfrac{x}{X}) \quad .\end{aligned}$$

Ist die Funktion f reellwertig, so folgt aus der Definition der Fourierkoeffizienten (1.6) $f^\wedge(-k) = \overline{f^\wedge(k)}$ und damit

$$f^\wedge(k) + f^\wedge(-k) = 2\,\mathrm{Re}(f^\wedge(k)) \quad , \quad f^\wedge(k) - f^\wedge(-k) = 2i\,\mathrm{Im}(f^\wedge(k)) \; .$$

In diesem Fall ist auch die Fourierteilsumme reell und gegeben durch

$$(1.10\,a)\quad \mathcal{F}_K(f)(x) = a_0 + 2\sum_{k=1}^{K}\left\{a_k\cos(2\pi k\,\tfrac{x}{X}) + b_k\sin(2\pi k\,\tfrac{x}{X})\right\}$$

mit den reellen Koeffizienten

$$(1.10\,b)\quad \begin{aligned} a_0 &= f^\wedge(0) = \frac{1}{X}\int_0^X f(x)dx \quad ,\\ a_k &= \mathrm{Re}(f^\wedge(k)) = \frac{1}{X}\int_0^X f(x)\cos(2\pi k\,\tfrac{x}{X})dx\\ b_k &= -\mathrm{Im}(f^\wedge(k)) = \frac{1}{X}\int_0^X f(x)\sin(2\pi k\,\tfrac{x}{X})dx \quad .\end{aligned}$$

Als Fourier-Frequenz-Spektrum einer Funktion f bezeichnet man die Menge $\{f^\wedge(k)\}$ der Fourierkoeffizienten, als Fourier-Amplituden-Spektrum die

Menge $\{|f^\wedge(k)|\}$ der Beträge der Fourierkoeffizienten, wobei

$$|f^\wedge(k)| = \sqrt{[Re(f^\wedge(k))]^2 + [Im(f^\wedge(k))]^2}$$

ist, als Energie- bzw. Leistungs-Spektrum die Menge $\{|f^\wedge(k)|^2\}$ und als Fourier-Phasen-Spektrum die Menge der Winkel

$$\phi(k) = \arctan \frac{Im(f^\wedge(k))}{Re(f^\wedge(k))} .$$

Mit diesen Bezeichnungen ist

$$f^\wedge(k) = |f^\wedge(k)|\, e^{i \cdot \phi(k)} .$$

Die wichtigsten Eigenschaften einer Fourierreihe bzw. -teilsumme sind:

SATZ 1.3: Die periodische Funktion f mit der Periode X sei absolut quadratisch integrierbar. Dann gilt:

(i) Die Fourierteilsummen der Fourierreihe von f konvergieren im Mittel gegen die Funktion f, d.h. es gilt

$$\lim_{K \to \infty} \frac{1}{X} \int_0^X |f(x) - \mathcal{F}_K(f)(x)|^2 \, dx = 0 .$$

(ii) Die Fourierkoeffizienten der Fourierreihe von f erfüllen die Identität

$$\sum_{k=-\infty}^{\infty} |f^\wedge(k)|^2 = \frac{1}{X} \int_0^X |f(x)|^2 \, dx < \infty .$$

Damit gilt insbesondere

$$\lim_{|k| \to \infty} f^\wedge(k) = 0 .$$

(iii) Die endliche Fourier-Transformation ist eindeutig, d.h. stimmen sämtliche sich entsprechenden Fourierkoeffizienten insbesondere von zwei stetigen periodischen Funktionen mit der gleichen Periode X überein, so sind diese beiden Funktionen identisch.

Der Beweis dieses Satzes erfolgt im Anschluß an den nächsten Satz.

EIN BEISPIEL

Die π-periodische Funktion $f(x) = |\sin x|$ hat die Fourierkoeffizienten

$$f^\wedge(k) = \frac{1}{\pi}\int_0^\pi \sin x \; e^{-2\pi i\, k \frac{x}{\pi}}\, dx$$

$$= -\frac{1}{\pi}\cos x \; e^{-2ikx}\Big|_0^\pi - \frac{2ik}{\pi}\int_0^\pi \cos x \; e^{-2ikx}\, dx$$

$$= \frac{2}{\pi} - \frac{2ik}{\pi}\sin x \; e^{-2ikx}\Big|_0^\pi + \frac{4k^2}{\pi}\int_0^\pi \sin x \; e^{-2ikx}\, dx \, .$$

Das Integral auf der rechten Seite ist bis auf den Faktor $4k^2$ der gesuchte Fourierkoeffizient. Löst man diese Gleichung danach auf, so erhält man

$$(1 - 4k^2)\, f^\wedge(k) = \frac{2}{\pi}$$

beziehungsweise

$$f^\wedge(k) = -\frac{2}{\pi}\cdot\frac{1}{4k^2-1} = -\frac{2}{\pi}\cdot\frac{1}{(2k-1)(2k+1)} \quad .$$

Die Funktion $f(x) = |\sin x|$ hat demnach die Fourierreihe

$$\mathcal{F}(f)(x) = -\frac{2}{\pi}\sum_{k=-\infty}^{\infty}\frac{1}{4k^2-1}\, e^{2ikx}$$

$$= \frac{2}{\pi} - \frac{4}{\pi}\sum_{k=1}^{\infty}\frac{1}{4k^2-1}\cos(2kx) \quad .$$

Nach Satz 1.3(i) gilt

$$\lim_{K\to\infty}\frac{1}{\pi}\int_0^\pi\left(\sin x - \frac{2}{\pi} + \frac{4}{\pi}\sum_{k=1}^{K}\frac{1}{4k^2-1}\cos(2kx)\right)^2 dx = 0 \, .$$

Die Eigenschaft $\lim\limits_{k\to\pm\infty} f^\wedge(k) = 0$ aus Satz 1.3 (ii) ist offensichtlich, wohingegen die weitere Eigenschaft

$$\sum_{k=-\infty}^{\infty}|f^\wedge(k)|^2 = \frac{4}{\pi^2} + 2\sum_{k=1}^{\infty}\frac{4}{\pi^2}\,\frac{1}{(4k^2-1)^2} = \frac{4}{\pi^2}\left(1 + 2\sum_{k=1}^{\infty}\frac{1}{(4k^2-1)^2}\right)$$

$$= \frac{1}{\pi}\int_0^\pi \sin^2 x\, dx = \frac{1}{\pi}\int_0^\pi \frac{1}{2}\Big\{1 - \cos(2x)\Big\}\, dx = \frac{1}{2}$$

keineswegs trivial ist. Diese Identität ergibt zum Beispiel

$$\sum_{k=1}^{\infty} \frac{1}{(4k^2-1)^2} = \frac{\pi^2}{16} - \frac{1}{2} = 0.116850275\ldots \quad .$$

Die Fourierkoeffizienten der π-periodischen Funktion g, die im fundamentalen Intervall $[0,\pi)$ durch

$$g(x) = \begin{cases} 1/2 & , x = 0 \\ (\pi - x)/\pi & , x \in (0,\pi) \end{cases}$$

gegeben ist ("Sägezahn"), sind gegeben durch

$$g^\wedge(0) = \frac{1}{\pi^2} \int_0^\pi (\pi-x)\, dx = \frac{1}{2}$$

und für $k \neq 0$ mit Partieller Integration durch

$$\begin{aligned} g^\wedge(k) &= \frac{1}{\pi^2} \int_0^\pi (\pi-x)\, e^{-2ikx}\, dx \\ &= \frac{1}{\pi^2} \left\{ \frac{1}{-2ik} (\pi-x)\, e^{-2ikx} \Big|_0^\pi + \frac{1}{-2ik} \int_0^\pi e^{-2ikx}\, dx \right\} \\ &= \frac{1}{2\pi i k} = -\frac{i}{2\pi k} \quad . \end{aligned}$$

Die Fourierkoeffizienten von g sind für $k \neq 0$ rein imaginär, so daß die Fourierreihe von g nur Sinusschwingungen enthält (vgl. (1.10)):

$$\mathcal{F}(g)(x) = \frac{1}{2} - \frac{1}{2\pi} \sum_{\substack{k=-\infty \\ k \neq 0}}^{\infty} \frac{i}{k}\, e^{2ikx} = \frac{1}{2} + \frac{1}{\pi} \sum_{k=1}^{\infty} \frac{1}{k} \sin(2kx) \quad .$$

Die Fourier-Amplituden-Spektren $\left\{ \left| \frac{2}{\pi} \cdot \frac{1}{4k^2-1} \right| \;\middle|\; k \in \mathbb{Z} \right\}$ und $\left\{ \left|\frac{1}{2}\right|, \left| \frac{1}{2\pi k} \right| \;\middle|\; k \in \mathbb{Z},\ k \neq 0 \right\}$ der Funktionen f und g sind graphisch veranschaulicht in Bild 1.3 dargestellt. Obwohl das Amplituden-Spektrum nur für ganze Zahlen $k \in \mathbb{Z}$ definiert ist, wird es meistens zu leichteren Übersicht als eine kontinuierliche Funktion gezeichnet, indem man die diskreten Werte miteinander verbindet.

Der Fourierkoeffizient für $k = 0$ ist der Mittelwert der Funktion. Zu den harmonischen Schwingungen $\sin(2\pi k \frac{x}{X})$ und $\cos(2\pi k \frac{x}{X})$, die in $e^{2\pi i k x/X}$ enthalten sind und deren Frequenzen das k-fache der Grundfrequenz $1/X$ sind, gehören die Fourierkoeffizienten für $k \neq 0$; der Betrag dieser

Koeffizienten, also das Amplituden-Spektrum, gibt an, wie groß die Amplituden dieser Schwingungen sind, die die untersuchte Funktion enthält. Man sieht deutlich, daß in der Funktion f nur einige niederfrequente Schwingungen von Bedeutung sind, wohingegen die Anteile höherfrequenter Schwingungen in der Funktion g auch noch eine Rolle spielen.

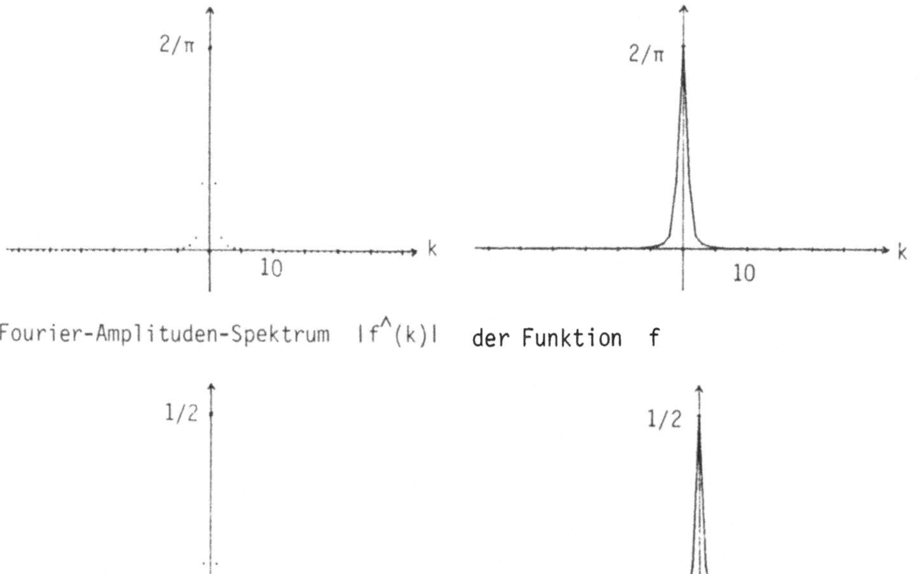

Fourier-Amplituden-Spektrum $|f^{\wedge}(k)|$ der Funktion f

Fourier-Amplituden-Spektrum $|g^{\wedge}(k)|$ der Funktion g

Bild 1.3: Graphische Darstellung, einmal diskret und einmal "kontinuierlich ergänzt", der Fourier-Amplituden-Spektren der Funktionen f und g

FALTUNGS- UND KORRELATIONSPROZESSE

In der Anwendung werden bei der Bearbeitung periodischer Funktionen häufig Faltungs- und Korrelationsprozesse durchgeführt. Die zyklische bzw. periodische Faltung $f * g$ zweier periodischer Funktionen f und g mit der

Periode X ist definiert durch

$$(1.11) \qquad (f * g)(x) = \frac{1}{X} \int_0^X f(x-\xi)\, g(\xi)\, d\xi \quad .$$

Sie hat folgende wichtige Eigenschaften:

SATZ 1.4: Die periodischen Funktionen f und g mit der gleichen Periode X seien absolut quadratisch integrierbar. Dann gilt :

(i) Die zyklische Faltung ist kommutativ, d.h. $(f*g)(x) = (g*f)(x)$; die Funktion $f * g$ ist stetig und periodisch mit der Periode X.

(ii) Die Fourierkoeffizienten der Funktion $f * g$ sind gegeben durch

$$(f*g)^{\wedge}(k) = f^{\wedge}(k) \cdot g^{\wedge}(k) \qquad (k = 0, \pm 1, \pm 2, \dots).$$

(iii) Die Funktion $f * g$ besitzt die Darstellung

$$(f*g)(x) = \sum_{k=-\infty}^{\infty} f^{\wedge}(k) \cdot g^{\wedge}(k)\, e^{2\pi i k \frac{x}{X}} \quad .$$

BEWEIS: Zum Beweis von (ii) ist nach Definition und wegen der erlaubten Vertauschbarkeit der Integrationsreihenfolge (Fubini/Tonelli-Hobson)

$$\begin{aligned}(f*g)^{\wedge}(k) &= \frac{1}{X} \int_0^X \left\{ \frac{1}{X} \int_0^X f(x-\xi)\, g(\xi)\, d\xi \right\} e^{-2\pi i k \frac{x}{X}}\, dx \\ &= \frac{1}{X} \int_0^X \left\{ \frac{1}{X} \int_0^X f(x-\xi)\, e^{-2\pi i k \frac{x-\xi}{X}}\, dx \right\} \cdot g(\xi)\, e^{-2\pi i k \frac{\xi}{X}}\, d\xi \quad .\end{aligned}$$

Nach der Substitution $x - \xi = u$ und unter Ausnutzung der Periodizität des Integranden (vgl. (1.2)) steht in den geschweiften Klammern der Fourierkoeffizient $f^{\wedge}(k)$, und weitere Integration liefert den Fourierkoeffizienten $g^{\wedge}(k)$. Also gilt (ii).

Aus dem Beweis von Satz 1.2 folgt

$$\sum_{k=-\infty}^{\infty} |f^{\wedge}(k)|^2 \le \frac{1}{X} \int_0^X |f(x)|^2\, dx < \infty$$

für jede absolut quadratisch integrierbare Funktion f . Daher ist nach der Schwarz'schen Ungleichung

$$\begin{aligned}\sum_{k=-\infty}^{\infty} |f^{\wedge}(k) \cdot g^{\wedge}(k)| &\le \left(\sum_{k=-\infty}^{\infty} |f^{\wedge}(k)|^2 \right)^{1/2} \left(\sum_{k=-\infty}^{\infty} |g^{\wedge}(k)|^2 \right)^{1/2} \\ &\le \left(\frac{1}{X} \int_0^X |f(x)|^2\, dx \right)^{1/2} \left(\frac{1}{X} \int_0^X |g(x)|^2\, dx \right)^{1/2} < \infty \ ,\end{aligned}$$

d.h. die unendliche Summe auf der rechten Seite in (iii) konvergiert absolut und gleichmäßig gegen eine stetige Funktion. Wegen der Eindeutigkeit der Fouriertransformation (Satz 1.3 (iii)) ist diese Grenzwertfunktion gleich $f * g$.

■

BEWEIS von Satz 1.3: Setzt man in Satz 1.4 (iii) $g(\xi) = \overline{f(-\xi)}$, so ist $g^\wedge(k) = \overline{f^\wedge(k)}$, und für $x = 0$ folgt mit der Definition (1.11) die Behauptung (ii). Mit dem Beweis von Satz 1.2 und Satz 1.3 (ii) folgt dann (i).

■

Für zwei periodische Funktionen f und g mit der Periode X ist die **zyklische** bzw. periodische **Korrelation $f \circ g$** definiert durch

$$(1.12) \qquad (f \circ g)(x) = \frac{1}{X} \int_0^X f(x+\xi)\, \overline{g(\xi)}\, d\xi \,.$$

Mit der Substitution $-\xi = u$ folgt daraus

$$(f \circ g)(x) = \frac{1}{X} \int_0^X f(x-u)\, \overline{g(-u)}\, du \,,$$

so daß die zyklische Korrelation nichts anderes als eine zyklische Faltung mit einer am Nullpunkt gespiegelten konjugiert komplexen Funktion ist. Ist die Funktion g reellwertig und gerade (d.h. $g(u) = g(-u)$), so fallen die zyklische Korrelation und die zyklische Faltung zusammen.

SATZ 1.5: Die periodischen Funktionen f und g mit der gleichen Periode X seien absolut quadratisch integrierbar. Dann gilt:

(i) Die zyklische Korrelation erfüllt $(f \circ g)(x) = \overline{(g \circ f)(-x)}$; die Funktion $f \circ g$ ist stetig und periodisch mit der Periode X.

(ii) Die Fourierkoeffizienten der Funktion $f \circ g$ sind gegeben durch

$$(f \circ g)^\wedge(k) = f^\wedge(k) \cdot \overline{g^\wedge(k)} \,.$$

(iii) Die Funktion $f \circ g$ besitzt die Darstellung

$$(f \circ g)(x) = \sum_{k=-\infty}^{\infty} f^\wedge(k) \cdot \overline{g^\wedge(k)}\, e^{2\pi i k \frac{x}{X}} \,.$$

BEWEIS: Man beweist diesen Satz genauso wie Satz 1.4. Zum Beweis von (ii) ist entsprechend

$$(f \circ g)^{\wedge}(k) = \frac{1}{X}\int_0^X \left\{ \frac{1}{X}\int_0^X f(x+\xi)\,\overline{g(\xi)}\,d\xi \right\} e^{-2\pi i k \frac{x}{X}}\,dx$$

$$= \frac{1}{X}\int_0^X \left\{ \frac{1}{X}\int_0^X f(x+\xi)\, e^{-2\pi i k \frac{x+\xi}{X}}\,dx \right\} \overline{g(\xi)}\, e^{2\pi i k \frac{\xi}{X}}\,d\xi \, .$$

In den geschweiften Klammern steht wieder der Fourierkoeffizient $f^{\wedge}(k)$. Dann folgt aber

$$(f \circ g)^{\wedge}(k) = f^{\wedge}(k)\, \frac{1}{X}\int_0^X \overline{g(\xi)\, e^{-2\pi i k \frac{\xi}{X}}}\,d\xi = f^{\wedge}(k) \cdot \overline{g^{\wedge}(k)} \, .$$

■

Korreliert man eine Funktion f mit sich selbst ("Autokorrelation"), so gilt mit Satz 1.5 (iii)

$$(f \circ g)(x) = \frac{1}{X}\int_0^X f(x+\xi)\,\overline{f(\xi)}\,d\xi = \sum_{k=-\infty}^{\infty} f^{\wedge}(k)\,\overline{f^{\wedge}(k)}\, e^{2\pi i k \frac{x}{X}} \, .$$

Die zyklische Autokorrelation einer Funktion f hat also die reellen Fourierkoeffizienten $f^{\wedge}(k)\,\overline{f^{\wedge}(k)} = |f^{\wedge}(k)|^2$, $k \in \mathbb{Z}$. Insbesondere für $x = 0$ folgt

$$(f \circ g)(0) = \frac{1}{X}\int_0^X |f(\xi)|^2\,d\xi = \sum_{k=-\infty}^{\infty} |f^{\wedge}(k)|^2 \, ,$$

d.h. die Aussage (ii) des Satzes 1.3 .

EIN BEISPIEL

Die Prozesse der Faltung und der Korrelation wollen wir uns an einem einfachen Beispiel veranschaulichen.

Zunächst soll die Faltung $f * g$ der π-periodischen Funktion $f(x) = |\sin x|$ mit der π-periodischen Funktion g , die im fundamentalen Intervall $[0,\pi)$ die Darstellung

$$g(x) = \begin{cases} 1/2 & , \; x = 0 \\ (\pi - x)/\pi & , \; x \in (0,\pi) \end{cases}$$

hat, berechnet werden.

Für $x \in [0,\pi)$ ist mit Partieller Integration

$$(f*g)(x) = \frac{1}{\pi^2}\int_0^\pi |\sin(x-\xi)|\,(\pi-\xi)\,d\xi$$

$$= \frac{1}{\pi^2}\int_0^x \sin(x-\xi)(\pi-\xi)\,d\xi - \frac{1}{\pi^2}\int_x^\pi \sin(x-\xi)(\pi-\xi)\,d\xi$$

$$= \frac{1}{\pi^2}\left\{ \cos(x-\xi)(\pi-\xi)\Big|_0^x + \int_0^x \cos(x-\xi)d\xi \right\} -$$

$$- \frac{1}{\pi^2}\left\{ \cos(x-\xi)(\pi-\xi)\Big|_x^\pi + \int_x^\pi \cos(x-\xi)\,d\xi \right\}$$

$$= \frac{1}{\pi^2}(\pi-x) - \frac{1}{\pi}\cos x - \frac{1}{\pi^2}\sin(x-\xi)\Big|_0^x +$$

$$+ \frac{1}{\pi^2}(\pi-x) + \frac{1}{\pi^2}\sin(x-\xi)\Big|_x^\pi$$

$$= \frac{2}{\pi^2}(\pi-x) - \frac{1}{\pi}\cos x \qquad .$$

Mit den Fourierkoeffizienten

$$f^\wedge(k) = -\frac{2}{\pi}\cdot\frac{1}{4k^2-1} \qquad , \quad k \in \mathbb{Z} \quad ,$$

und

$$g^\wedge(k) = \begin{cases} 1/2 & , \quad k = 0 \\ -\frac{i}{2\pi k} & , \quad k \neq 0 \end{cases} \qquad , \quad k \in \mathbb{Z} \quad ,$$

die im letzten Beispiel berechnet wurden, besitzt die Funktion $f*g$ nach Satz 1.4 (iii) auch die Darstellung

$$(f*g)(x) = \frac{1}{\pi} + \frac{1}{\pi^2}\sum_{\substack{k=-\infty \\ k\neq 0}}^{\infty} \frac{i}{k(4k^2-1)}\, e^{2ikx}$$

$$= \frac{1}{\pi} - \frac{2}{\pi^2}\sum_{k=1}^{\infty} \frac{1}{k(4k^2-1)}\sin(2kx) \qquad .$$

Die Faltung hat also die Darstellungen

$$(f*g)(x) = \frac{2}{\pi^2}(\pi-x) - \frac{1}{\pi}\cos x = \frac{1}{\pi} - \frac{2}{\pi^2}\sum_{k=1}^{\infty}\frac{1}{k(4k^2-1)}\sin(2kx) \quad ,$$

d.h. die letzte Darstellung ist die Fourierreihe der Funktion $(2/\pi^2)(\pi-x) - (1/\pi)\cos x$, was man durch Nachrechnen verifizieren kann.

Die Korrelation $f \circ g$ der beiden obigen π-periodischen Funktionen f und g ist für $x \in [0,\pi)$ gegeben durch

$$(f \circ g)(x) = \frac{1}{\pi^2} \int_0^{\pi} |\sin(x+\xi)| \, (\pi-\xi) \, d\xi$$

$$= \frac{1}{\pi^2} \int_0^{\pi-x} \sin(x+\xi)(\pi-\xi) \, d\xi - \frac{1}{\pi^2} \int_{\pi-x}^{\pi} \sin(x+\xi)(\pi-\xi) \, d\xi$$

$$= \frac{2}{\pi^2} x + \frac{1}{\pi} \cos x$$

und hat nach Satz 1.5 (iii) auch die Darstellung

$$(f \circ g)(x) = \frac{1}{\pi} - \frac{1}{\pi^2} \sum_{\substack{k=-\infty \\ k \neq 0}}^{\infty} \frac{i}{k(4k^2-1)} e^{2ikx}$$

$$= \frac{1}{\pi} + \frac{2}{\pi^2} \sum_{k=1}^{\infty} \frac{1}{k(4k^2-1)} \sin(2kx) \quad ;$$

die letzte Darstellung ist die Fourierreihe der Funktion $(2/\pi^2)x + (1/\pi)\cos x$.

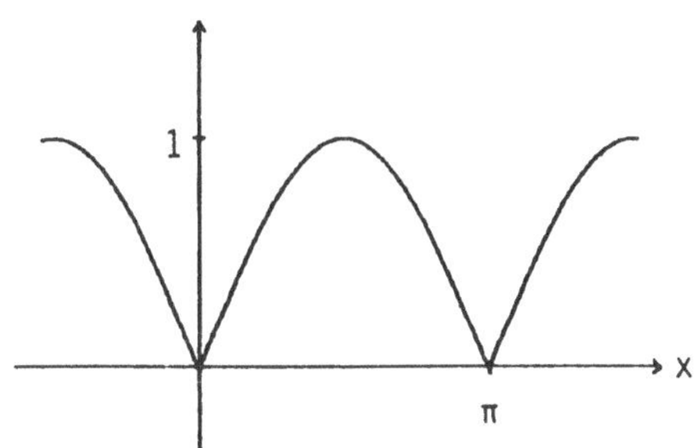

Graph der Funktion f

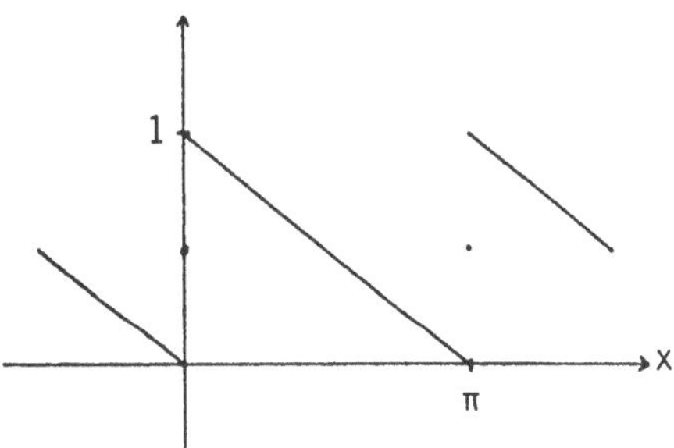

Graph der Funktion g

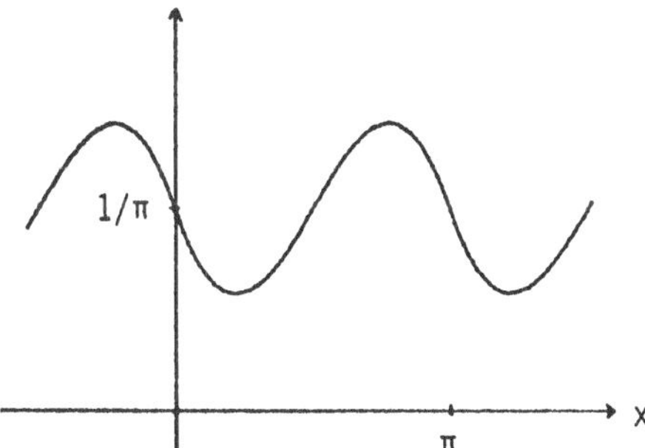

Graph der Faltung $f * g$

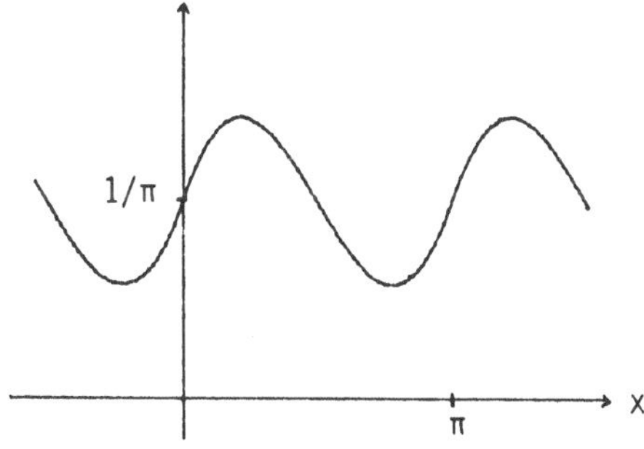

Graph der Korrelation $f \circ g$

Bild 1.4: Zwei periodische Funktionen und deren Faltung und Korrelation

In diesem Beispiel ist für alle x

$$\frac{1}{2}\left\{ (f*g)(x) + (f\circ g)(x) \right\} = \frac{1}{\pi} \quad .$$

ZUM KONVERGENZVERHALTEN VON FOURIERREIHEN

Bei der Approximation einer periodischen Funktion f durch ihre Fourierteilsumme $\mathcal{F}_K(f)$ zerlegt man f in endlich viele harmonische Schwingungen (vgl. Bild 1.5), die ganzzahlige Vielfache der Grundfrequenz $\frac{1}{X}$ sind. Der Koeffizient $f^{\wedge}(k)$ gibt den Anteil der harmonischen Schwingung mit der Frequenz $\frac{k}{X}$ in der Funktion f wieder. In der für reellwertige Funktionen reellen Darstellung (1.10) der Fourierteilsumme beschreiben also die Koeffizienten $2a_k$ und $2b_k$ die Anteile der entsprechenden harmonischen Schwingungen $\cos(2\pi k \frac{x}{X})$ bzw. $\sin(2\pi k \frac{x}{X})$ in der Funktion f.

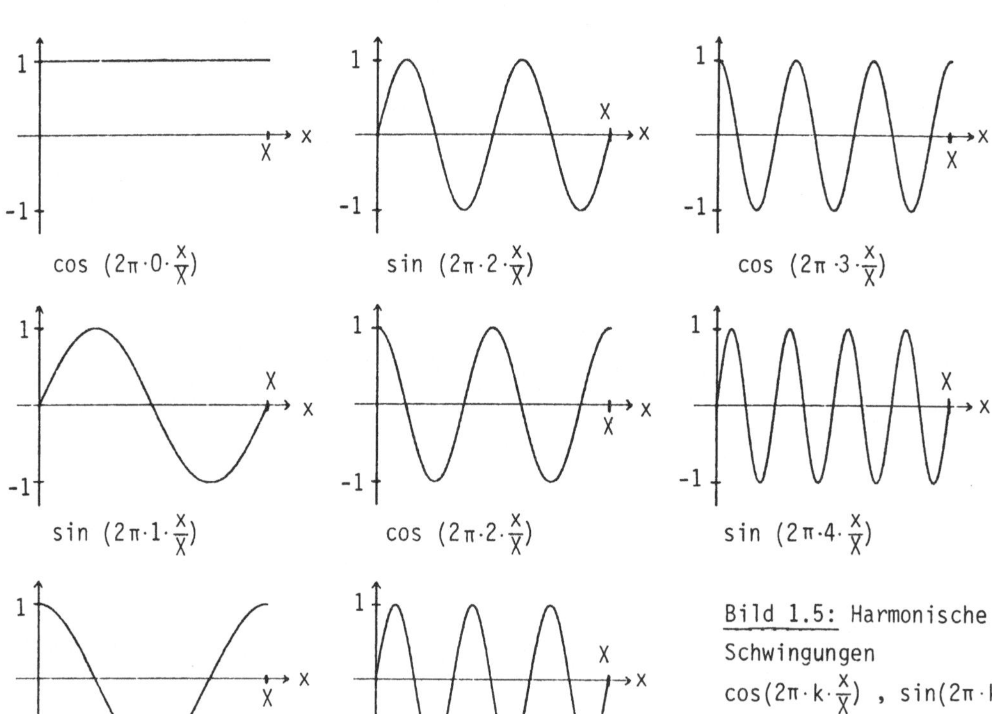

Bild 1.5: Harmonische Schwingungen $\cos(2\pi\cdot k\cdot\frac{x}{X})$, $\sin(2\pi\cdot k\cdot\frac{x}{X})$ für einige Werte von k

Für große $|k|$ stellen die Fourierkoeffizienten $f^\wedge(k)$ den Anteil hochfrequenter Schwingungen in der Funktion f dar; ihr Anteil strebt für $|k| \to \infty$ nach Satz 1.3 (ii) gegen Null. Dieses läßt vermuten, daß der Fehler, der durch das Abschneiden der Fourierreihe entsteht, für größere K recht klein wird. Die Bedeutung der Aussagen der Sätze 1.4 (iii) und 1.5 (iii) liegt darin, daß man die Funktionen $f * g$ und $f \circ g$ mit ihren Fourierreihen identifizieren kann. Dies gilt nicht immer! Denn obwohl die Fourierteilsummen von f im quadratischen Mittel gegen diese Funktion f konvergieren, braucht nicht einmal punktweise Konvergenz vorzuliegen.
Die Güte der Approximation einer Funktion durch ihre Fourierteilsummen wird aber nur von dem lokalen Verhalten der Funktion beeinflußt.

SATZ 1.6: Ist die mit der Periode X periodische Funktion f in einem Punkt x_0 rechtsseitig stetig und linksseitig stetig, d.h. existieren die Grenzwerte

$$\lim_{x \to x_0, x > x_0} f(x) = f^+(x_0) \quad , \qquad \lim_{x \to x_0, x < x_0} f(x) = f^-(x_0) \quad ,$$

nimmt f im Punkt x_0 den Mittelwert $(f^+(x_0) + f^-(x_0))/2$ an und existieren die einseitigen Ableitungen

$$\lim_{h \to 0, h > 0} \frac{f(x_0+h) - f^+(x_0)}{h} \quad , \qquad \lim_{h \to 0, h > 0} \frac{f^-(x_0) - f(x_0-h)}{h} \quad ,$$

dann konvergieren die Fourierteilsummen von f im Punkt x_0 gegen $f(x_0)$:

$$f(x_0) = \lim_{K \to \infty} \sum_{k=-K}^{K} f^\wedge(k)\, e^{2\pi i\, k \frac{x_0}{X}} = \sum_{k=-\infty}^{\infty} f^\wedge(k)\, e^{2\pi i\, k \frac{x_0}{X}} \quad .$$

Die punktweise Konvergenz der Fourierteilsummen einer Funktion f in einem Punkt x_0 gegen den Funktionswert $f(x_0)$ hängt also nur vom Verhalten der Funktion in einer beliebig kleinen Umgebung um x_0 ab. Insbesondere dann, wenn die Funktion f (mindestens einmal) differenzierbar ist, konvergieren die Fourierteilsummen gleichmäßig gegen f, d.h. es gilt für alle x

$$f(x) = \sum_{k=-\infty}^{\infty} f^\wedge(k)\, e^{2\pi i\, k \frac{x}{X}} \quad .$$

Je glatter die Funktion f ist, d. h. je öfter sie differenzierbar ist, umso schneller streben die hochfrequenten Anteile $f^\wedge(k)$ in der Funktion f für wachsendes $|k|$ gegen Null und umso schneller konvergieren die Fourierteilsummen gleichmäßig gegen f. Genauer gilt: Ist f r-mal differenzierbar, wobei die r-te Ableitung zumindest stückweise stetig ist, so strebt $f^\wedge(k)$ für $|k| \to \infty$ schneller als $|k|^{-r}$ gegen Null, d. h. es gilt $\lim_{|k| \to \infty} |k|^r f^\wedge(k) = 0$. Bei einer hinreichend oft differenzierbaren Funktion wird daher die Approximation von f durch ihre K-te Fourierteilsumme schon für nicht allzu großes K überall sehr genau sein.

Bild 1.6 zeigt die stetige π-periodische Funktion $f(x) = |\sin x|$ und ihre Fourierteilsummen

$$\mathcal{F}_K(f)(x) = \frac{2}{\pi} - \frac{4}{\pi} \sum_{k=1}^{K} \frac{1}{4k^2-1} \cos(2kx)$$

aus den letzten Beispielen für verschiedene Werte von K. Für alle $x \neq j\pi$, $j \in \mathbb{Z}$, ist die Funktion f beliebig oft differenzierbar und die Approximation zwischen diesen Punkten gut. Der letzte Satz garantiert die Konvergenz der Fourierteilsummen in jedem Punkt.

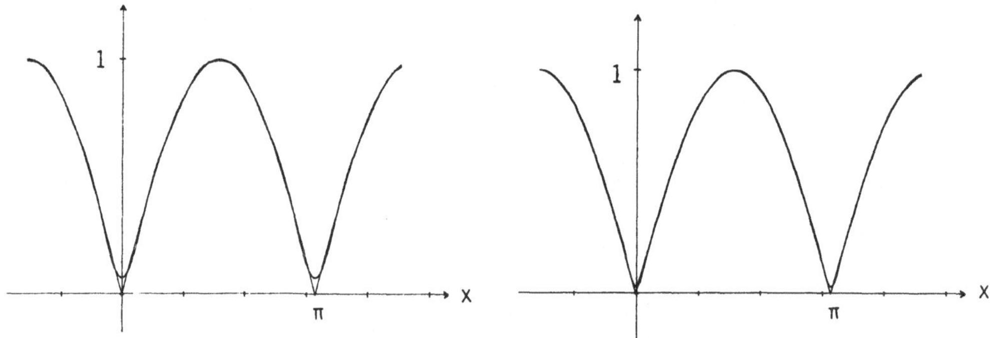

Graphen der Funktionen f und $\mathcal{F}_4(f)$ Graphen der Funktionen f und $\mathcal{F}_{10}(f)$

Bild 1.6: Graphen der Funktion f sowie der Fourierteilsummen $\mathcal{F}_K(f)$ für $K=4$ und $K=10$

Als unangenehmer erweist sich die Approximation der unstetigen π-periodischen Funktion g aus den letzten Beispielen, die im fundamentalen Intervall $[0,\pi)$ durch

$$g(x) = \begin{cases} \frac{1}{2} & , \; x = 0 \\ \frac{1}{\pi}(\pi - x) & , \; x \in (0,\pi) \end{cases}$$

gegeben ist, durch ihre Fourierteilsummen

$$\mathcal{F}_K(g)(x) = \frac{1}{2} + \frac{1}{\pi}\sum_{k=1}^{K} \frac{1}{k} \sin(2kx) \quad .$$

Der letzte Satz garantiert wiederum die punktweise Konvergenz der Fourierteilsummen gegen den entsprechenden Funktionswert für jeden beliebigen Punkt, jedoch kann die Konvergenz nicht gleichmäßig sein, da die Fourierreihe eine stetige Funktion darstellt und die Funktion g in den Punkten $j\pi$, $j \in \mathbb{Z}$, Sprungstellen besitzt.

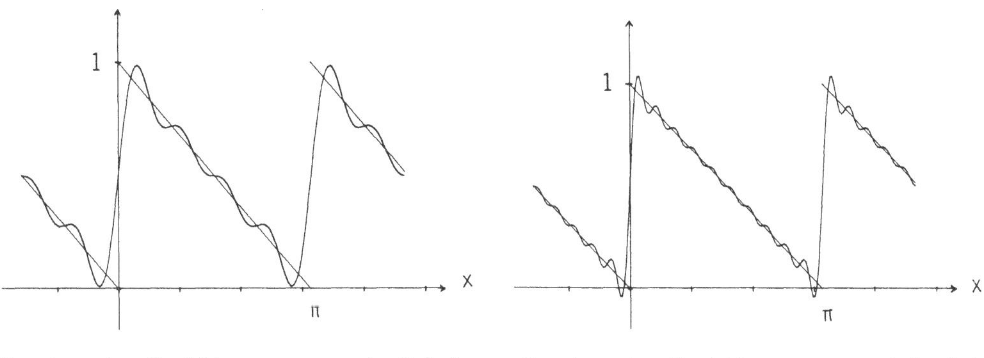

Graphen der Funktionen g und $\mathcal{F}_4(g)$ Graphen der Funktionen g und $\mathcal{F}_{10}(g)$

Bild 1.7: Graphen der Funktion g sowie der Fourierteilsummen $\mathcal{F}_K(g)$ für $K=4$ und $K=10$

FOURIERKOEFFIZIENTEN VON ABLEITUNGEN

Ist f eine X-periodische Funktion, so ist auch jede Ableitung von f , die existiert, eine periodische Funktion mit der gleichen Periode X . Kennt man die Fourierkoeffizienten $f^\wedge(k)$ von f , so kann man auch Aussagen über das Schwingungsverhalten der Ableitungen von f machen, denn die Fourierkoeffizienten zum Beispiel der ersten Ableitung von f sind gegeben durch

$$\begin{aligned}(f')^\wedge(k) &= \frac{1}{X}\int_0^X f'(x)\, e^{-2\pi i\, k \frac{x}{X}}\, dx \\ &= \frac{1}{X} f(x)\, e^{-2\pi i\, k \frac{x}{X}} \Big|_0^X - \frac{-2\pi i\, k}{X}\,\frac{1}{X}\int_0^X f(x)\, e^{-2\pi i\, k \frac{x}{X}}\, dx \\ &= \frac{2\pi i\, k}{X} f^\wedge(k) \quad .\end{aligned}$$

Man kennt damit gleichzeitig auch die bezüglich des mittleren quadratischen Fehlers (Fehlermaß aus Satz 1.2) bestmögliche Approximation der Ableitung von f durch trigonometrische Polynome. Dies gilt entsprechend auch für die höheren Ableitungen.

ZUSAMMENFASSUNG

Die wichtigsten Eigenschaften der endlichen Fourier-Transformation faßt folgende Übersicht zusammen:

allgemeine komplexwertige periodische Funktion mit der Periode X	dazugehörige Fourierkoeffizienten $(k=0,\pm 1,\pm 2,\dots)$
$f(x)$	$f^\wedge(k)=\frac{1}{X}\int_0^X f(x)\,e^{-2\pi i k \frac{x}{X}}\,dx$ $\sum_{k=-\infty}^{\infty} \lvert f^\wedge(k)\rvert^2 = \frac{1}{X}\int_0^X \lvert f(x)\rvert^2\,dx$ $\lim_{\lvert k\rvert\to\infty} f^\wedge(k)=0$
Linearität: $f(x)\pm g(x)$	$f^\wedge(k)\pm g^\wedge(k)$
$\alpha\cdot f(x)$, $\alpha\in\mathbb{C}$	$\alpha\cdot f^\wedge(k)$
f hermitesch, d.h. $f(-x)=\overline{f(x)}$	$\overline{f^\wedge(k)}=f^\wedge(k)$, d.h. $\mathrm{Im}(f^\wedge(k))=0$
f antihermitesch, d.h. $f(-x)=-\overline{f(x)}$	$\overline{f^\wedge(k)}=-f^\wedge(k)$, d.h. $\mathrm{Re}(f^\wedge(k))=0$
Ableitungen: $f^{(\ell)}(x)$ $(\ell=0,1,2,..)$	$\left(\frac{2\pi i k}{X}\right)^\ell\cdot f^\wedge(k)$
Faltung: $(f * g)(x)$	$f^\wedge(k)\cdot g^\wedge(k)$
Korrelation: $(f\circ g)(x)$	$f^\wedge(k)\cdot\overline{g^\wedge(k)}$

Die Eigenschaft der Linearität und die für hermitesche bzw. antihermitesche Funktionen folgen sofort aus der Definition der Fourierkoeffizienten und (1.2) mit $\alpha = -X/2$. Für reellwertige Funktionen gilt mit den Bezeichnungen aus (1.10) genauer

allgemeine reellwertige periodische Funktion mit der Periode X	dazugehörige Fourierkoeffizienten $(k = 0,1,2,\ldots)$
$f(x)$	$f^\wedge(k) = a_k - i\, b_k$ $f^\wedge(-k) = \overline{f^\wedge(k)}$
f gerade, d.h. $f(-x) = f(x)$	$b_k = 0$
f ungerade, d.h. $f(-x) = -f(x)$	$a_k = 0$

1.2 DIE EINDIMENSIONALE DISKRETE FOURIER-TRANSFORMATION UND IHRE EIGENSCHAFTEN

Beim Aufstellen der Fourierteilsumme $\mathcal{F}_K(f)$ einer periodischen Funktion f treten nur Schwierigkeiten, diese allerdings in der Regel, bei der Berechnung der Integrale $f^\wedge(k)$ auf. Diese Schwierigkeit läßt sich überraschend einfach beheben, womit gleichzeitig die effektive Berechnung dieser Koeffizienten auf Computern realisiert werden kann.

Approximiert man ein Integral einer mit der Periode X periodischen Funktion g über ein Intervall der Länge einer Periode, das wegen (1.2) ohne Einschränkung das Intervall $[0,X]$ sei, mit der aus M Teilintervallen der gleichen Länge $h = X/M$ zusammengesetzten Rechteckregel

$$\int_0^X g(x)dx = h \sum_{m=0}^{M-1} g(m\,h) + \mathcal{R}(h;g)$$

beziehungsweise mit der aus M Teilintervallen der gleichen Länge h zusammengesetzten Trapezregel

$$\int_0^X g(x)dx = \frac{h}{2}\left\{g(0)+2\sum_{m=1}^{M-1} g(m\,h) + g(X)\right\} + R(h;g) \; ,$$

die wegen der Periodizität von g , d.h. $g(X) = g(0)$, mit der obigen zusammengesetzten Rechteckregel übereinstimmt, so gilt für den Quadraturfehler $R(h;g)$ die Darstellung

$$R(h;g) = \sum_{j=1}^{J-1} \alpha_j \; h^{2j}\left\{g^{(2j-1)}(X) - g^{(2j-1)}(0)\right\} + \mathcal{O}(h^{2J}) \; ,$$

falls der Integrand g 2J-mal differenzierbar ist; die Größen α_j sind von h, g und J unabhängige Konstanten.

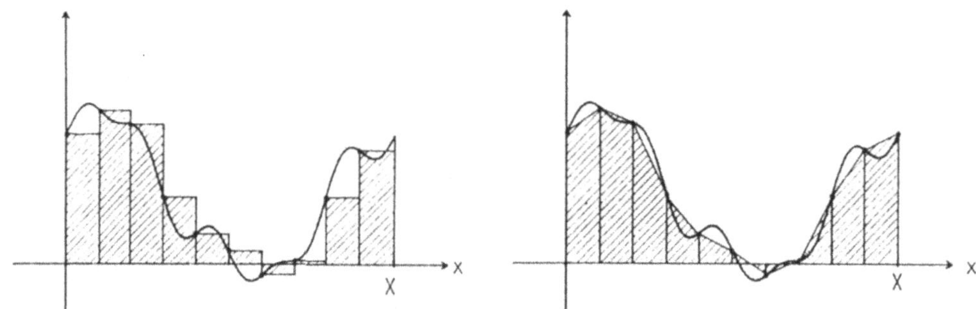

Bild 1.8: Graph einer periodischen Funktion g im fundamentalen Intervall sowie als Näherungen (schraffiert) für das Integral von g über diesem Intervall die äquidistant zusammengesetzte Rechteckregel und die äquidistant zusammengesetzte Trapezregel

Da der Integrand g X-periodisch ist, stimmen in den Punkten 0 und X die Werte der Funktion und sämtlicher existierender Ableitungen überein, so daß in der Restglieddarstellung die Summe verschwindet. Daher haben die obigen zusammengesetzten Quadraturformeln im periodischen Fall nur einen Fehler der Größenordnung $h^{2J} = (X/M)^{2J}$. Dieser Fehler wird umso kleiner, je größer M und je öfter der Integrand differenzierbar ist. Hinsichtlich dieser asymptotischen Konvergenzgeschwindigkeit sind diese sehr einfachen Quadraturformeln im periodischen Fall optimal, denn keine noch so komplizierte Quadraturformel zeigt ein besseres asymptotisches Verhalten.

Die Fourierkoeffizienten einer periodischen Funktion f

$$f^{\wedge}(k) = \frac{1}{X}\int_0^X f(x)\; e^{-2\pi i\, k \frac{x}{X}} dx$$

sind über Integrale definiert, dessen Integranden X-periodisch sind und deren Integrationsintervall gerade die Länge einer Periode hat. Zur näherungsweisen Berechnung dieser Fourierkoeffizienten mit der obigen Quadraturformel unterteilt man das Intervall $[0,X]$ in M gleichgroße Teilintervalle der Länge X/M und wertet den Integranden nur noch in den diskreten Gitterpunkten $x_m = m\,X/M$, $m = 0,1,\dots,M-1$, aus. Die so gewonnenen Näherungen sind die diskreten Fourierkoeffizienten

$$(1.13) \qquad \hat{f}_M(k) = \frac{1}{M} \sum_{m=0}^{M-1} f(x_m)\, e^{-2\pi i\, k \frac{m}{M}} \quad .$$

Bei infinitesimal feinen Unterteilungen X/M (d.h. $M \to \infty$) kann man nach (1.13) für beliebige ganzzahlige Werte von k die diskreten Fourierkoeffizienten berechnen; jedoch läßt eine Zerlegung in Teilintervalle endlicher Länge X/M wegen der Periodizität der Funktionen hinter der Summe in (1.13) nur die Berechnung dieser diskreten Koeffizienten $\hat{f}_M(k)$ für M verschiedene Werte von k zu. Die diskreten Koeffizienten in (1.13) sind also periodisch mit der Periode M :

$$(1.14) \qquad \hat{f}_M(k \pm M) = \hat{f}_M(k) \qquad (k = 0,\pm 1,\pm 2,\dots) \; .$$

In der Praxis wird wegen der dann gegebenen Effektivität der Schnellen Fourier-Transformation (Fast Fourier Transform: FFT) und der einfacheren Darstellung die Zahl M nicht nur gerade, sondern eine Potenz von 2 sein. Daher sei im Hinblick auf die Darstellung die natürliche Zahl M zunächst gerade.

Die diskrete Fourierteilsumme ist dann gegeben durch

$$(1.15) \qquad \mathcal{DF}_M(f)(x) = \sum_{k=-\frac{M}{2}}^{\frac{M}{2}-1} \hat{f}_M(k)\, e^{2\pi i\, k \frac{x}{X}}$$

mit den durch (1.13) für $k = -\frac{M}{2},\dots,\frac{M}{2}-1$ definierten Fourierkoeffizienten. *)

Auch im diskreten Fall hängen die Fourierkoeffizienten (1.13) selbst nicht von der Länge X des Periodenintervalls ab, wohl aber die Fourierteilsumme (1.15).

---

*) Ist M ungerade, so wird in (1.15) statt über $k = -\frac{M}{2},\dots,\frac{M}{2}-1$ dann über $k = -\frac{M-1}{2},\dots,\frac{M-1}{2}$ summiert; auch alle im folgenden erwähnten Eigenschaften bleiben in diesem Fall erhalten!

Entsprechend zu (1.4) gilt folgende diskrete Orthonormalitätsrelation

$$\frac{1}{M}\sum_{m=0}^{M-1} e^{2\pi i\, k \frac{m}{M}}\, e^{-2\pi i\, \ell \frac{m}{M}} = \delta_{k\ell} \tag{1.16}$$

für $k,\ell = 0,1,\dots,M-1$. Denn es gilt für $k=\ell$

$$\frac{1}{M}\sum_{m=0}^{M-1} e^{2\pi i\, m \frac{k-\ell}{M}} = \frac{1}{M}\sum_{m=0}^{M-1} 1 = 1 \quad ,$$

und nach der Summationsformel für die endliche geometrische Reihe

$$\sum_{m=0}^{n} q^m = \frac{1-q^{n+1}}{1-q} \qquad (q \neq 1)$$

ist für $k \neq \ell$

$$\frac{1}{M}\sum_{m=0}^{M-1} e^{2\pi i\, m \frac{k-\ell}{M}} = \frac{1}{M}\sum_{m=0}^{M-1}\left(e^{2\pi i \frac{k-\ell}{M}}\right)^m = \frac{1}{M}\cdot\frac{1-e^{2\pi i(k-\ell)}}{1-e^{2\pi i \frac{k-\ell}{M}}} = 0 \quad ,$$

da für die zugelassenen $k \neq \ell$ nach (1.3) der Nenner nicht verschwindet.

Die diskrete Fourierteilsumme (1.15) besitzt eine zusätzliche interessante Eigenschaft, die man zur effektiven Berechnung der Fourierkoeffizienten mit der Schnellen Fourier-Transformation (FFT) ausnutzt:

<u>SATZ 1.7:</u> Zugrundegelegt sei das periodische Funktionensystem

$$\left\{ e^{2\pi i\, k \frac{x}{X}} \;\middle|\; k = -\frac{M}{2},\dots,\frac{M}{2}-1 \right\} .$$

Das aus diesem System bestimmte trigonometrische Interpolationspolynom, das in den Punkten $x_m = m\,\frac{X}{M}$ vorgegebene Werte $f(x_m)$, $m = 0,1,\dots,M-1$, annimmt, ist gegeben durch die diskrete Fourierteilsumme

$$\mathcal{DF}_M(f)(x) = \sum_{k=-\frac{M}{2}}^{\frac{M}{2}-1} \hat{f}_M(k)\, e^{2\pi i\, k \frac{x}{X}}$$

mit den diskreten Fourierkoeffizienten

$$\hat{f}_M(k) = \frac{1}{M}\sum_{m=0}^{M-1} f(x_m)\, e^{-2\pi i\, k \frac{m}{M}} \quad , \qquad k = -\frac{M}{2},\dots,\frac{M}{2}-1 \quad .$$

<u>BEWEIS:</u> Sei x_p für ein $p \in \{0,\dots,M-1\}$ ein beliebiger Punkt. Dann gilt

$$\mathcal{DF}_M(f)(x_p) = \sum_{k=-\frac{M}{2}}^{\frac{M}{2}-1} \frac{1}{M} \sum_{m=0}^{M-1} f(x_m)\, e^{2\pi i\, k \frac{p-m}{M}}$$

$$= \sum_{m=0}^{M-1} f(x_m)\, e^{-2\pi i \frac{M}{2} \frac{p-m}{M}} \frac{1}{M} \sum_{k=0}^{M-1} e^{2\pi i\, k \frac{p-m}{M}}$$

$$= \sum_{m=0}^{M-1} f(x_m)\, e^{-\pi i (p-m)}\, \delta_{pm} = f(x_p)$$

unter Ausnutzung der Relation (1.16). Die diskrete Fourierteilsumme erfüllt also die Interpolationsbedingungen.

■

Wegen der Periodizität des zugrundeliegenden trigonometrischen Systems interpoliert die diskrete Fourierteilsumme einer periodischen Funktion f mit der Periode X diese Funktion dann in unendlich vielen Punkten $x_m = m \frac{X}{M}$, $m \in \mathbb{Z}$.

Die diskrete Fourierteilsumme (1.15) lautet entsprechend zu (1.9) nach Sinus- und Kosinusschwingungsanteilen geordnet

$$\begin{aligned} \mathcal{DF}_M(f)(x) = \hat{f}_M(0) &+ \sum_{k=1}^{\frac{M}{2}-1} \left\{ \hat{f}_M(k) + \hat{f}_M(-k) \right\} \cos\left(2\pi\, k \frac{x}{X}\right) + \\ &+ \sum_{k=1}^{\frac{M}{2}-1} i \left\{ \hat{f}_M(k) - \hat{f}_M(-k) \right\} \sin\left(2\pi\, k \frac{x}{X}\right) + \\ &+ \hat{f}_M\left(-\frac{M}{2}\right) \left\{ \cos\left(2\pi \frac{M}{2} \frac{x}{X}\right) - i \sin\left(2\pi \frac{M}{2} \frac{x}{X}\right) \right\} . \end{aligned} \tag{1.17}$$

Für reelle Werte $f(x_m)$ gilt wie im kontinuierlichen Fall für die diskreten Fourierkoeffizienten $\hat{f}_M(-k) = \overline{\hat{f}_M(k)}$. Um bei reellen Daten $f(x_m)$ auch eine reelle Approximation durch die diskrete Fourierteilsumme zu erhalten, ersetzt man den Schwingungsanteil

$$e^{-2\pi i \frac{M}{2} \frac{x}{X}} = \cos\left(2\pi \frac{M}{2} \frac{x}{X}\right) - i \sin\left(2\pi \frac{M}{2} \frac{x}{X}\right)$$

in (1.15) durch den gleichfrequenten Schwingungsanteil

$$\frac{1}{2}\left\{ e^{-2\pi i \frac{M}{2}\frac{x}{X}} + e^{2\pi i \frac{M}{2}\frac{x}{X}} \right\} = \cos\left(2\pi \frac{M}{2}\frac{x}{X}\right) .$$

Mit (1.14) gilt dann die zu (1.10) analoge Darstellung

$$(1.18\ a)\quad DF_M(f)(x) = a_0^{(M)} + 2 \sum_{k=1}^{\frac{M}{2}-1} \left\{ a_k^{(M)} \cos(2\pi k \frac{x}{X}) + b_k^{(M)} \sin(2\pi k \frac{x}{X}) \right\} +$$

$$+ a_{M/2}^{(M)} \cos(2\pi \frac{M}{2}\frac{x}{X})$$

mit den reellen Koeffizienten

$$a_0^{(M)} = \hat{f}_M(0) = \frac{1}{M}\sum_{m=0}^{M-1} f(x_m)$$

$$(1.18\ b)\quad a_k^{(M)} = \mathrm{Re}(\hat{f}_M(k)) = \frac{1}{M}\sum_{m=0}^{M-1} f(x_m)\cos\left(2\pi k \frac{m}{M}\right)$$

$$b_k^{(M)} = -\mathrm{Im}(\hat{f}_M(k)) = \frac{1}{M}\sum_{m=0}^{M-1} f(x_m)\sin\left(2\pi k \frac{m}{M}\right) ,$$

und die Interpolationseigenschaft bleibt wegen $\sin(2\pi \frac{M}{2}\frac{x_m}{X}) = \sin(m\pi) = 0$ erhalten. Man hat nichts anderes gemacht, als den im Fall reeller Daten einzigen imaginären Anteil in (1.17)

$$-i\hat{f}_M(-\frac{M}{2}) \sin(2\pi \frac{M}{2}\frac{x}{X}) = -\ i \sin(2\pi \frac{M}{2}\frac{x}{X}) \frac{1}{M}\sum_{m=0}^{M-1} (-1)^m f(x_m)$$

unterdrückt. *)

Im kontinuierlichen Fall bleiben beim Übergang von einer Fourierteilsumme zu einer größeren Teilsumme (also bei wachsendem oberen Summenindex K) in (1.8) die ersten Fourierkoeffizienten gleich; die endliche Reihe wird nur um einige Glieder erweitert. Im diskreten Fall verhält sich dies anders. Durch eine Änderung des Wertes von M in der diskreten Fourierteilsumme ändern sich im allgemeinen sämtliche diskreten Fourierkoeffizienten. Für wachsendes M nähern sie sich immer mehr den entsprechenden Fourierkoeffizienten der kontinuierlichen Fourierreihe an, da sie aus

*) Für ungerades M tritt diese unangenehme Begleiterscheinung übrigens nicht auf; für reelle Daten ist die diskrete Fourierteilsumme dann immer reell!

diesen durch Anwendung einer Quadraturformel hervorgehen, deren Fehler für $M \to \infty$ verschwindet.

Um auch im diskreten Fall Aussagen über höherfrequente Anteile in den Daten machen zu können, müssen hinreichend viele diskrete Daten bekannt sein.

DISKRETE FALTUNGS- UND KORRELATIONSPROZESSE

Es übertragen sich, was besonders für die Anwendungen interessant ist, wichtige Eigenschaften der kontinuierlichen Fourierteilsumme auf die diskrete Fourierteilsumme, so z.B. bei der Faltung und der Korrelation.

Sind f und g zwei periodische Funktionen mit der gleichen Periode X, deren Werte man eigentlich nur im fundamentalen Intervall in den diskreten Punkten $x_m = m\frac{X}{M}$, $m = 0,1,\dots,M-1$, zu kennen braucht, dann ist entsprechend zu (1.11) die diskrete zyklische bzw. periodische Faltung $\mathcal{D}(f*g)$ dieser beiden Funktionen gegeben durch

$$(1.19) \qquad \mathcal{D}(f*g)(x_m) = \frac{1}{M}\sum_{k=0}^{M-1} f(x_{m-k})\, g(x_k)$$

für $m = 0,1,\dots,M-1$. Für $x = x_m$ wird wieder nur das Integral durch die äquidistant zusammengesetzte Rechteckregel approximiert. Entsprechend zu Satz 1.4 gilt im diskreten Fall, wenn man die absolute quadratische Integrierbarkeit durch die Beschränktheit der diskreten Werte ersetzt, folgender Satz:

<u>SATZ 1.8:</u> Die Werte der periodischen Funktionen f und g mit der gleichen Periode X seien in den Punkten $x_m = m\frac{X}{M}$, $m = 0,1,\dots,M-1$, bekannt und beschränkt. Dann gilt:

(i) Die diskrete zyklische Faltung ist kommutativ, d.h. $\mathcal{D}(f*g)(x_m) = \mathcal{D}(g*f)(x_m)$, und periodisch mit der Periode X.

(ii) Die diskreten Fourierkoeffizienten der diskreten zyklischen Faltung $\mathcal{D}(f*g)$ sind gegeben durch

$$\mathcal{D}(f*g)^{\wedge}_{M}(k) = f^{\wedge}_{M}(k)\cdot g^{\wedge}_{M}(k) \quad , \quad k = -\frac{M}{2},\dots,\frac{M}{2}-1 \quad .$$

BEWEIS: Zum Beweis von (ii) ist für ein $k \in \{0,1,\dots,M-1\}$

$$\mathcal{D}(f*g)^{\wedge}_{M}(k) = \frac{1}{M}\sum_{m=0}^{M-1} \mathcal{D}(f*g)(x_m)\, e^{-2\pi i k \frac{m}{M}}$$

$$= \frac{1}{M}\sum_{m=0}^{M-1}\left\{\frac{1}{M}\sum_{p=0}^{M-1} f(x_{m-p})\, g(x_p)\right\} e^{-2\pi i k \frac{m-p}{M}} \cdot e^{-2\pi i k \frac{p}{M}}$$

$$= \frac{1}{M}\sum_{p=0}^{M-1} g(x_p)\, e^{-2\pi i k \frac{p}{M}} \left\{\frac{1}{M}\sum_{m=0}^{M-1} f(x_{m-p})\, e^{-2\pi i k \frac{m-p}{M}}\right\} .$$

Berücksichtigt man die Periodizität der Funktionen in den geschweiften Klammern auf der rechten Seite (diskretes Analogon zu (1.2)), so steht dort der diskrete Fourierkoeffizient $f^{\wedge}_{M}(k)$. Also gilt (ii).

■

Die diskrete zyklische bzw. periodische Korrelation $\mathcal{D}(f \circ g)$ zweier periodischer Funktionen mit der Periode X, deren Werte im fundamentalen Intervall in den äquidistant verteilten Punkten $x_m = m\frac{X}{M}$, $m = 0,1,\dots,M-1$, bekannt sind, ist definiert durch

(1.20) $$\mathcal{D}(f \circ g)(x_m) = \frac{1}{M}\sum_{k=0}^{M-1} f(x_{m+k})\, \overline{g(x_k)}$$

(vgl. (1.12)). Ein diskretes Analogon zu den Ergebnissen aus Satz 1.5 ist

SATZ 1.9: Die Werte der periodischen Funktionen f und g mit der gleichen Periode X seien in den Punkten $x_m = m\frac{X}{M}$, $m = 0,1,\dots,M-1$, im fundamentalen Intervall bekannt und beschränkt. Dann gilt:

(i) Die diskrete zyklische Korrelation erfüllt $\mathcal{D}(f \circ g)(x_m) = \overline{\mathcal{D}(g \circ f)(x_{-m})}$ und ist periodisch mit der Periode X.

(ii) Die diskreten Fourierkoeffizienten der diskreten zyklischen Korrelation $\mathcal{D}(f \circ g)$ sind gegeben durch

$$\mathcal{D}(f \circ g)^{\wedge}_{M}(k) = f^{\wedge}_{M}(k) \cdot \overline{g^{\wedge}_{M}(k)} , \quad k = -\frac{M}{2},\dots,\frac{M}{2}-1 .$$

Diesen Satz beweist man so wie die Sätze 1.8 bzw. 1.5. Sowohl bei der Faltung wie auch bei der Korrelation übertragen sich also die wichtigen Eigenschaften auf den diskreten Fall.

Die diskrete Korrelation einer Funktion f mit sich selbst ("diskrete Autokorrelation") ist gegeben durch

$$\mathcal{D}(f \circ f)(x_m) = \frac{1}{M} \sum_{k=0}^{M-1} f(x_{m+k}) \overline{f(x_k)} \quad ,$$

und die dazugehörige diskrete Fourierteilsumme hat mit Satz 1.9 (ii) die Darstellung

$$\sum_{k=-\frac{M}{2}}^{\frac{M}{2}-1} \hat{f_M}(k) \overline{\hat{f_M}(k)} e^{2\pi i k \frac{x}{X}} \quad .$$

Da die diskrete Fourierteilsumme nach Satz 1.7 in den Punkten x_m die Werte $\mathcal{D}(f \circ f)(x_m)$ annimmt, folgt insbesondere für $x_0 = 0$

$$\frac{1}{M} \sum_{k=0}^{M-1} |f(x_k)|^2 = \sum_{k=-\frac{M}{2}}^{\frac{M}{2}-1} |\hat{f_M}(k)|^2 \quad .$$

DIE UMKEHRFORMEL

Die diskrete Fourier-Transformation ordnet einen Satz von M Daten $\{f(x_m) \mid m = 0,1,\ldots,M-1\}$ einen gleichgroßen Satz von Koeffizienten

$$\left\{\hat{f_M}(k) \;\middle|\; k = -\frac{M}{2}, \ldots, \frac{M}{2} - 1\right\}$$

zu. Diese Größen sind ein-eindeutig zugeordnet, d.h. man kann mit den Größen $f(x_m)$ die diskreten Fourierkoeffizienten $\hat{f_M}(k)$ bestimmen und umgekehrt aus den diskreten Fourierkoeffizienten die diskreten Funktionswerte berechnen.

SATZ 1.10: Mit den unter Kenntnis der Werte einer Funktion f in den diskreten Gitterpunkten $x_m = m\frac{X}{M}$, $m = 0,1,\dots,M-1$, berechneten diskreten Fourierkoeffizienten

$$f_M^\wedge(k) = \frac{1}{M}\sum_{m=0}^{M-1} f(x_m)\, e^{-2\pi i k \frac{m}{M}} \quad , \quad k = -\frac{M}{2},\dots,\frac{M}{2}-1 ,$$

gilt die Umkehrformel

$$f(x_m) = \sum_{k=-\frac{M}{2}}^{\frac{M}{2}-1} f_M^\wedge(k)\, e^{2\pi i m \frac{k}{M}} \quad , \quad m = 0,1,\dots,M-1 .$$

BEWEIS: Nach Satz 1.7 ist $f(x_m) = \mathcal{DF}_M(f)(x_m)$; das ist aber schon die Behauptung.

■

Die Zuordnung der diskreten Fourierkoeffizienten $f_M^\wedge(k)$ zu den Funktionswerten $f(x_m)$ nennt man diskrete Fourier-Transformation und die Umkehrung diskrete Fourier-Umkehrtransformation oder -Rücktransformation.

EIN BEISPIEL

Im letzten Abschnitt haben wir die Fourierkoeffizienten

$$f^\wedge(k) = -\frac{2}{\pi}\,\frac{1}{4k^2-1}$$

und

$$g^\wedge(k) = \begin{cases} 1/2 & , \ k = 0 \\ -\frac{i}{2\pi k} & , \ k \neq 0 \end{cases}$$

der mit der Periode π periodischen Funktionen

$$f(x) = |\sin x|$$

und g , die im fundamentalen Intervall durch

$$g(x) = \begin{cases} 1/2 & , \ x = 0 \\ \frac{1}{\pi}(\pi - x) & , \ x \in (0,\pi) \end{cases}$$

gegeben ist, sowie deren zyklische Faltung

$$(f * g)(x) = \frac{2}{\pi^2}(\pi - x) - \frac{1}{\pi}\cos x = \frac{1}{\pi} - \frac{2}{\pi^2}\sum_{k=1}^{\infty}\frac{1}{k(4k^2-1)}\sin(2kx)$$

und zyklische Korrelation

$$(f \circ g)(x) = \frac{2}{\pi^2}x + \frac{1}{\pi}\cos x = \frac{1}{\pi} + \frac{2}{\pi^2}\sum_{k=1}^{\infty}\frac{1}{k(4k^2-1)}\sin(2kx)$$

bestimmt. In der Praxis wird man kaum in der Lage sein, exakt zu rechnen, da man entweder auf nicht exakt lösbare Integrale stößt oder aber von den periodischen Funktionen nur diskrete Werte kennt. Dieses Beispiel soll dazu dienen, ein Empfinden für die Güte der diskreten Approximation zu geben.

Für verschiedene M seien dazu diskrete Funktionswerte

$$f(x_m) = |\sin(m\frac{\pi}{M})| \quad \text{und}$$

$$g(x_m) = \begin{cases} 1/2 & , \ m = 0 \\ \frac{1}{\pi}(\pi - m\frac{\pi}{M}) & , \ m \geq 1 \end{cases} \quad ,$$

$m = 0,1,\ldots,M-1$, vorgegeben. Die aus diesen Daten für $m = 0,1,\ldots,M-1$ zu berechnende diskrete zyklische Faltung

$$D(f * g)(x_m) = \frac{1}{M}\left\{\sum_{k=0}^{m} f(x_{m-k})g(x_k) + \sum_{k=m+1}^{M-1} f(x_{M+m-k})\, g(x_k)\right\}$$

und diskrete zyklische Korrelation

$$D(f \circ g)(x_m) = \frac{1}{M}\left\{\sum_{k=0}^{M-m-1} f(x_{m+k})\, g(x_k) + \sum_{k=M-m}^{M-1} f(x_{m+k-M})\, g(x_k)\right\}$$

auf direktem Wege ist sehr aufwendig [*je* M(M+1) *Multiplikationen und* M(M-1) *Additionen*] im Gegensatz zu dem folgenden Weg [*Reduktion auf je*

$\frac{3}{2}M\left(2+\frac{\log M}{\log 2}\right)$ *Multiplikationen und* $3M\frac{\log M}{\log 2}$ *Additionen*], wobei die Effizienz mit wachsendem M erheblich zunimmt [*zum Beispiel für* $M = 2^6 = 64$ *statt* 4160 *Multiplikationen und* 4032 *Additionen nur* 768 *Multiplikationen und* 1152 *Additionen und für* $M = 2^{12} = 4096$ *statt* 16 781 312 *Multiplikationen und* 16 773 120 *Additionen nur* 86 016 *Multiplikationen und* 147 456 *Additionen*]. Mit Hilfe der zugehörigen diskreten Fourierkoeffizienten

$$f_M^{\wedge}(k) = \frac{1}{M}\sum_{m=0}^{M-1} f(x_m)\, e^{-2\pi i\, k\frac{m}{M}} \quad , \quad k = -\frac{M}{2},\ldots,\frac{M}{2}-1 \ ,$$

$$g_M^{\wedge}(k) = \frac{1}{M}\sum_{m=0}^{M-1} g(x_m)\, e^{-2\pi i\, k\frac{m}{M}}$$

kann man nämlich ebenfalls die diskrete zyklische Faltung und die diskrete zyklische Korrelation nach den Sätzen 1.8 (ii), 1.9 (ii) und 1.10 berechnen:

$$D(f * g)(x_m) = \sum_{k=-\frac{M}{2}}^{\frac{M}{2}-1} f_M^{\wedge}(k)\, g_M^{\wedge}(k)\, e^{2\pi i\, m\frac{k}{M}}$$

$$D(f \circ g)(x_m) = \sum_{k=-\frac{M}{2}}^{\frac{M}{2}-1} f_M^{\wedge}(k)\, \overline{g_M^{\wedge}(k)}\, e^{2\pi i\, m\frac{k}{M}} \quad , \quad m = 0,1,\ldots,M-1 \ .$$

Die Bestimmung der diskreten Fourierkoeffizienten sowie der diskreten Faltung und der diskreten Korrelation läßt sich auf diesem Wege effektiv mit der in Abschnitt 1.4 hergeleiteten Schnellen Fourier-Transformation (FFT) durchführen [*man kommt so auf die oben beschriebenen erheblichen Rechenzeitreduktionen*].

Für verschiedene M ergeben sich folgende maximale Fehler zwischen den M jeweils berechneten Werten und den kontinuierlichen Gegenstücken:

M	maximaler Fehler $\lvert f_M^{\wedge}(k) - f^{\wedge}(k)\rvert$	maximaler Fehler $\lvert g_M^{\wedge}(k) - g^{\wedge}(k)\rvert$	maximaler Fehler $\lvert D(f*g)(x_m) - (f*g)(x_m)\rvert$	maximaler Fehler $\lvert D(f\circ g)(x_m) - (f\circ g)(x_m)\rvert$
$16 = 2^4$	$3.66 \cdot 10^{-3}$	$1.99 \cdot 10^{-2}$	$1.24 \cdot 10^{-3}$	$1.24 \cdot 10^{-3}$
$32 = 2^5$	$9.13 \cdot 10^{-4}$	$9.95 \cdot 10^{-3}$	$3.10 \cdot 10^{-4}$	$3.10 \cdot 10^{-4}$
$64 = 2^6$	$2.28 \cdot 10^{-4}$	$4.97 \cdot 10^{-3}$	$7.74 \cdot 10^{-5}$	$7.74 \cdot 10^{-5}$
$128 = 2^7$	$5.70 \cdot 10^{-5}$	$2.49 \cdot 10^{-3}$	$1.93 \cdot 10^{-5}$	$1.93 \cdot 10^{-5}$

Für wachsendes M wird der Fehler, wie es auch sein muß, immer kleiner. Schon für kleinere M werden die Schwingungsanteile und das Verhalten der Faltung und der Korrelation gut wiedergegeben. Die Glattheit der Funktion spielt eine Rolle; die Güte der Näherungen für die Fourierkoeffizienten ist bei der stetigen Funktion f besser als bei der unstetigen Funktion g. Da die Faltung und die Korrelation immer stetig sind, sind deren Näherungen ebenfalls gut.

ZUSAMMENFASSUNG

Die wichtigsten Eigenschaften der diskreten Fourier-Transformation faßt folgende Aufstellung zusammen:

allgemeine diskrete komplexe Werte einer periodischen Funktion mit der Periode X in den M Punkten $x_m = m\frac{X}{M}$, $m=0,1,\dots,M-1$ (M gerade)	dazugehörige diskrete Fourierkoeffizienten $(k=-\frac{M}{2},\dots,\frac{M}{2}-1)$
$f(x_m) = \sum_{k=-\frac{M}{2}}^{\frac{M}{2}-1} \hat{f}_M(k)\, e^{2\pi i\, m \frac{k}{M}}$	$\hat{f}_M(k) = \frac{1}{M}\sum_{m=0}^{M-1} f(x_m)\, e^{-2\pi i\, k \frac{m}{M}}$
	$\sum_{k=-\frac{M}{2}}^{\frac{M}{2}-1} \lvert\hat{f}_M(k)\rvert^2 = \frac{1}{M}\sum_{m=0}^{M-1} \lvert f(x_m)\rvert^2$
	$\hat{f}_M(k \pm \ell\cdot M) = \hat{f}_M(k) \qquad (\ell = 0,1,2,\dots)$
Linearität: $f(x_m) \pm g(x_m)$	$\hat{f}_M(k) \pm \hat{g}_M(k)$
$\alpha\cdot f(x_m)$, $\alpha \in \mathbb{C}$	$\alpha\cdot\hat{f}_M(k)$
f hermitesch, d.h. $f(x_{M-m}) = \overline{f(x_m)}$	$\overline{\hat{f}_M(k)} = \hat{f}_M(k)$, d.h. $\mathrm{Im}(\hat{f}_M(k)) = 0$
f antihermitesch, d.h. $f(x_{M-m}) = -\overline{f(x_m)}$	$\overline{\hat{f}_M(k)} = -\hat{f}_M(k)$, d.h. $\mathrm{Re}(\hat{f}_M(k)) = 0$
diskrete Faltung: $\mathcal{D}(f * g)(x_m)$	$\hat{f}_M(k)\cdot\hat{g}_M(k)$
diskrete Korrelation: $\mathcal{D}(f \circ g)(x_m)$	$\hat{f}_M(k)\cdot\overline{\hat{g}_M(k)}$

Für reelle Werte $f(x_m)$ gilt zusätzlich $\hat{f}_M(-k) = \overline{\hat{f}_M(k)}$. Die Eigenschaft hermitesch entspricht dann einer geraden Funktion und die Eigenschaft antihermitesch einer ungeraden Funktion.

FILTERUNGEN ALS EINE ANWENDUNG

Kennt man die (diskreten) Fourierkoeffizienten einer Funktion, so kann man auf die einzelnen Schwingungsanteile direkt Einfluß nehmen und so die Funktion verändern, indem man die entsprechenden Koeffizienten geeignet manipuliert.

Man ist so auch in der Lage, dominierende Frequenzen und Resonanzfrequenzen in einer Funktion festzustellen, denn der Koeffizient einer solchen Schwingung im Amplituden-Spektrum dieser Funktion hat im Gegensatz zu anderen Koeffizienten einen großen Wert. Auch die (diskrete) Autokorrelation, die Korrelation einer Funktion mit sich selbst, betont besonders dominierende Schwingungen einer Funktion und dämpft kaum enthaltene Schwingungsanteile stark.

Eine weitere typische Anwendung der (diskreten) Fourier-Transformation ist die Glättung verrauschter Funktionen. Oft zeigen die Daten einer Funktion, die durch Messung ermittelt wurden oder nach einer Datenfernübertragung vorliegen, einen sehr unregelmäßigen Verlauf; hinzu kommen Störungen durch elektronisches und thermales Rauschen von verwendeten Apparaturen. Ein einfaches Beispiel hierfür zeigt Bild 1.9. Nimmt man an, daß sich diese Verfälschung der Funktion durch einen Faltungsprozeß mit einer bestimmten Funktion beschreiben läßt, so kann man sehr effektiv mit Hilfe der Fourier-Transformation das Rauschen rückgängig machen. Diese Transformation führt eine Faltung auf eine Multiplikation der Frequenzanteile zurück. Man nennt dies eine Frequenz-Filterung, da bestimmte Frequenzanteile unbeeinflußt bleiben (oder verstärkt werden) und andere gedämpft oder ganz unterdrückt werden. Man nimmt also an, daß sich

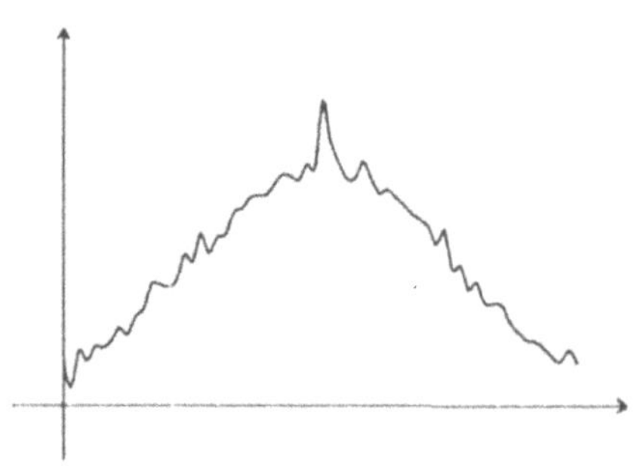

Bild 1.9: Beispiel einer verrauschten Funktion

die gesuchte glatte und mit der Periode X periodische Funktion f als eine zyklische Faltung der verrauschten Funktion g mit einer bestimmten Funktion h darstellen läßt:

$$f(x) = (g * h)(x) \quad \text{bzw.} \quad f(x_m) = \mathcal{D}(g * h)(x_m) \quad .$$

Die Funktion h kennt man häufig nicht. Der unregelmäßige Verlauf der verrauschten Funktion ist durch die hochfrequenten Anteile bestimmt; es liegt nahe, den Funktionsverlauf durch eine Dämpfung dieser Anteile zu glätten. Dies ist auf vielerlei Weise möglich.

Unterdrückt man die höherfrequenten Anteile ganz und läßt man die niederfrequenten Anteile unbeeinflußt, daß heißt multipliziert man den k-ten Fourierkoeffizienten der verrauschten Funktion g mit dem Faktor

$$(D_n)^{\wedge}(k) = \begin{cases} 1 & , \quad |k| < n \\ 0 & \quad \text{sonst} \end{cases}$$

für ein bestimmtes n, so entspricht dies einer zyklischen Faltung der verrauschten Funktion mit der X-periodischen Funktion (Dirichlet-Kern)

$$h(x) \equiv D_n(x) = \sum_{k=-n+1}^{n-1} e^{2\pi i k \frac{x}{X}} = 1 + 2 \sum_{k=1}^{n-1} \cos\left(2\pi k \frac{x}{X}\right)$$

$$= \begin{cases} \dfrac{\sin((2n-1)\pi \frac{x}{X})}{\sin(\pi \frac{x}{X})} & , \quad x \neq j X \\ 2n-1 & , \quad x = j X \end{cases} \qquad (j \in \mathbb{Z}) \; .$$

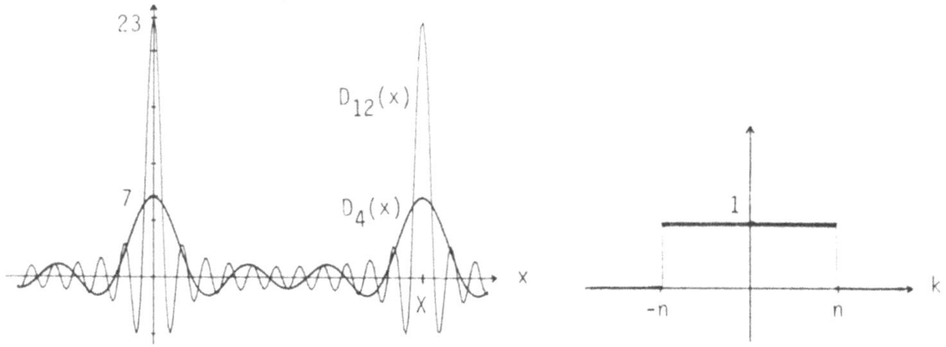

Bild 1.10: Dirichlet-Kern $D_n(x)$ für $n = 4$ und $n = 12$ und das Fourier-Amplituden-Spektrum des Dirichlet-Kerns $D_n(x)$

Dämpft bzw. unterdrückt man die höherfrequenten Anteile, indem man den k-ten Fourierkoeffizienten von g mit dem Faktor

$$(F_n)^\wedge(k) = \begin{cases} 1 - \frac{|k|}{n} & , \quad |k| < n \\ 0 & \text{sonst} \end{cases}$$

für ein geeignetes n multipliziert, so ist dies nichts anderes als eine Faltung von g mit der mit der Periode X periodischen Funktion (Fejér-Kern)

$$h(x) \equiv F_n(x) = \sum_{k=-n+1}^{n-1} \left(1 - \frac{|k|}{n}\right) e^{2\pi i k \frac{x}{X}} = 1 + 2 \sum_{k=1}^{n-1} \left(1 - \frac{k}{n}\right) \cos\left(2\pi k \frac{x}{X}\right)$$

$$= \begin{cases} \frac{1}{n} \left\{ \frac{\sin(n\pi \frac{x}{X})}{\sin(\pi \frac{x}{X})} \right\}^2 & , \quad x \neq jX \\ n & , \quad x = jX \end{cases} \qquad (j \in \mathbb{Z}) \; .$$

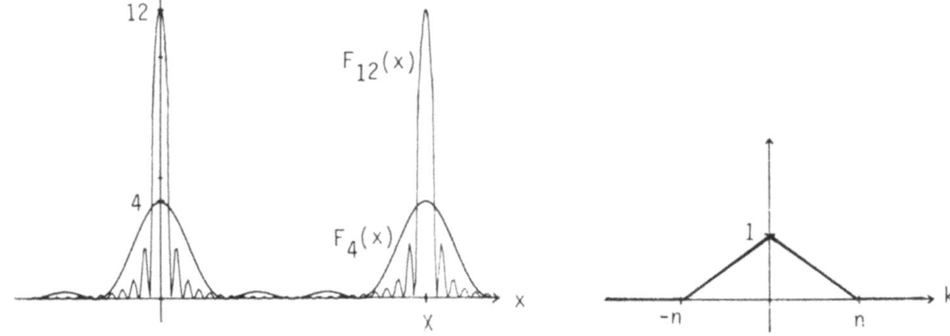

Bild 1.11: Fejér-Kern $F_n(x)$ für $n = 4$ und $n = 12$ und das Fourier-Amplituden-Spektrum des Fejér-Kerns $F_n(x)$

Will man die Frequenzanteile der verrauschten Funktion g so manipulieren, daß sie umso mehr gedämpft werden, je höherfrequentig dieser Anteil ist, so kann man dies durch eine Multiplikation des k-ten Fourierkoeffizienten von g mit dem Faktor

$$(P_r)^\wedge(k) = r^{|k|}$$

für ein geeignetes r , $0 < r < 1$, erreichen. Dies entspricht einer Faltung von g mit der mit der Periode X periodischen Funktion (Abel-Poisson-Kern)

$$h(x) \equiv P_r(x) = \sum_{k=-\infty}^{\infty} r^{|k|} e^{2\pi i k \frac{x}{X}} = 1 + 2 \sum_{k=1}^{\infty} r^k \cos\left(2\pi k \frac{x}{X}\right)$$

$$= \frac{1 - r^2}{1 - 2r\cos(2\pi \frac{x}{X}) + r^2} .$$

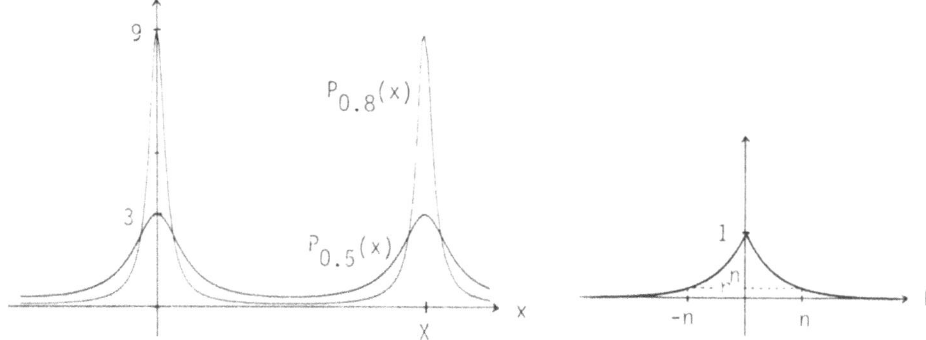

Bild 1.12: Abel-Poisson-Kern $P_r(x)$ für $r = 0.5$ und $r = 0.8$ und das Fourier-Amplituden-Spektrum des Abel-Poisson-Kerns $P_r(x)$

Für die verrauschte Funktion aus Bild 1.9 ergeben sich so die geglätteten Funktionsverläufe aus Bild 1.13, die mit Hilfe der diskreten Fourier-Transformation und -Umkehrtransformation wie im letzten Beispiel besprochen ermittelt wurden.

Es gibt viele weitere sinnvolle Möglichkeiten einer solchen Filterung, so etwa mit einer Kombination der Dirichlet- und Fejér-Faktoren

$$(V_{m,n})^\wedge(k) = \begin{cases} 1 & , \quad |k| \leq m \\ 1 - \frac{|k| - m}{n - m} & , \quad m < |k| < n \\ 0 & , \quad |k| \geq n \end{cases}$$

für geeignete Werte von m und n mit $m < n$, oder mit den Dämpfungsfaktoren

$$(G_r)^\wedge(k) = e^{-\left(\frac{k}{r}\right)^2}$$

oder

$$(A_r)^\wedge(k) = e^{-\frac{|k|}{r}}$$

für geeignete Werte von r.

Mit auf solche Weise manipulierten Fourierkoeffizienten einer stetigen Funktion kann man zusätzlich die gleichmäßige Konvergenz der Fourierteilsummen gegen diese Funktion erreichen.

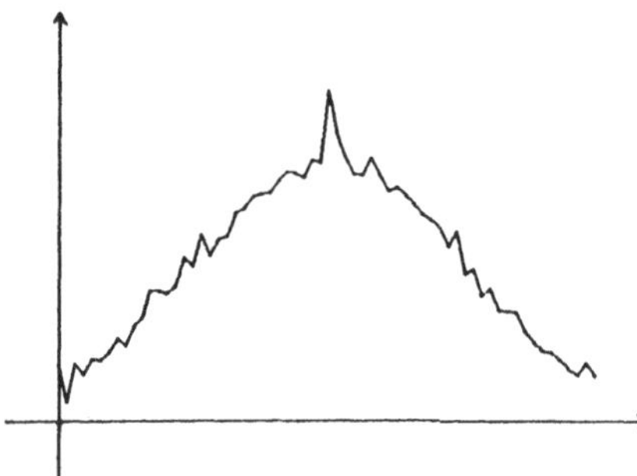

verrauschte Funktion

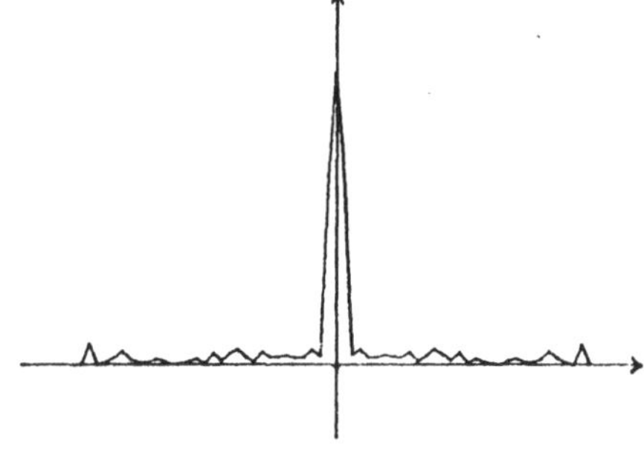

Fourier-Amplituden-Spektrum der verrauschten Funktion

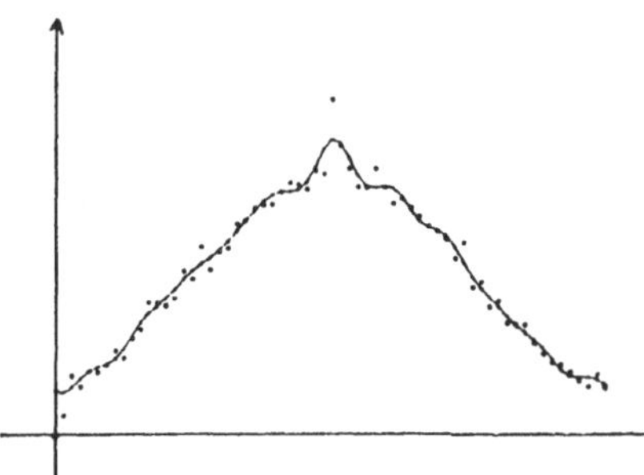

Faltung der verrauschten Funktion mit dem Dirichlet-Kern

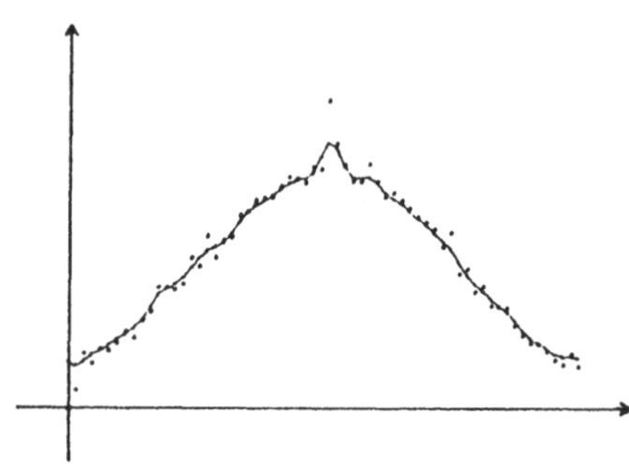

Faltung der verrauschten Funktion mit dem Fejér-Kern

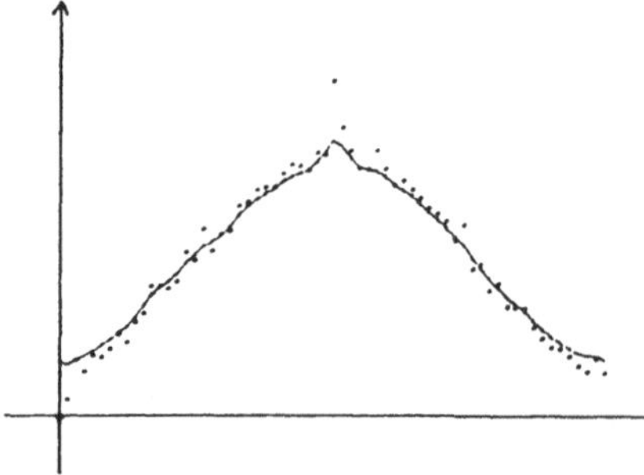

Faltung der verrauschten Funktion mit dem Abel-Poisson-Kern

Bild 1.13: diskret gegebene verrauschte Funktion (M=64) mit zugehörigem Fourier-Amplituden-Spektrum sowie die mit dem Dirichlet-Kern (n=12), dem Fejér-Kern (n=24) und dem Abel-Poisson-Kern (r=0.9) geglätteten Funktionen; die Punkte geben jeweils die diskreten Werte der verrauschten Funktion an

1.3 DER MEHRDIMENSIONALE FALL

Die Erweiterung der in den letzten Abschnitten gemachten Aussagen auf reell- oder komplexwertige Funktionen mehrerer unabhängiger Veränderlicher bereitet keine Schwierigkeiten, wenn man die Erweiterung auf Funktionen von zwei unabhängigen Veränderlichen kennt. Da dies außerdem der weitaus am meisten vorkommende mehrdimensionale Fall in der Praxis ist, wollen wir uns hier darauf beschränken.

Eine wichtige Anwendung ist die Bildverarbeitung. Man kann ein in analoger Weise vorliegendes Bild durch eine Grauwertfunktion bei einem Schwarz-Weiß-Bild bzw. durch drei Farbwertfunktionen für die Grundfarben Rot, Grün und Blau bei einem Farbbild beschreiben, die auf einem rechteckigen Definitionsbereich entsprechend der Größe des Bildes definiert sind und deren Werte in einem festgelegten reellen Bereich (Grauwertbereich) bzw. in festgelegten reellen Bereichen (Farbwertbereichen) liegen. Dies wird ausführlich in Kapitel 3 beschrieben. Faßt man den Definitionsbereich als eine Periode dieser Funktion(en) auf, d.h. denkt man sich das Bild in jede Richtung immer wiederkehrend, so lassen sich insbesondere periodische Vorgänge in diesem Bild durch eine Zerlegung der Funktion(en) in harmonische Schwingungen beschreiben. Man versucht dabei, die Funktion(en) formal anders darzustellen bzw. möglichst gut so zu approximieren, daß man dieser Darstellung bzw. Näherung die benötigten Informationen über gewisse Eigenschaften direkt entnehmen kann.

AUSSAGEN FÜR KONTINUIERLICH GEGEBENE FUNKTIONEN

Eine auf $\mathbb{R}^2$ definierte reell- oder komplexwertige Funktion f heißt **periodisch mit den Perioden X und Y** $(X,Y > 0)$, falls

$$\text{(1.21)} \qquad \begin{aligned} f(x \pm X,y) &= f(x,y) \\ f(x,y \pm Y) &= f(x,y) \end{aligned} \qquad \text{für alle } (x,y) \in \mathbb{R}^2 \text{ ist.}$$

Eine periodische Funktion f mit den Perioden X und Y ist durch ihre Restriktion auf das **fundamentale Intervall $[0,X) \times [0,Y)$** eindeutig festgelegt.

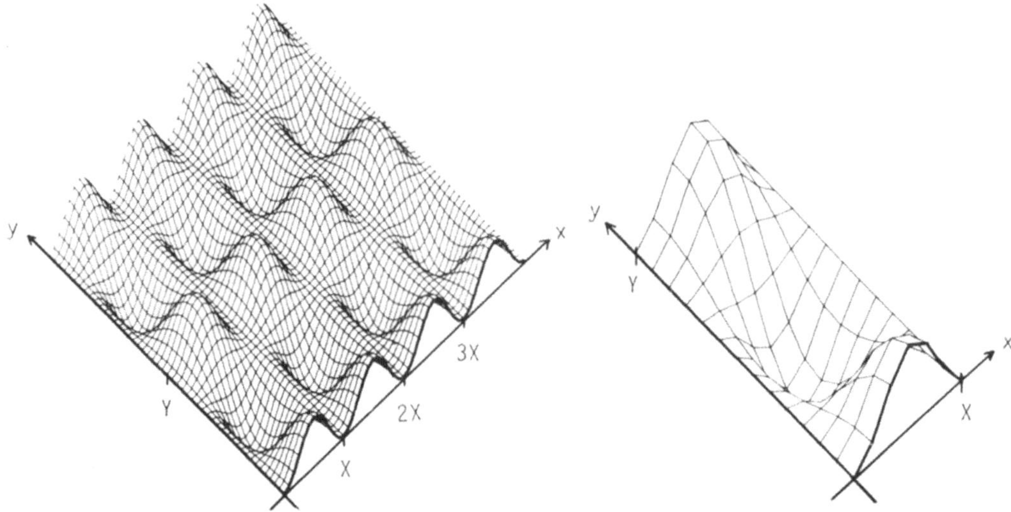

Bild 1.14: Beispiel einer periodischen Funktion und ihre Restriktion auf das fundamentale Intervall

Für lokal absolut integrierbare Funktionen f gilt

$$\iint_{[a,b]\times[c,d]} f(x,y)\,d(x,y) = \int_a^b \left\{ \int_c^d f(x,y)\,dy \right\} dx$$

$$= \int_c^d \left\{ \int_a^b f(x,y)\,dx \right\} dy \quad .$$

Der mehrdimensionale Fall läßt sich so iteriert eindimensional darstellen.

Für eine mit den Perioden X und Y periodische Funktion f gilt entsprechend zu (1.2) für beliebige $\alpha, \beta \in \mathbb{R}$

$$(1.22) \qquad \int_0^X \int_0^Y f(x,y)dy\,dx = \int_\alpha^{\alpha+X} \int_\beta^{\beta+Y} f(x,y)dy\,dx \quad .$$

Zur Approximation einer periodischen Funktion wählt man das komplexe trigonometrische System

$$\Pi = \left\{ e^{2\pi i\,(k\frac{x}{X} + \ell\frac{y}{Y})} \;\middle|\; k,\ell \in \mathbb{Z} \right\} \quad \text{mit der imaginären Einheit } i = \sqrt{-1} \, .$$

Jede der Funktionen aus diesem System ist periodisch mit den Perioden X und Y, denn es gilt mit (1.3)

$$e^{2\pi i\,(k\frac{x+X}{X} + \ell\frac{y}{Y})} = e^{2\pi i\,(k\frac{x}{X} + \ell\frac{y}{Y})}\, e^{2\pi i\,k} = e^{2\pi i\,(k\frac{x}{X} + \ell\frac{y}{Y})} \, ,$$

$$e^{2\pi i\,(k\frac{x}{X} + \ell\frac{y+Y}{Y})} = e^{2\pi i\,(k\frac{x}{X} + \ell\frac{y}{Y})}\, e^{2\pi i\,\ell} = e^{2\pi i\,(k\frac{x}{X} + \ell\frac{y}{Y})} \, .$$

Die (1.4) entsprechende Orthonormalitätsrelation lautet

$$(1.23)\qquad \frac{1}{X}\int_0^X \frac{1}{Y}\int_0^Y e^{2\pi i\,(k\frac{x}{X}+\ell\frac{y}{Y})}\, e^{-2\pi i\,(p\frac{x}{X}+q\frac{y}{Y})}\, dy\, dx = \delta_{kp}\,\delta_{\ell q} \;.$$

Ein endliches Teilsystem des unendlichen Funktionensystems Π sei mit

$$(1.24)\qquad \Pi_{K,L} = \left\{ e^{2\pi i\,(k\frac{x}{X}+\ell\frac{y}{Y})} \;\middle|\; |k| \le K,\; |\ell| \le L \right\} \qquad (K,L \in \mathbb{N})$$

bezeichnet. Der Weierstraß'sche Approximationssatz (Satz 1.1) bleibt auch im mehrdimensionalen Fall gültig, d.h. hier, daß sich jede beschränkte periodische Funktion f mit den Perioden X und Y beliebig genau durch eine (geeignete) Linearkombination von trigonometrischen Polynomen aus $\Pi_{K,L}$ approximieren läßt, wenn man nur K und L groß genug wählt.

Mit Hilfe der Fourierkoeffizienten

$$(1.25)\qquad f^{\wedge}(k,\ell) = \frac{1}{X}\int_0^X \frac{1}{Y}\int_0^Y f(x,y)\, e^{-2\pi i\,(k\frac{x}{X}+\ell\frac{y}{Y})}\, dy\, dx$$

läßt sich der mittlere quadratische Fehler minimieren:

SATZ 1.11: Die Funktion f sei periodisch mit den Perioden X und Y und sei absolut quadratisch integrierbar, d.h. es existiere das Integral

$$\int_0^X \int_0^Y |f(x,y)|^2\, dy\, dx \quad \text{(zumindest im uneigentlichen Sinn).}$$

Dann wird für beliebige Funktionen

$$\phi(x,y) = \sum_{k=-K}^{K} \sum_{\ell=-L}^{L} c_{k\ell}\, e^{2\pi i\,(k\frac{x}{X}+\ell\frac{y}{Y})} \qquad (c_{k\ell} \in \mathbb{C})$$

aus $\Pi_{K,L}$ das Fehlermaß

$$\left(\int_0^X \int_0^Y | f(x,y) - \phi(x,y)|^2\, dy\, dx \right)^{1/2}$$

genau dann minimal, wenn man als Koeffizienten $c_{k\ell}$ des trigonometrischen Polynoms ϕ die eindeutig bestimmten Fourierkoeffizienten

$$f^{\wedge}(k,\ell) = \frac{1}{X}\int_0^X \frac{1}{Y}\int_0^Y f(x,y)\, e^{-2\pi i\,(k\frac{x}{X}+\ell\frac{y}{Y})}\, dy\, dx$$

$(|k| \le K\;,\; |\ell| \le L)$ wählt.

<u>BEWEIS:</u> Diesen Satz beweist man genauso wie Satz 1.2. Zur Abkürzung sei

$$\varphi_{k\ell}(x,y) = e^{2\pi i\,(k\frac{x}{X} + \ell\frac{y}{Y})}$$

und

$$(\varphi,\Psi) = \frac{1}{X}\int_0^X \frac{1}{Y}\int_0^Y \varphi(x,y)\,\overline{\Psi(x,y)}\,dy\,dx \quad .$$

Dann gilt mit

$$\phi(x,y) = \sum_{k=-K}^{K}\sum_{\ell=-L}^{L} c_{k\ell}\,\varphi_{k\ell}(x,y)$$

$$0 \leq (f-\phi,\ f-\phi) = (f,f) - (f,\phi) - (\phi,f) + (\phi,\phi)$$

$$= (f,f) - \sum_{k=-K}^{K}\sum_{\ell=-L}^{L}\overline{c_{k\ell}}\,f^{\wedge}(k,\ell) - \sum_{k=-K}^{K}\sum_{\ell=-L}^{L} c_{k\ell}\,\overline{f^{\wedge}(k,\ell)} +$$

$$+ \sum_{k_1=-K}^{K}\sum_{\ell_1=-L}^{L} c_{k_1\ell_1}\sum_{k_2=-K}^{K}\sum_{\ell_2=-L}^{L}\overline{c_{k_2\ell_2}}\,(\varphi_{k_1\ell_1},\varphi_{k_2\ell_2}) \quad .$$

Aufgrund der Orthonormalitätsrelation (1.23) ist $(\varphi_{k_1\ell_1},\varphi_{k_2\ell_2}) = \delta_{k_1k_2}\delta_{\ell_1\ell_2}$ und daher

$$0 \leq (f-\phi,\ f-\phi) \equiv \frac{1}{X}\int_0^X \frac{1}{Y}\int_0^Y |f(x,y) - \phi(x,y)|^2\,dy\,dx$$

$$= (f,f) - \sum_{k=-K}^{K}\sum_{\ell=-L}^{L}\left\{\overline{c_{k\ell}}f^{\wedge}(k,\ell) + c_{k\ell}\,\overline{f^{\wedge}(k,\ell)}\right\} + \sum_{k=-K}^{K}\sum_{\ell=-L}^{L} c_{k\ell}\,\overline{c_{k\ell}}$$

$$= (f,f) + \sum_{k=-K}^{K}\sum_{\ell=-L}^{L}\left\{c_{k\ell} - f^{\wedge}(k,\ell)\right\}\left\{\overline{c_{k\ell}} - \overline{f^{\wedge}(k,\ell)}\right\} - \sum_{k=-K}^{K}\sum_{\ell=-L}^{L} f^{\wedge}(k,\ell)\overline{f^{\wedge}(k,\ell)}$$

$$\equiv (f,f) + \sum_{k=-K}^{K}\sum_{\ell=-L}^{L} |c_{k\ell} - f^{\wedge}(k,\ell)|^2 - \sum_{k=-K}^{K}\sum_{\ell=-L}^{L} |f^{\wedge}(k,\ell)|^2 \quad .$$

Die rechte Seite und damit der Fehler im quadratischen Mittel wird genau dann minimal, wenn man als Koeffizienten $c_{k\ell}$ die Fourierkoeffizienten $f^{\wedge}(k,\ell)$ wählt.

■

Als Fourierreihe einer periodischen Funktion f bezeichnet man die unendliche Reihe

$$(1.26) \qquad \mathcal{F}(f)(x,y) = \sum_{k=-\infty}^{\infty}\sum_{\ell=-\infty}^{\infty} f^{\wedge}(k,\ell)\; e^{2\pi i\,(k\frac{x}{X} + \ell\frac{y}{Y})} \quad ,$$

und als Fourierteilsumme der Fourierreihe von f

$$(1.27) \qquad \mathcal{F}_{K,L}(f)(x,y) = \sum_{k=-K}^{K} \sum_{\ell=-L}^{L} f^{\wedge}(k,\ell)\, e^{2\pi i \left(k \frac{x}{X} + \ell \frac{y}{Y}\right)} \quad . \qquad ^{*)}$$

Die Fourier-Spektren sind genauso wie im Abschnitt 1.1 definiert; so ist zum Beispiel das Fourier-Frequenz-Spektrum wieder die Menge $\{f^{\wedge}(k,\ell)\}$ der Fourierkoeffizienten und das Fourier-Amplituden-Spektrum die Menge $\{|f^{\wedge}(k,\ell)|\}$ der Beträge der Fourierkoeffizienten.

Die wichtigsten Eigenschaften einer Fourierreihe bzw. -teilsumme lauten entsprechend zu Satz 1.3:

SATZ 1.12: Die periodische Funktion f mit den Perioden X und Y sei absolut quadratisch integrierbar. Dann gilt:

(i) Die Fourierteilsummen der Fourierreihe von f konvergieren im Mittel gegen die Funktion f, d.h. es gilt

$$\lim_{K,L\to\infty} \frac{1}{X}\int_0^X \frac{1}{Y}\int_0^Y |f(x,y) - \mathcal{F}_{K,L}(f)(x,y)|^2 \, dy\, dx = 0 \quad .$$

(ii) Die Fourierkoeffizienten der Fourierreihe von f erfüllen die Identität

$$\sum_{k=-\infty}^{\infty} \sum_{\ell=-\infty}^{\infty} |f^{\wedge}(k,\ell)|^2 = \frac{1}{X}\int_0^X \frac{1}{Y}\int_0^Y |f(x,y)|^2 \, dy\, dx < \infty \quad .$$

Damit gilt insbesondere

$$\lim_{|k|\to\infty} f^{\wedge}(k,\ell) = \lim_{|\ell|\to\infty} f^{\wedge}(k,\ell) = 0 \; .$$

(iii) Die endliche Fourier-Transformation ist eindeutig, d.h. stimmen sämtliche sich entsprechenden Fourierkoeffizienten insbesondere von zwei stetigen periodischen Funktionen mit den gleichen Perioden X und Y überein, so sind diese beiden Funktionen identisch.

*) Auch im mehrdimensionalen Fall dient die symmetrisch abgebrochene Fourierreihe ausschließlich der einfacheren Darstellung.

Die Funktionen f und g seien periodisch mit den gleichen Perioden X und Y. Die zyklische bzw. periodische Faltung $f * g$ ist durch

(1.28) $$(f * g)(x,y) = \frac{1}{X}\int_0^X \frac{1}{Y}\int_0^Y f(x-\xi,y-\eta)\, g(\xi,\eta)\, d\eta\, d\xi$$

und die zyklische bzw. periodische Korrelation $f \circ g$ durch

(1.29) $$(f \circ g)(x,y) = \frac{1}{X}\int_0^X \frac{1}{Y}\int_0^Y f(x+\xi,y+\eta)\, \overline{g(\xi,\eta)}\, d\eta\, d\xi$$

definiert. Mit der Substitution $-\xi = u$, $-\eta = v$ folgt aus (1.29)

$$(f \circ g)(x,y) = \frac{1}{X}\int_0^X \frac{1}{Y}\int_0^Y f(x-u,y-v)\, \overline{g(-u,-v)}\, dv\, du \ ,$$

d.h. auch im mehrdimensionalen Fall ist die zyklische Korrelation nichts anderes als eine zyklische Faltung mit einer am Koordinatenursprung gespiegelten konjugiert komplexen Funktion.
Die wichtigen Aussagen der Sätze 1.4 und 1.5 für die eindimensionale Faltung und Korrelation gelten auch mehrdimensional. Speziell zweidimensional lauten sie:

SATZ 1.13: Die periodischen Funktionen f und g mit den gleichen Perioden X und Y seien absolut quadratisch integrierbar.
Dann gilt:

(i) Die zyklische Faltung ist kommutativ, d.h.
$(f * g)(x,y) = (g * f)(x,y)$; die Funktion $f * g$ ist stetig und periodisch mit den Perioden X und Y.

(ii) Die Fourierkoeffizienten der Funktion $f * g$ sind gegeben durch

$$(f * g)^\wedge (k,\ell) = f^\wedge(k,\ell) \cdot g^\wedge(k,\ell) \qquad (k,\ell = 0,\pm 1,\pm 2,\ldots).$$

(iii) Die Funktion $f * g$ besitzt die Darstellung

$$(f * g)(x,y) = \sum_{k=-\infty}^{\infty} \sum_{\ell=-\infty}^{\infty} f^\wedge(k,\ell) \cdot g^\wedge(k,\ell)\, e^{2\pi i(k\frac{x}{X} + \ell\frac{y}{Y})} \ .$$

BEWEIS: Dieser Satz läßt sich wegen der erlaubten iterierten Darstellung der Integrale wie im eindimensionalen Fall beweisen. So ist z.B.

$$(f * g)^\wedge(k,\ell) = \frac{1}{X}\int_0^X \frac{1}{Y}\int_0^Y \left\{\frac{1}{X}\int_0^X \frac{1}{Y}\int_0^Y f(x-\xi,y-\eta)\, g(\xi,\eta)\, d\eta\, d\xi\right\} e^{-2\pi i\,(k\frac{x}{X}+\ell\frac{y}{Y})}\, dy\, dx$$

$$= \frac{1}{X}\int_0^X \frac{1}{Y}\int_0^Y \left\{\frac{1}{X}\int_0^X \frac{1}{Y}\int_0^Y f(x-\xi,y-\eta)\, e^{-2\pi i\,(k\frac{x-\xi}{X}+\ell\frac{y-\eta}{Y})}\, dy\, dx\right\} \cdot$$

$$\cdot\; g(\xi,\eta)\, e^{-2\pi i\,(k\frac{\xi}{X}+\ell\frac{\eta}{Y})}\, d\eta\, d\xi \;.$$

Mit Hilfe der Substitution $x - \xi = u$ und $y - \eta = v$ und unter Ausnutzung der Periodizität des Integranden steht in den geschweiften Klammern der Fourierkoeffizient $f^\wedge(k,\ell)$, so daß schließlich die Aussage (ii) folgt.

■

SATZ 1.14: Der periodischen Funktionen f und g mit den gleichen Perioden X und Y seien absolut quadratisch integrierbar. Dann gilt:

(i) Die zyklische Korrelation erfüllt $(f \circ g)(x,y) = \overline{(g \circ f)(-x,-y)}$; die Funktion $f \circ g$ ist stetig und periodisch mit den Perioden X und Y.

(ii) Die Fourierkoeffizienten der Funktion $f \circ g$ sind gegeben durch

$$(f \circ g)^\wedge(k,\ell) = f^\wedge(k,\ell) \cdot \overline{g^\wedge(k,\ell)} \quad .$$

(iii) Die Funktion $f \circ g$ besitzt die Darstellung

$$(f \circ g)(x,y) = \sum_{k=-\infty}^{\infty} \sum_{\ell=-\infty}^{\infty} f^\wedge(k,\ell) \cdot \overline{g^\wedge(k,\ell)}\, e^{2\pi i(k\frac{x}{X}+\ell\frac{y}{Y})} \quad .$$

Bei der Approximation einer periodischen Funktion f durch ihre Fourierteilsumme $F_{K,L}(f)$ zerlegt man f in endlich viele harmonische Schwingungen (vgl. Bild 1.15), die ganzzahlige Vielfache der Grundfrequenzen $\frac{1}{X}$ und $\frac{1}{Y}$ sind.

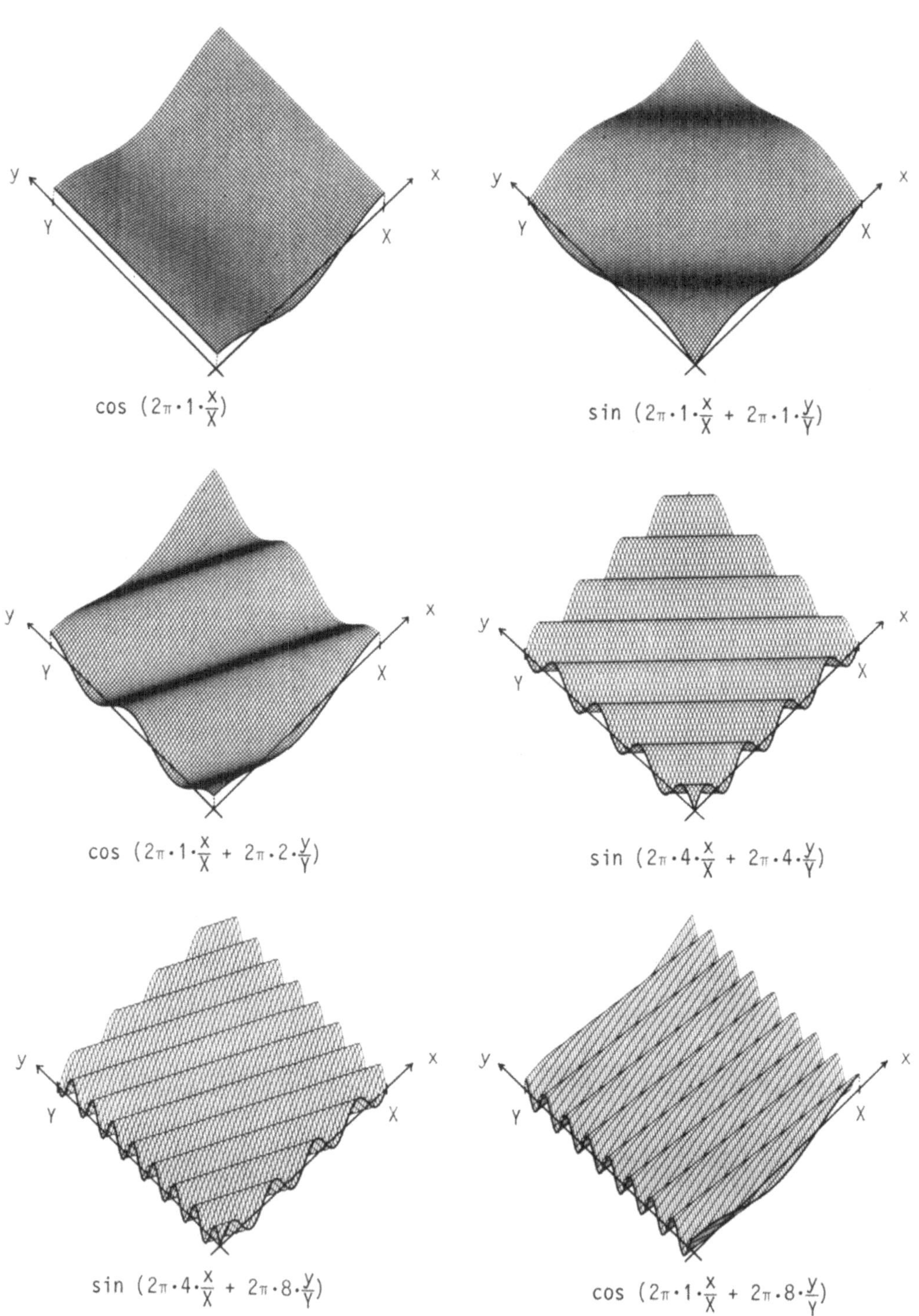

Bild 1.15: Harmonische Schwingungen $\sin (2\pi\cdot k\cdot\frac{x}{X} + 2\pi\cdot \ell\cdot\frac{y}{Y})$ und $\cos (2\pi\cdot k\cdot\frac{x}{X} + 2\pi\cdot \ell\cdot\frac{y}{Y})$ für einige Werte von k und ℓ

Der Anteil hochfrequenter Schwingungen ($f^\wedge(k,\ell)$ für große $|k|,|\ell|$) in der Funktion f strebt für $|k| \to \infty$ oder $|\ell| \to \infty$ nach Satz 1.12 (ii) gegen Null. Trotzdem muß der Fehler, der durch das Abschneiden der Fourierreihe entsteht, für größere K,L nicht klein werden. Man kann aber zeigen, daß auch im mehrdimensionalen Fall die Güte der Approximation einer Funktion durch ihre Fourierteilsumme nur von dem lokalen Verhalten der Funktion abhängt. Insbesondere dann, wenn die Funktion f (mindestens einmal) differenzierbar ist, konvergieren die Fourierteilsummen gleichmäßig gegen f. Diese schwache Voraussetzung wird z.B. bei der Anwendung in der Bildverarbeitung in der Regel nicht erfüllt sein. Denn schon durch Ecken und Kanten in einem Bild und insbesondere durch seine periodische Fortsetzung, die zusätzlich zu scharfen Übergängen in den Abständen einer Periode führen kann, ist diese Voraussetzung nicht mehr erfüllt. Die Grauwertfunktion bzw. jede der Farbwertfunktionen weist dann Sprünge auf. Da aber nur das lokale Verhalten eine Rolle spielt, wird die Approximation durch die Fourierteilsummen (bei genügend großem K,L) wieder beliebig genau, wenn man nur einen (noch so kleinen) Abstand z.B. vom Bildrand wählt.

AUSSAGEN FÜR DISKRET GEGEBENE FUNKTIONEN

Die **diskrete Fourier-Transformation** benutzt zur näherungsweisen Berechnung der Fourierkoeffizienten einer periodischen Funktion f

$$f^\wedge(k,\ell) = \frac{1}{X}\int_0^X \frac{1}{Y}\int_0^Y f(x,y)\, e^{-2\pi i\,(k\frac{x}{X} + \ell\frac{y}{Y})}\, dy\, dx$$

wieder die äquidistant zusammengesetzte Rechteckregel bzw. äquidistant zusammengesetzte Trapezregel. Dazu unterteilt man die Intervalle $[0,X]$ und $[0,Y]$ in M bzw. N gleichgroße Teilintervalle der Länge X/M und Y/N und wertet den Integranden nur noch in den diskreten Gitterpunkten $(x_m,y_n) = (m\frac{X}{M}, n\frac{Y}{N})$, $m = 0,1,\dots,M-1$ und $n = 0,1,\dots,N-1$, aus. Man erhält so die **diskreten Fourierkoeffizienten**

$$(1.30) \qquad f^\wedge_{M,N}(k,\ell) = \frac{1}{M}\sum_{m=0}^{M-1} \frac{1}{N}\sum_{n=0}^{N-1} f(x_m,y_n)\, e^{-2\pi i\,(k\frac{m}{M} + \ell\frac{n}{N})} \quad .$$

Diese diskreten Koeffizienten sind wegen der Periodizität der Funktionen hinter der Doppelsumme periodisch mit den Perioden M und N:

$$f^{\wedge}_{M,N}(k \pm M,\ell) = f^{\wedge}_{M,N}(k,\ell)$$

(1.31) $\qquad (k,\ell = 0,\pm 1,\pm 2,\ldots)$.

$$f^{\wedge}_{M,N}(k,\ell \pm N) = f^{\wedge}_{M,N}(k,\ell)$$

Die natürlichen Zahlen M und N seien im folgenden im Hinblick auf die Darstellung gerade.*)

Die diskrete Fourierteilsumme ist dann gegeben durch

$$(1.32)\qquad DF_{M,N}(f)(x,y) = \sum_{k=-\frac{M}{2}}^{\frac{M}{2}-1} \sum_{\ell=-\frac{N}{2}}^{\frac{N}{2}-1} f^{\wedge}_{M,N}(k,\ell)\, e^{2\pi i(k\frac{x}{X} + \ell\frac{y}{Y})}$$

mit den durch (1.30) für $k = -\frac{M}{2},\ldots,\frac{M}{2}-1$ und $\ell = -\frac{N}{2},\ldots,\frac{N}{2}-1$ definierten Fourierkoeffizienten.

Die (1.16) entsprechende Orthonormalitätsrelation ist

$$(1.33)\qquad \frac{1}{M}\sum_{m=0}^{M-1} \frac{1}{N}\sum_{n=0}^{N-1} e^{2\pi i(k\frac{m}{M} + \ell\frac{n}{N})}\, e^{-2\pi i(p\frac{m}{M} + q\frac{n}{N})} = \delta_{kp}\,\delta_{\ell q}$$

für $k,p = 0,1,\ldots,M-1$ und $\ell,q = 0,1,\ldots,N-1$.

Die wichtige Interpolationseigenschaft aus Satz 1.7 gilt auch im mehrdimensionalen Fall, d.h. das aus dem System

$$\left\{ e^{2\pi i\,(k\frac{x}{X} + \ell\frac{y}{Y})} \;\middle|\; k = -\frac{M}{2},\ldots,\frac{M}{2}-1 \text{ und } \ell = -\frac{N}{2},\ldots,\frac{N}{2}-1 \right\}$$

bestimmte trigonometrische Interpolationspolynom, das in den Punkten $(x_m,y_n) = (m\frac{X}{M}, n\frac{Y}{N})$ vorgegebene Werte $f(x_m,y_n)$, $m = 0,1,\ldots,M-1$ und $n = 0,1,\ldots,N-1$, annimmt, ist gegeben durch die diskrete Fourierteilsumme (1.32) mit den diskreten Fourierkoeffizienten $f^{\wedge}_{M,N}(k,\ell)$ aus (1.30).

Zum Nachweis dieser Eigenschaft braucht man nur die Relation (1.33).

---

*) Dies ist wieder keine Einschränkung für die im folgenden erwähnten Eigenschaften, sondern orientiert sich an den in der Praxis meistgebräuchlichen Fällen.

Genauso wie in Satz 1.10 gilt für die diskrete Fourier-Umkehrtransformation die Formel

$$(1.34) \qquad f(x_m,y_n) = \sum_{k=-\frac{M}{2}}^{\frac{M}{2}-1} \sum_{\ell=-\frac{N}{2}}^{\frac{N}{2}-1} \hat{f}_{M,N}(k,\ell)\, e^{2\pi i\,(m\frac{k}{M} + n\frac{\ell}{N})} ,$$

$m=0,1,\dots,M-1$ und $n=0,1,\dots,N-1$, wobei $\hat{f}_{M,N}(k,\ell)$ die unter Kenntnis der Werte $f(x_m,y_n)$ berechneten diskreten Fourierkoeffizienten (1.30) sind. (1.34) folgt unmittelbar aus der Interpolationseigenschaft der diskreten Fourierteilsumme $\mathcal{DF}_{M,N}(f)(x_m,y_n) = f(x_m,y_n)$. Die Zuordnung der Menge von $M \cdot N$ Koeffizienten

$$\left\{ \hat{f}_{M,N}(k,\ell) \;\middle|\; k = -\frac{M}{2},\dots,\frac{M}{2}-1 \text{ und } \ell = -\frac{N}{2},\dots,\frac{N}{2}-1 \right\}$$

zu der gleichmächtigen Menge von Werten

$$\left\{ f(x_m,y_n) \;\middle|\; m = 0,1,\dots,M-1 \text{ und } n = 0,1,\dots,N-1 \right\}$$

durch die diskrete Fourier-Transformation bleibt ein-eindeutig.

Die diskrete Fourierteilsumme eines rechteckigen Datentableaus von Funktionswerten, charakterisiert durch einen gleichgroßen Datensatz von Fourierkoeffizienten, ist also eine zu diesen Werten äquivalente Darstellung, die einem gleichzeitig Informationen über gewisse harmonische Schwingungsanteile gibt, die man diesen Daten entnehmen kann. Es ist für manche Zwecke insbesondere in der Bildverarbeitung von großem Vorteil, diese Form der Darstellung zu wählen.

Sind f und g zwei periodische Funktionen mit den gleichen Perioden X und Y, so lautet die diskrete zyklische bzw. periodische Faltung $\mathcal{D}(f * g)$ dieser beiden Funktionen

$$(1.35) \qquad \mathcal{D}(f * g)(x_m,y_n) = \frac{1}{M}\sum_{k=0}^{M-1} \frac{1}{N}\sum_{\ell=0}^{N-1} f(x_{m-k},y_{n-\ell})\, g(x_k,y_\ell)$$

und deren diskrete zyklische bzw. periodische Korrelation $\mathcal{D}(f \circ g)$

$$(1.36) \qquad \mathcal{D}(f \circ g)(x_m,y_n) = \frac{1}{M}\sum_{k=0}^{M-1} \frac{1}{N}\sum_{\ell=0}^{N-1} f(x_{m+k},y_{n+\ell})\, \overline{g(x_k,y_\ell)}$$

mit $(x_m,y_n) = (m\frac{X}{M}, n\frac{Y}{N})$, $m=0,1,\dots,M-1$ und $n = 0,1,\dots,N-1$.

Die einzelnen Integrale in (1.28) bzw. (1.29) sind wieder für $(x,y) = (x_m,y_n)$ durch die äquidistant zusammengesetzte Rechteckregel approximiert worden. Die diskreten Analoga zu den Sätzen 1.13 und 1.14 lauten damit:

<u>SATZ 1.15:</u> Die Werte der periodischen Funktionen f und g mit den gleichen Perioden X und Y seien in den Punkten $(x_m,y_n) = (m\frac{X}{M}, n\frac{Y}{N})$, $m = 0,1,\dots,M-1$ und $n = 0,1,\dots,N-1$, bekannt und beschränkt. Dann gilt:

(i) Die diskrete zyklische Faltung ist kommutativ, d.h. $\mathcal{D}(f*g)(x_m,y_n) = \mathcal{D}(g*f)(x_m,y_n)$, und periodisch mit den Perioden X und Y.

(ii) Die diskreten Fourierkoeffizienten der diskreten zyklischen Faltung $\mathcal{D}(f*g)$ sind gegeben durch

$$\mathcal{D}(f*g)^{\wedge}_{M,N}(k,\ell) = f^{\wedge}_{M,N}(k,\ell)\cdot g^{\wedge}_{M,N}(k,\ell) \quad ,$$

$$k = -\frac{M}{2},\dots,\frac{M}{2}-1 \quad \text{und} \quad \ell = -\frac{N}{2},\dots,\frac{N}{2}-1 \quad .$$

<u>BEWEIS:</u> Für ein $k \in \{0,1,\dots,M-1\}$ und ein $\ell \in \{0,1,\dots,N-1\}$ ist

$$\mathcal{D}(f*g)^{\wedge}_{M,N}(k,\ell) = \frac{1}{M}\sum_{m=0}^{M-1}\frac{1}{N}\sum_{n=0}^{N-1}\mathcal{D}(f*g)(x_m,y_n)\, e^{-2\pi i(k\frac{m}{M}+\ell\frac{n}{N})}$$

$$= \frac{1}{M}\sum_{m=0}^{M-1}\frac{1}{N}\sum_{n=0}^{N-1}\left\{\frac{1}{M}\sum_{p=0}^{M-1}\frac{1}{N}\sum_{q=0}^{N-1} f(x_{m-p}, y_{n-q})g(x_p,y_q)\right\} e^{-2\pi i(k\frac{m-p}{M}+\ell\frac{n-q}{N})} \cdot e^{-2\pi i(k\frac{p}{M}+\ell\frac{q}{N})}$$

$$= \frac{1}{M}\sum_{p=0}^{M-1}\frac{1}{N}\sum_{q=0}^{N-1} g(x_p,y_q)\, e^{-2\pi i(k\frac{p}{M}+\ell\frac{q}{n})} \cdot$$

$$\cdot\left\{\frac{1}{M}\sum_{m=0}^{M-1}\frac{1}{N}\sum_{n=0}^{N-1} f(x_{m-p},y_{n-q})\, e^{-2\pi i(k\frac{m-p}{M}+\ell\frac{n-q}{N})}\right\} .$$

Wegen der Periodizität der Funktionen in den geschweiften Klammern auf der rechten Seite steht dort der diskrete Fourierkoeffizient $\hat{f}_{M,N}(k,\ell)$. Damit folgt dann die Behauptung (ii).

■

SATZ 1.16: Die Werte der periodischen Funktionen f und g mit den gleichen Perioden X und Y seien in den Punkten
$(x_m, y_n) = (m\frac{X}{M}, n\frac{Y}{N})$, $m = 0,1,\ldots M-1$ und $n = 0,1,\ldots,N-1$,
im fundamentalen Intervall bekannt und beschränkt. Dann gilt:

(i) Die diskrete zyklische Korrelation erfüllt
$\mathcal{D}(f \circ g)(x_m, y_n) = \overline{\mathcal{D}(g \circ f)(x_{-m}, y_{-n})}$ und ist periodisch mit den Perioden X und Y.

(ii) Die diskreten Fourierkoeffizienten der diskreten zyklischen Korrelation $\mathcal{D}(f \circ g)$ sind gegeben durch

$$\mathcal{D}(f \circ g)^{\wedge}_{M,N}(k,\ell) = \hat{f}_{M,N}(k,\ell) \cdot \overline{\hat{g}_{M,N}(k,\ell)} \quad ,$$

$$k = -\frac{M}{2},\ldots,\frac{M}{2}-1 \quad \text{und} \quad \ell = -\frac{N}{2},\ldots,\frac{N}{2}-1 \quad .$$

EIN BEISPIEL

Bild 1.16 zeigt eine sehr einfache, im fundamentalen Intervall diskret gegebene Funktion (2 Impulse) und das dazugehörige Fourier-Amplituden-Spektrum ($M = N = 64$). Solche Funktionen lassen sich sehr übersichtlich und mit geringem Aufwand durch Grauwertbilder darstellen. Diese Darstellung ist außerdem dann von Vorteil und gibt einen guten Überblick über das genaue Verhalten der Funktion, wenn diese wie zum Beispiel das Spektrum einen welligen Verlauf zeigt.

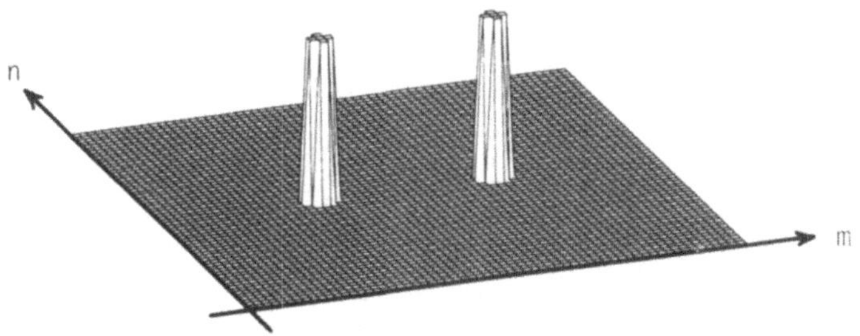

$f(x_m,y_n)$, $m = 0,1,\ldots,M-1$ und $n = 0,1,\ldots,N-1$

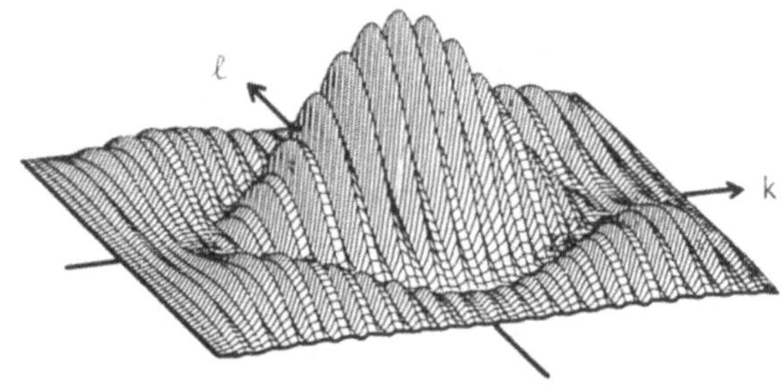

$|\hat{f}_{M,N}(k,\ell)|$, $k = -\frac{M}{2},\ldots,\frac{M}{2}-1$ und $\ell = -\frac{N}{2},\ldots,\frac{N}{2}-1$

Bild 1.16

Bei einem Grauwertbild schaut man von oben auf den Definitionsbereich und stellt die zugehörigen Funktionswerte durch Grauwerte dar; der minimale Funktionswert ist durch eine schwarze Fläche und der maximale Funktionswert durch eine weiße Fläche wiedergegeben. Dazwischenliegende Grauwerte bedeuten entsprechend ihrer Helligkeit Werte zwischen diesen Schranken.

In Bild 1.17 repräsentiert eine schwarze Fläche jeweils die Null und eine weiße Fläche bei der Funktion die Zahl 1 und beim Spektrum die Zahl 3/512.

Die niederfrequenten Anteile liegen im Spektrum in der Nähe des Ursprungs, und die Gewichte zu wachsenden Frequenzen sind radial nach außen aufgetragen. Die augenscheinliche Symmetrie des Spektrums liegt zum einen in den reellen Daten begründet, denn dann ist $\hat{f}_{M,N}(k,\ell) = \overline{\hat{f}_{M,N}(-k,-\ell)}$

(vgl. (1.30)) und damit $|\hat{f}_{M,N}(k,\ell)| = |\hat{f}_{M,N}(-k,-\ell)|$. Zusätzlich spiegelt sich in diesem Beispiel die Symmetrie der diskret gegebenen periodischen Funktion im Spektrum wider.

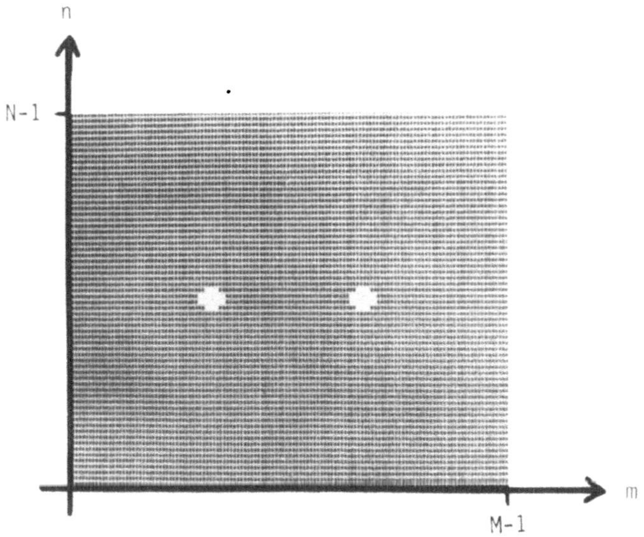

$f(x_m,y_n)$, $m = 0,1,\ldots,M-1$ und $n = 0,1,\ldots,N-1$

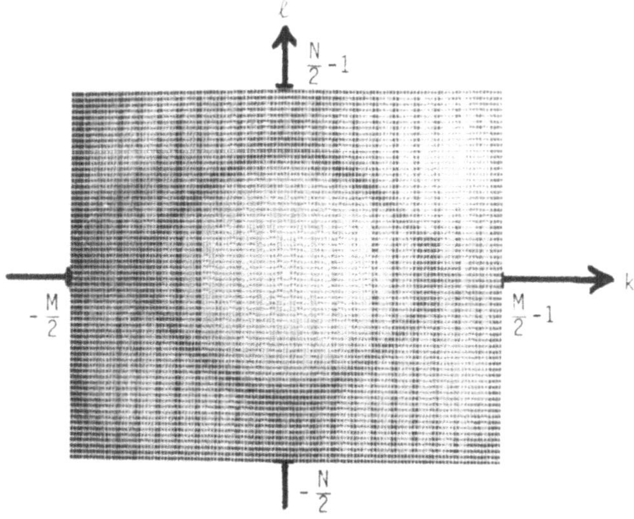

$|\hat{f}_{M,N}(k,\ell)|$, $k = -\frac{M}{2},\ldots,\frac{M}{2} - 1$ und $\ell = -\frac{N}{2},\ldots,\frac{N}{2} - 1$

Bild 1.17

ZUSAMMENFASSUNG

Zusammenfassend gelten folgende wichtige Eigenschaften für die zweidimensionale endliche Fourier-Transformation und die zweidimensionale diskrete Fourier-Transformation:

allgemeine komplexwertige periodische Funktion mit den Perioden X und Y	dazugehörige Fourierkoeffizienten ($k,\ell = 0,\pm 1,\pm 2,\ldots$)
$f(x,y)$	$f^{\wedge}(k,\ell) = \frac{1}{X}\int_0^X \frac{1}{Y}\int_0^Y f(x,y)e^{-2\pi i(k\frac{x}{X}+\ell\frac{y}{Y})}\,dy\,dx$
	$\sum_{k=-\infty}^{\infty}\sum_{\ell=-\infty}^{\infty} \lvert f^{\wedge}(k,\ell)\rvert^2 = \frac{1}{X}\int_0^X \frac{1}{Y}\int_0^Y \lvert f(x,y)\rvert^2\,dy\,dx$
	$\lim_{\lvert k\rvert\to\infty} f^{\wedge}(k,\ell) = 0$, $\lim_{\lvert \ell\rvert\to\infty} f^{\wedge}(k,\ell) = 0$
$f(x,y) = g(x)\cdot h(y)$	$f^{\wedge}(k,\ell) = g^{\wedge}(k)\cdot h^{\wedge}(\ell)$
Linearität: $f(x,y) \pm g(x,y)$	$f^{\wedge}(k,\ell) \pm g^{\wedge}(k,\ell)$
$\alpha\cdot f(x,y)$, $\alpha \in \mathbb{C}$	$\alpha\cdot f^{\wedge}(k,\ell)$
Ableitungen: $\left(\frac{\partial}{\partial x}\right)^m \left(\frac{\partial}{\partial y}\right)^n f(x,y)$, $m,n \in \{0,1,2,\ldots\}$	$\left(\frac{2\pi i k}{X}\right)^m \cdot \left(\frac{2\pi i \ell}{Y}\right)^n \cdot f^{\wedge}(k,\ell)$
Faltung: $(f * g)(x,y)$	$f^{\wedge}(k,\ell)\cdot g^{\wedge}(k,\ell)$
Korrelation: $(f \circ g)(x,y)$	$f^{\wedge}(k,\ell)\cdot \overline{g^{\wedge}(k,\ell)}$

Für reellwertige Funktionen f gilt zusätzlich $f^{\wedge}(-k,-\ell) = \overline{f^{\wedge}(k,\ell)}$.

allgemeine diskrete komplexe Werte einer periodischen Funktion mit den Perioden X und Y in den Punkten $(x_m,y_n) = (m\frac{X}{M}, n\frac{Y}{N})$, $m=0,1,\dots,M-1$ und $n=0,1,\dots,N-1$ (M,N gerade)	dazugehörige diskrete Fourierkoeffizienten ($k = -\frac{M}{2},\dots,\frac{M}{2}-1$ und $\ell = -\frac{N}{2},\dots,\frac{N}{2}-1$)
$f(x_m,y_n)$ $= \sum_{k=-\frac{M}{2}}^{\frac{M}{2}-1} \sum_{\ell=-\frac{N}{2}}^{\frac{N}{2}-1} \hat{f}_{M,N}(k,\ell) e^{2\pi i(m\frac{k}{M}+n\frac{\ell}{N})}$	$\hat{f}_{M,N}(k,\ell)$ $= \frac{1}{M}\sum_{m=0}^{M-1}\frac{1}{N}\sum_{n=0}^{N-1} f(x_m,y_n)e^{-2\pi i(k\frac{m}{M}+\ell\frac{n}{N})}$
	$\sum_{k=-\frac{M}{2}}^{\frac{M}{2}-1}\sum_{\ell=-\frac{N}{2}}^{\frac{N}{2}-1} \lvert\hat{f}_{M,N}(k,\ell)\rvert^2$ $= \frac{1}{M}\sum_{m=0}^{M-1}\frac{1}{N}\sum_{n=0}^{N-1}\lvert f(x_m,y_n)\rvert^2$
	$\hat{f}_{M,N}(k \pm pM, \ell \pm qN) = \hat{f}_{M,N}(k,\ell)$, $p,q \in \{0,1,2,\dots\}$
$f(x_m,y_n) = g(x_m)\cdot h(y_n)$	$\hat{f}_{M,N}(k,\ell) = \hat{g}_M(k)\cdot\hat{h}_N(\ell)$
Linearität: $f(x_m,y_n) \pm g(x_m,y_n)$	$\hat{f}_{M,N}(k,\ell) \pm \hat{g}_{M,N}(k,\ell)$
$\alpha\cdot f(x_m,y_n)$, $\alpha \in \mathbb{C}$	$\alpha\cdot\hat{f}_{M,N}(k,\ell)$
diskrete Faltung: $D(f * g)(x_m,y_n)$	$\hat{f}_{M,N}(k,\ell)\cdot\hat{g}_{M,N}(k,\ell)$
diskrete Korrelation: $D(f \circ g)(x_m,y_n)$	$\hat{f}_{M,N}(k,\ell)\cdot\overline{\hat{g}_{M,N}(k,\ell)}$

Für reelle Werte $f(x_m,y_n)$ gilt zusätzlich $\hat{f}_{M,N}(-k,-\ell) = \overline{\hat{f}_{M,N}(k,\ell)}$.

1.4 DIE EFFEKTIVE BERECHNUNG DER DISKRETEN FOURIER-TRANSFORMATION (FFT)

DER EINDIMENSIONALE FALL

Das trigonometrische Polynom

$$(1.37) \qquad \varphi(x) = \sum_{k=0}^{M-1} \beta_M(k)\, e^{2\pi i k \frac{x}{X}} \quad ,$$

das in den im Intervall $[0,X)$ äquidistant verteilten Punkten $x_m = m\frac{X}{M}$, $m = 0,1,\dots,M-1$, vorgegebene Werte f_m annimmt, existiert und ist eindeutig bestimmt. Denn die Substitution

$$\xi = \xi(x) = e^{2\pi i \frac{x}{X}}$$

führt auf das algebraische Interpolationspolynom

$$\varphi(x) = \tilde{\varphi}(\xi(x)) = \sum_{k=0}^{M-1} \beta_M(k)\, \xi^k \quad ,$$

und die eindeutige Lösbarkeit wird durch die paarweise verschiedenen Stützstellen $\xi_m = \xi(x_m)$ gesichert. Die Existenz erhält man mit der Wahl

$$(1.38) \qquad \beta_M(k) = \frac{1}{M}\sum_{m=0}^{M-1} f_m\, e^{-2\pi i k \frac{m}{M}} \quad ,$$

$k = 0,1,\dots,M-1$, denn dann erfüllt das Polynom (1.37) die Interpolationsbedingungen; dies kann man mit Hilfe der Relation (1.16) durch Einsetzen nachvollziehen. Die Koeffizienten (1.38) sind aber die diskreten Fourierkoeffizienten (1.13) bis auf die Tatsache, daß die $\beta_M(k)$ für $k = 0,1,\dots,M-1$ berechnet werden und die $\hat{f}_M(k)$ für $k = -\frac{M}{2},\dots,\frac{M}{2}-1$ benötigt werden. Nutzt man die Periodizität (1.14) der diskreten Fourierkoeffizienten aus, so erhält man die gesuchten Koeffizienten unter Kenntnis der $\beta_M(k)$ über

$$(1.39) \qquad \hat{f}_M(k) = \begin{cases} \beta_M(M+k) & , \quad k = -\frac{M}{2},\dots,-1 \\ \beta_M(k) & , \quad k = 0,\dots,\frac{M}{2}-1 \end{cases} .$$

Die Bestimmung der Koeffizienten $\beta_M(k)$ liefert also gleichzeitig die diskreten Fourierkoeffizienten in verschobener Form.

Die effektive Berechnung der Koeffizienten $\beta_M(k)$ und damit der diskreten Fourierkoeffizienten geschieht mit der Schnellen Fourier-Transformation,

Fast Fourier Transform (FFT), die im Fall $M = 2^\tau$ $(\tau \in \mathbb{N})$ am effektivsten arbeitet und noch am einfachsten zu durchschauen ist. Zur Herleitung dieses Algorithmus' wird die Interpolationseigenschaft entscheidend ausgenutzt.

Im folgenden sei die Anzahl M der diskreten Punkte im fundamentalen Intervall eine Potenz von 2 :

$$M = 2^\tau \qquad (\tau \in \mathbb{N}) \quad .$$

Die Berechnung der Koeffizienten $\beta_M(k)$ aus (1.38) auf direktem Wege würde $M^2 = 2^{2\tau}$ komplexe Multiplikationen und $M(M-1)$ komplexe Additionen erfordern; dieser Aufwand läßt sich durch geschicktes Umordnen und Zusammenfassen einzelner Terme erheblich reduzieren, nämlich auf $1/2\ M \log M/\log 2 = \frac{\tau}{2} M$ komplexe Multiplikationen und $M \log M/\log 2 = \tau M$ komplexe Additionen [*z.B. für* $M = 2^{11} = 2048$ *von* 4 194 304 *Multiplikationen und* 2 097 152 *Additionen auf* 11 264 *Multiplikationen und* 22 528 *Additionen!!*]. Gesucht sind also die Koeffizienten des trigonometrischen Polynoms

$$\varphi(x) \equiv P_{\tau,0}(x) = \sum_{\ell=0}^{2^\tau-1} \alpha_{\tau,0,\ell}\, e^{2\pi i \ell \frac{x}{X}} \quad ,$$

das in den Punkten $x_j = j\,\frac{X}{2^\tau}$, $j = 0,1,\ldots,2^\tau-1$, die Werte f_j annimmt.

Betrachtet man dazu die Interpolationspolynome

$$P_{n,j}(x) = 2^{\tau-n} \sum_{\ell=0}^{2^n-1} \alpha_{n,j,\ell}\, e^{2\pi i \ell \frac{x}{X}}$$

$(n = 0,1,\ldots,\tau \ ; \ j = 0,1,\ldots,2^{\tau-n}-1)$, die die "verschobene Interpolationsbedingung"

$$P_{n,j}(x_{2^{\tau-n}k}) = f_{2^{\tau-n}k+j} \qquad (k = 0,1,\ldots,2^n-1)$$

erfüllen, die also in mit größerem Abstand äquidistant verteilten Stützstellen die um $j\,\frac{X}{2^\tau}$ verschobenen Funktionswerte interpolieren, so genügen sie der Rekursion

$$P_{n,j}(x) = \frac{1}{2}\,(1 + e^{2\pi i\, 2^{n-1} \frac{x}{X}})\, P_{n-1,j}(x) + \frac{1}{2}\,(1 - e^{2\pi i\, 2^{n-1} \frac{x}{X}})\, P_{n-1,2^{\tau-n}+j}(x - \frac{X}{2^n})$$

$(n \geq 1)$ mit den konstanten Polynomen $\qquad P_{0,j}(x) \equiv 2^{\tau}\alpha_{0,j,0} = f_j \quad .$

Diese Rekursion gilt wegen der Eindeutigkeit der trigonometrischen Interpolation (vgl. (1.37)), da die trigonometrischen Polynome auf der rechten Seite für $k = 0,1,\ldots,2^{n-1}-1$ die Bedingungen

$$P_{n-1,j}(x_{2^{\tau-n}2k}) = f_{2^{\tau-n}2k+j} \qquad \text{und}$$

$$P_{n-1,2^{\tau-n}+j}(x_{2^{\tau-n}(2k+1)} - \frac{X}{2^n}) = P_{n-1,2^{\tau-n}+j}(x_{2^{\tau-n}2k}) = f_{2^{\tau-n}(2k+1)+j}$$

erfüllen; die linke und die rechte Seite stimmt daher in den Punkten $x_{2^{\tau-n}k}$, $k = 0,1,\ldots,2^n-1$, überein (die Faktoren vor den Polynomen auf der rechten Seite nehmen in diesen Punkten abwechselnd die Werte 1 und 0 an!). Ausgeschrieben lautet diese Rekursion

$$2^{\tau-n}\sum_{\ell=0}^{2^n-1}\alpha_{n,j,\ell}\,e^{2\pi i\ell\frac{x}{X}}$$

$$= 2^{\tau-n}\sum_{\ell=0}^{2^{n-1}-1}\left\{\alpha_{n-1,j,\ell} + \alpha_{n-1,2^{\tau-n}+j,\ell}\,e^{-2\pi i\frac{\ell}{2^n}}\right\}e^{2\pi i\ell\frac{x}{X}} +$$

$$+ 2^{\tau-n}\sum_{\ell=0}^{2^{n-1}-1}\left\{\alpha_{n-1,j,\ell} - \alpha_{n-1,2^{\tau-n}+j,\ell}\,e^{-2\pi i\frac{\ell}{2^n}}\right\}e^{2\pi i(2^{n-1}+\ell)\frac{x}{X}} \quad ,$$

woraus durch Koeffizientenvergleich

$$\begin{aligned}\alpha_{n,j,\ell} &= \alpha_{n-1,j,\ell} + \alpha_{n-1,2^{\tau-n}+j,\ell}\cdot\omega^{\ell\cdot2^{\tau-n}} \\ \alpha_{n,j,2^{n-1}+\ell} &= \alpha_{n-1,j,\ell} - \alpha_{n-1,2^{\tau-n}+j,\ell}\cdot\omega^{\ell\cdot2^{\tau-n}}\end{aligned} \qquad (\ell = 0,1,\ldots,2^{n-1}-1)$$

mit der 2^{τ}-ten Einheitswurzel $\omega = e^{-2\pi i/2^{\tau}}$ folgt. Die gesuchten Koeffizienten $\alpha_{\tau,0,\ell} = \beta_{2^{\tau}}(\ell)$ lassen sich daher mit folgendem Pseudo-Programm berechnen:

$\omega = e^{-2\pi i/2^{\tau}}$

for j=0 to $2^{\tau}-1$

$\alpha_{0,j,0} = 2^{-\tau}f_j$

next j

```
for n=1 to τ
    for j=0 to 2^(τ-n)-1
        for ℓ=0 to 2^(n-1)-1
```

$$\alpha_{n,j,\ell} = \alpha_{n-1,j,\ell} + \alpha_{n-1,2^{\tau-n}+j,\ell} \cdot \omega^{\ell\cdot 2^{\tau-n}}$$

$$\alpha_{n,j,2^{n-1}+\ell} = \alpha_{n-1,j,\ell} - \alpha_{n-1,2^{\tau-n}+j,\ell} \cdot \omega^{\ell\cdot 2^{\tau-n}}$$

```
        next ℓ
    next j
next n
```

In der inneren Schleife werden nur ein komplexes Produkt und zwei komplexe Additionen (Subtraktionen) gebildet. Die Anzahl der Punktoperationen ist daher nur

$$\sum_{n=1}^{\tau} \sum_{j=0}^{2^{\tau-n}-1} \sum_{\ell=0}^{2^{n-1}-1} 1 = \sum_{n=1}^{\tau} 2^{\tau-n}\, 2^{n-1} = \frac{1}{2}\tau\, 2^{\tau}$$

und die der Additionen folglich nur $\tau 2^{\tau}$ (statt $2^{\tau}\, 2^{\tau}$ Multiplikationen und $2^{\tau}\,(2^{\tau}-1)$ Additionen auf direktem Wege (!); unberücksichtigt in beiden Fällen bleibt die Berechnung von Potenzen der Einheitswurzel ω und die Normierung der Daten durch die Multiplikation mit $2^{-\tau}$).

Man kann die dreifach indizierten Koeffizienten $\alpha_{m,j,\ell}$ mit einer geschickten Umordnung in einem eindimensionalen Feld abspeichern, wenn man die berechneten Koeffizienten geeignet abspeichert und nicht mehr benötigte Koeffizienten überspeichert. Dazu braucht man die von τ abhängige Bit-Umkehrfunktion σ_{τ}, die jeder nichtnegativen ganzen Zahl $m \leq 2^{\tau} - 1$ mit der eindeutigen Dualzahldarstellung

$$m = \sum_{k=0}^{\tau-1} \mu_k\, 2^k \qquad \text{mit} \qquad \mu_k \in \{0, 1\}$$

die nichtnegative ganze Zahl $\sigma_{\tau}(m) \leq 2^{\tau} - 1$, definiert durch

$$(1.40) \qquad \sigma_{\tau}(m) \equiv \sigma_{\tau}\left(\sum_{k=0}^{\tau-1} \mu_k\, 2^k\right) = \sum_{k=0}^{\tau-1} \mu_k\, 2^{\tau-1-k} = \sum_{\nu=0}^{\tau-1} \mu_{\tau-1-\nu}\, 2^{\nu} ,$$

zuordnet. Die Reihenfolge der Koeffizienten μ_k in der Dualzahldarstellung wird also umgekehrt.

Durch Rekursion über n seien die nichtnegativen ganzen Zahlen $\rho = \rho(n,j,\ell)$ definiert durch

$$\begin{aligned}\rho(0,j,0) &= \sigma_\tau(j)\\ \rho(n,j,\ell) &= \rho(n-1,j,\ell)\\ \rho(n,j,2^{n-1}+\ell) &= \rho(n-1,2^{\tau-n}+j,\ell)\end{aligned}$$

$(n=1,\dots,\tau\ ;\ j=0,1,\dots,2^{\tau-n}-1\ ;\ \ell=0,1,\dots,2^{n-1}-1)$. Da für die Bit-Umkehrfunktion

(1.41) $\sigma_\tau\,(2^{\tau-n}+j) = \sigma_\tau(j) + 2^{n-1}$

$(j = 0,1,\dots,2^{\tau-n}-1\ ;\ n = 1,2,\dots,\tau)$ gilt, folgt durch Induktion

über n, daß

(1.42) $\rho(n,j,\ell) = \sigma_\tau(j) + \ell$

$(n = 0,1,\dots,\tau\ ;\ j = 0,1,\dots,2^{\tau-n}-1;\ \ell= 0,1,\dots,2^n-1)$ ist.

Die zulässigen $j = 0,1,\dots,2^{\tau-n}-1$ besitzen die Dualzahldarstellung

$$j = \sum_{k=0}^{\tau-n-1} \mu_k\, 2^k \qquad \text{mit} \qquad \mu_k \in \{0,1\} \quad ,$$

so daß nach (1.40)

$$\sigma_\tau(j) = \sum_{k=0}^{\tau-n-1} \mu_k\, 2^{\tau-1-k} = \sum_{\nu=n}^{\tau-1} \mu_{\tau-1-\nu}\, 2^\nu = 2^n \sum_{k=0}^{\tau-n-1} \mu_{\tau-1-(k+n)}\, 2^k \quad ,$$

also $\sigma_\tau(j)$ ein ganzzahliges Vielfaches von 2^n ist.
Zu jedem festen $n \in \{0,1,\dots,\tau\}$ und beliebigem $\rho \in \{0,1,\dots,2^\tau-1\}$ gibt es daher genau ein $j \in \{0,1,\dots,2^{\tau-n}-1\}$ und ein $\ell \in \{0,1,\dots,2^n-1\}$, so daß (1.42) gilt. Daher kann man $\tau+1$ eindimensionale Felder F_n durch $F_n(\rho(n,j,\ell)) = \alpha_{n,j,\ell}$ definieren, und die inneren Programmschleifen lauten dann unter Berücksichtigung von (1.42) und (1.41)

for $j=0$ to $2^{\tau-n}-1$

  for $\ell=0$ to $2^{n-1}-1$

  $F_n(\sigma_\tau(j)+\ell) = F_{n-1}(\sigma_\tau(j)+\ell) + F_{n-1}(\sigma_\tau(j) + 2^{n-1}+\ell)\ \omega^{\ell\, 2^{\tau-n}}$

  $F_n(\sigma_\tau(j)+2^{n-1}+\ell) = F_{n-1}(\sigma_\tau(j)+\ell) - F_{n-1}(\sigma_\tau(j)+2^{n-1}+\ell)\ \omega^{\ell\, 2^{\tau-n}}$

  next ℓ

next j

Für fest gewähltes n nimmt für die zulässigen $j = 0,1,\dots,2^{\tau-n}-1$ $\sigma_\tau(j) = k \cdot 2^n$ alle ganzzahligen Vielfachen von 2^n für $k = 0,1,\dots,2^{\tau-n}-1$ an (was man auch im Programm berücksichtigt). Für die zulässigen ℓ gilt weiter

$$k \cdot 2^n \le \underbrace{\sigma_\tau(j) + \ell} < \sigma_\tau(j) + 2^{n-1} \le \underbrace{\sigma_\tau(j) + 2^{n-1} + \ell} < (k+1) \cdot 2^n \quad ,$$

so daß bei Änderung von ℓ oder j in den Schleifendurchläufen stets noch nicht benutzte Feldelemente des Feldes F_{n-1} angesprochen werden.

Nach Durchführung der Rechnung kann man daher die neuen Werte über die dann nicht mehr benötigten alten Werte speichern; es ist also nur ein komplexes Feld F der Länge 2^τ erforderlich.

Die Reihenfolge der Schleifen über j und ℓ spielt keine Rolle.
Man erhält so schließlich das folgende optimierte Pseudo-Programm:

for $j=0$ to $2^\tau-1$

$F(\sigma_\tau(j)) = 2^{-\tau} f_j$

next j

$\omega = e^{-2\pi i/2^\tau}$

for $n=1$ to τ

  for $\ell=0$ to $2^{n-1}-1$

  $\varepsilon = \omega^{\ell \cdot 2^{\tau-n}}$

    for $j=0$ to $2^{\tau-n}-1$

    $u = F(j \cdot 2^n + 2^{n-1} + \ell) \cdot \varepsilon$

    $F(j \cdot 2^n + 2^{n-1} + \ell) = F(j \cdot 2^n + \ell) - u$

    $F(j \cdot 2^n + \ell) = F(j \cdot 2^n + \ell) + u$

    next j

  next ℓ

next n

Die einzig verbleibende Schwierigkeit ist die Zuweisung der Werte $2^{-\tau} f_j$ auf die Speicherplätze $F(\sigma_\tau(j))$ in der ersten Schleife des Programms. Wegen (1.40) braucht man nur die Koeffizienten μ_ν in der Dualzahldarstellung von

$$j = \sum_{\nu=0}^{\tau-1} \mu_\nu \, 2^\nu \qquad \text{mit} \qquad \mu_\nu \in \{0, 1\}$$

zu kennen. Bedeutet $[\frac{j}{2}]$ die ganzzahlige Division ohne Rest (INTEGER-Division), so ist

$$[\frac{j}{2}] = \sum_{\nu=1}^{\tau-1} \mu_\nu \, 2^{\nu-1}$$

und damit

$$j - 2[\frac{j}{2}] = \sum_{\nu=0}^{\tau-1} \mu_\nu \, 2^\nu - \sum_{\nu=1}^{\tau-1} \mu_\nu \, 2^\nu = \mu_0 \quad ,$$

also der Koeffizient, der bei $\sigma_\tau(j)$ vor der höchsten Potenz von 2, $2^{\tau-1}$, steht. Fährt man entsprechend mit $[\frac{j}{2}]$ fort, so erhält man den nächsten Koeffizienten μ_1, der bei $\sigma_\tau(j)$ zur Potenz $2^{\tau-2}$ gehört, usw. Das folgende Pseudo-Programm erzeugt $\sigma = \sigma_\tau(j)$ für ein $j \in \{0,1,\ldots,2^\tau-1\}$:

```
k = j
σ = 0
   for  n = 0  to  τ-1
   σ = 2·σ + k - 2[k/2]
   k = [k/2]
   next  n
σ_τ(j) = σ
```

Auf Kosten eines Feldes der Länge 2^τ mit ganzzahligen Elementen kann man diese Berechnung noch beschleunigen: Nach (1.41) ist für $j = 0,1,\ldots,2^{\tau-n}-1$ und $n = 1,2,\ldots,\tau$

$$\sigma_\tau(j+2^{\tau-n}) = \sigma_\tau(j) + 2^{n-1} \quad .$$

Setzt man, ausgehend von $\sigma_\tau(0) = 0$, nacheinander $n = \tau, \tau-1,\ldots,1$, so kann man hierüber unter Kenntnis der inzwischen bekannten Werte $\sigma_\tau(0),\ldots,\sigma_\tau(2^{\tau-n}-1)$ die nächsten $2^{\tau-n}$ Werte $\sigma_\tau(2^{\tau-n}),\ldots,\sigma_\tau(2^{\tau-n+1}-1)$ bestimmen (es ist jeweils nur eine Addition erforderlich!):

```
σ(0) = 0
   for n = τ to  1  step -1
      for  j = 0  to  2^(τ-n)-1
      σ(j + 2^(τ-n))  =  σ(j) + 2^(n-1)
      next  j
   next  n
```

Aus (1.40) folgt auch, daß $\sigma_\tau(\sigma_\tau(j)) = j$ ist. Stehen zu Beginn die Werte $2^{-\tau} f_j$ im Speicherplatz $F(j)$, so muß man beim Permutieren dieser Werte in die Reihenfolge $F(\sigma_\tau(j))$ darauf achten, daß eine einmal durchgeführte Vertauschung nicht noch einmal durchgeführt und damit rückgängig gemacht wird. Dies erreicht man zum Beispiel, indem man nur vertauscht, falls $\sigma_\tau(j) > j$ ist.

Die Zuordnung der Daten f_ℓ auf die Koeffizienten $\beta_M(k)$ in (1.38) kann auch umgekehrt werden, denn es gilt wegen der Orthonormalitätsrelation (1.16)

$$(1.43) \qquad f_\ell = \sum_{k=0}^{M-1} \beta_M(k)\, e^{2\pi i \ell \frac{k}{M}} \quad , \qquad \ell = 0,1,\ldots,M-1 \; .$$

Ersetzt man also im obigen optimierten Pseudo-Programm die Eingangsdaten $2^{-\tau} f_j$ durch $\beta_M(j)$ und die Einheitswurzel $\omega = e^{-2\pi i/2^\tau}$ durch die Einheitswurzel $\bar{\omega} = e^{2\pi i/2^\tau}$ $(M = 2^\tau)$, so führt derselbe Algorithmus auch die Umkehrtransformation aus.

Der enge Zusammenhang der diskreten Transformation (1.38) und der diskreten Umkehrtransformation wird noch deutlicher, wenn man (1.43) etwas umschreibt

$$(1.44) \qquad \overline{f_\ell} = \frac{1}{M} \sum_{k=0}^{M-1} \left\{ M\, \overline{\beta_M(k)} \right\} e^{-2\pi i \ell \frac{k}{M}} \; .$$

D.h. führt man mit den Eingangsdaten $\overline{\beta_M(k)}$ (statt $(1/M) f_k$) die diskrete Transformation durch, so erhält man die konjugiert komplexen Funktionswerte.

EIN PROGRAMM

Folgendes Unterprogramm in Standard FORTRAN 77 bestimmt die "verschobenen" diskreten Fourierkoeffizienten eines reellen oder komplexen Datensatzes $\{f_m \mid m = 0,1,\ldots,2^\tau-1\}$ $(\tau \in \mathbb{N})$ und führt auch die Umkehrtransformation durch:

```
      SUBROUTINE FFT (TAU, F, IR)

CCCCCCCCCCCCCCCCCCCCCCCCCCCCCCCCCCCCCCCCCCCCCCCCCCCCCCCCCCCCCCCCCCCCCCCC
C                                                                      C
C     DIESES PROGRAMM BESTIMMT MIT DER SCHNELLEN FOURIER-TRANSFORMATION C
C     ( F F T )  FUER  IR = 0  ZU  M = 2**TAU  GEGEBENEN REELLEN ODER  C
C     KOMPLEXEN FUNKTIONSWERTEN  F(0), F(1), ... , F(M-1)  DIE DISKRE- C
C     TEN FOURIERKOEFFIZIENTEN  F^(-M/2), ... , F^(M/2-1)  DER ZUGEHOE- C
C     RIGEN DISKRETEN FOURIERTEILSUMME                                 C
C                                                                      C
C          (SUMME K=-M/2 BIS M/2-1)  F^(K)*EXP(I*K*OMEGA*X)            C
C                                                                      C
C     ( I : IMAGINAERE EINHEIT MIT  I**2 = -1 ; OMEGA = 2*PI/L ,       C
C       L : PERIODENLAENGE ) UND FUEHRT FUER  IR = 1  DIE UMKEHRTRANS- C
C     FORMATION DURCH.                                                 C
C                                                                      C
C    PARAMETER :                                                       C
C    ===========                                                       C
C                                                                      C
C    TAU  -   DIE ANZAHL DER FUNKTIONSWERTE IST  M = 2**TAU            C
C                                                                      C
C     F   -   KOMPLEXES FELD DER LAENGE  M  : F(0),F(1), ... ,F(M-1)   C
C                                                                      C
C    IR=0 -   BESTIMMUNG DER DISKRETEN FOURIERKOEFFIZIENTEN :          C
C             DAS FELD  F  WIRD MIT DEN FUNKTIONSWERTEN BELEGT UEBER-  C
C             GEBEN UND IST NACH ABLAUF DES PROGRAMMS MIT DEN DISKRETEN C
C             FOURIERKOEFFIZIENTEN IN FOLGENDER WEISE UEBERSPEICHERT:  C
C               F^(K)=F(K+M)    , K=-M/2,...,-1                        C
C               F^(K)=F(K)      , K=0,...,M/2-1                        C
C                                                                      C
C    IR=1 -   BESTIMMUNG DER FUNKTIONSWERTE:                           C
C             DAS FELD  F  WIRD MIT DEN DISKRETEN FOURIERKOEFFIZIENTEN C
C             IN FOLGENDER WEISE BELEGT                                C
C               F(K)=F^(K)      , K=0,...,M/2-1                        C
C               F(K)=F^(K-M)    , K=M/2,...,M-1                        C
C             UEBERGEBEN UND IST NACH ABLAUF DES PROGRAMMS MIT DEN     C
C             FUNKTIONSWERTEN  UEBERSPEICHERT.                         C
C                                                                      C
CCCCCCCCCCCCCCCCCCCCCCCCCCCCCCCCCCCCCCCCCCCCCCCCCCCCCCCCCCCCCCCCCCCCCCCC

      INTEGER TAU, SIGMA
      COMPLEX F(0:2**TAU-1), EW, U, W, EPS

      M=2**TAU
      FAKTOR=1.0/REAL(M)
      PI=3.1415926535898
      VZ=REAL(2*IR-1)
      EW=EXP(CMPLX(0.0,VZ*2.0*PI*FAKTOR))
      IF (IR.EQ.1) FAKTOR=1.0

C****************************************************
C     UMSPEICHERUNG MIT DER BIT-UMKEHRFUNKTION
C     ( GLEICHZEITIGE NORMIERUNG, FALLS IR=0 )
C****************************************************

      DO 30 J = 0, M-1
      K=J
      SIGMA=0
        DO 20 N = 1, TAU
        KD2=K/2
        SIGMA=2*SIGMA+K-2*KD2
        K=KD2
   20   CONTINUE
      IF (SIGMA.LT.J) GOTO 30
      U=F(J)
      F(J)=F(SIGMA)*FAKTOR
      F(SIGMA)=U*FAKTOR
   30 CONTINUE

C****************************************************
C     DURCHFUEHRUNG DER (UMKEHR-)TRANSFORMATION
C****************************************************

C*****  N MIN 1 = 2**( N - 1 )          *****
C*****  N MIN 0 = 2**( N )              *****
C*****     EW   = EINHEITSWURZEL        *****
C*****     W    = EW**(2**(TAU-N))      *****
C*****     EPS  = EW**(L*2**(TAU-N))    *****
```

```
      NMIN1=1
        DO 130 N = 1, TAU
        W=EW
          DO 100 K = 1, TAU-N
          W=W*W
100       CONTINUE
        EPS=CMPLX(1.0,0.0)
        NMIN0=NMIN1+NMIN1
          DO 120 L = 0, NMIN1-1
            DO 110 J = 0, M-NMIN0, NMIN0
            U=F(J+L+NMIN1)*EPS
            F(J+L+NMIN1)=F(J+L)-U
            F(J+L)=F(J+L)+U
110         CONTINUE
          EPS=EPS*W
120       CONTINUE
        NMIN1=NMIN0
130     CONTINUE

      R E T U R N
      END
```

Man kann die (Schnelle) Fourier-Transformation auch dazu benutzen, die Werte der diskreten Fourierteilsumme (1.15)

$$DF_M(f)(x) = \sum_{k=-\frac{M}{2}}^{\frac{M}{2}-1} \hat{f}_M(k)\, e^{2\pi i k \frac{x}{X}} \quad ,$$

die nach Satz 1.7 gleichzeitig ein Interpolationspolynom ist, sehr effektiv in einem Satz von verschobenen Stützstellen $x_m + \theta$ ($\theta \in \mathbb{R}$ beliebig), $m = 0,1,\dots,M-1$, zu bestimmen. Es ist mit $x_m = m\,X/M$

$$DF_M(f)(x_m + \theta) = \sum_{k=-\frac{M}{2}}^{\frac{M}{2}-1} \hat{f}_M(k)\, e^{2\pi i k \frac{x_m+\theta}{X}}$$

$$= \sum_{k=-\frac{M}{2}}^{\frac{M}{2}-1} \left\{ \hat{f}_M(k)\, e^{2\pi i k \frac{\theta}{X}} \right\} e^{2\pi i k \frac{m}{M}} \quad ,$$

$m = 0,1,\dots,M-1$. Vergleicht man dies mit der Umkehrformel aus Satz 1.10, so sieht man, daß die Fourierkoeffizienten $\hat{f}_M(k)\, e^{2\pi i k \theta/X}$ den Funktionswerten $DF_M(f)(x_m + \theta)$ entsprechen. Selbst wenn man nur an Werten von wenigen Zwischenpunkten interessiert ist, lohnt es sich, mit Hilfe der Schnellen Fourier-Transformation die Fourierkoeffizienten $\hat{f}_M(k)$, $k = -\frac{M}{2},\dots,\frac{M}{2}-1$, zu bestimmen, diese mit den entsprechenden Faktoren $e^{2\pi i k \theta/X}$ zu multiplizieren und dann mit Hilfe der Schnellen Fourier-Umkehrtransformation die Werte an allen Zwischenpunkten $x_m + \theta$, $m = 0,1,\dots,M-1$, zu ermitteln.

Dies gilt auch bei reellen Funktionswerten für die reelle Darstellung (1.18) der diskreten Fourierteilsumme, wenn man den einen Fourierkoeffizienten

$f^{\wedge}_M\left(-\frac{M}{2}\right) = f^{\wedge}_M\left(\frac{M}{2}\right)$ statt mit $e^{2\pi i(-M/2)\,\theta/X}$ mit dem Realteil dieses Faktors $\cos(2\pi\,\frac{M}{2}\,\frac{\theta}{X})$ multipliziert.

DER FALL REELLER DATEN

In der Regel sind die Daten f_j , $j = 0,1,\ldots,M-1$, reell. In diesem Fall läßt sich der Aufwand zur Bestimmung der zugehörigen diskreten Fourierkoeffizienten und für die Umkehrtransformation mit der FFT in etwa halbieren. Für reelle Daten erfüllen die zugehörigen diskreten Fourierkoeffizienten

$$f^{\wedge}_M(-k) = \overline{f^{\wedge}_M(k)} \quad ,$$

so daß man nur die komplexen Koeffizienten $f^{\wedge}_M(0),\ldots,f^{\wedge}_M\left(\frac{M}{2}\right) = f^{\wedge}_M\left(-\frac{M}{2}\right)$ zu kennen braucht, aus denen sich dann nach (1.18) die reellen Koeffizienten $a_k^{(M)}$ und $b_k^{(M)}$ der reellen Darstellung der diskreten Fourierteilsumme direkt ergeben:

$$f^{\wedge}_M(k) = a_k^{(M)} - i\, b_k^{(M)} \quad .$$

Mit den eindeutig bestimmten trigonometrischen Polynomen

$$\phi_1(x) = \sum_{k=0}^{\frac{M}{2}-1} \alpha_{1,M}(k)\, e^{2\pi i\, k\,\frac{x}{X}} \quad , \quad \phi_2(x) = \sum_{k=0}^{\frac{M}{2}-1} \alpha_{2,M}(k)\, e^{2\pi i\, k\,\frac{x}{X}} \quad ,$$

die mit $x_m = m\,X/M$ für $m = 0,1,\ldots,\frac{M}{2}-1$ die Interpolationsbedingungen

$$\phi_1(x_{2m}) = f_{2m} \qquad , \qquad \phi_2(x_{2m}) = f_{2m+1}$$

erfüllen, besitzt das trigonometrische Polynom φ aus (1.37) mit den "verschobenen" diskreten Fourierkoeffizienten nach (1.39), das in den Punkten x_m die Werte f_m annimmt, wegen der Eindeutigkeit des Interpolationspolynoms auch die Darstellung

$$\varphi(x) = \sum_{k=0}^{M-1} \beta_M(k)\, e^{2\pi i\, k\,\frac{x}{X}}$$

$$= \frac{1}{2}\,(1 + e^{2\pi i\,\frac{M}{2}\,\frac{x}{X}})\;\phi_1(x) + \frac{1}{2}\,(1 - e^{2\pi i\,\frac{M}{2}\,\frac{x}{X}})\;\phi_2(x - \frac{X}{M}) \quad ,$$

da $e^{2\pi i\,\frac{M}{2}\,\frac{x}{X}}$ für $x = x_{2m}$ der Wert 1 und für $x = x_{2m+1}$ den Wert -1 hat. Man erhält durch Koeffizientenvergleich

$$(1.45)\qquad 2\,\beta_M(k) = \begin{cases} \alpha_{1,M}(k) + \omega^k\,\alpha_{2,M}(k) & , k = 0,1,\dots,\frac{M}{2}-1\ , \\ \alpha_{1,M}(k-\frac{M}{2}) - \omega^{k-\frac{M}{2}}\,\alpha_{2,M}(k-\frac{M}{2}) & , k = \frac{M}{2},\dots,M-1\ , \end{cases}$$

mit der M-ten Einheitswurzel $\omega = e^{-2\pi i/M}$. Bildet man die komplexen Größen

$$(1.46)\qquad g_m = f_{2m} + i\,f_{2m+1}\qquad ,\qquad m = 0,1,\dots,\frac{M}{2}-1\ ,$$

so erfüllt das Polynom

$$\Psi(x) = \sum_{k=0}^{\frac{M}{2}-1} \gamma_{M/2}(k)\, e^{2\pi i\, k\frac{x}{X}} = \phi_1(x) + i\,\phi_2(x)$$

die Interpolationsbedingungen $\Psi(x_{2m}) = g_m$, und die Koeffizienten sind gegeben durch

$$(1.47)\qquad \gamma_{M/2}(k) = \alpha_{1,M}(k) + i\,\alpha_{2,M}(k)\qquad ,\qquad k = 0,1,\dots,\frac{M}{2}-1\ .$$

Da die Größen $\alpha_{1,M}(k)$ und $\alpha_{2,M}(k)$ komplex sind, kann man sie nicht direkt den Koeffizienten $\gamma_{M/2}(k)$ als Real- und Imaginärteil entnehmen. Das Polynom

$$\hat{\Psi}(x) = \overline{\overline{\gamma_{M/2}(0)} + \sum_{k=1}^{\frac{M}{2}-1} \overline{\gamma_{M/2}(\tfrac{M}{2}-k)}\, e^{2\pi i\, k\frac{x}{X}}}$$

$$= \gamma_{M/2}(0) + e^{-2\pi i\,\frac{M}{2}\frac{x}{X}} \sum_{k=1}^{\frac{M}{2}-1} \gamma_{M/2}(k)\, e^{2\pi i\, k\frac{x}{X}}$$

nimmt in den Punkten x_{2m} die Werte $\overline{g_m}$ an, da der Faktor vor der Summe nach (1.3) in diesen Punkten den Wert 1 hat. Daher muß dieses Polynom gleich $\phi_1(x) - i\,\phi_2(x)$ sein, und man erhält durch Koeffizientenvergleich

$$(1.48)\qquad \begin{aligned} \overline{\gamma_{M/2}(0)} &= \alpha_{1,M}(0) - i\,\alpha_{2,M}(0) \\ \overline{\gamma_{M/2}(\tfrac{M}{2}-k)} &= \alpha_{1,M}(k) - i\,\alpha_{2,M}(k)\qquad ,\quad k = 1,\dots,\frac{M}{2}-1\ . \end{aligned}$$

Aus (1.47) und (1.48) folgt aber

$$\alpha_{1,M}(0) = \frac{1}{2}\{\gamma_{M/2}(0) + \overline{\gamma_{M/2}(0)}\} = \mathrm{Re}(\gamma_{M/2}(0)) ,$$

$$\alpha_{1,M}(k) = \frac{1}{2}\{\gamma_{M/2}(k) + \overline{\gamma_{M/2}(\tfrac{M}{2} - k)}\} \quad , \quad k = 1,\ldots,\frac{M}{2} - 1 \quad ,$$

$$\alpha_{2,M}(0) = \frac{1}{2i}\{\gamma_{M/2}(0) - \overline{\gamma_{M/2}(0)}\} = \mathrm{Im}(\gamma_{M/2}(0)) ,$$

$$\alpha_{2,M}(k) = \frac{1}{2i}\{\gamma_{M/2}(k) - \overline{\gamma_{M/2}(\tfrac{M}{2} - k)}\} \quad , \quad k = 1,\ldots,\frac{M}{2} - 1 \quad .$$

Mit (1.45) und (1.39) sind die benötigten diskreten Fourierkoeffizienten dann gegeben durch

$$(1.49) \quad \begin{aligned} \hat{f}_M(0) &= \frac{1}{2}\left\{ \mathrm{Re}(\gamma_{M/2}(0)) + \mathrm{Im}(\gamma_{M/2}(0)) \right\} \\ \hat{f}_M(k) &= \frac{1}{4}\left\{ \gamma_{M/2}(k) + \overline{\gamma_{M/2}(\tfrac{M}{2} - k)} - i\,\omega^k \{\gamma_{M/2}(k) - \overline{\gamma_{M/2}(\tfrac{M}{2} - k)}\} \right\} \\ \hat{f}_M(\tfrac{M}{2}) &= \frac{1}{2}\left\{ \mathrm{Re}(\gamma_{M/2}(0)) - \mathrm{Im}(\gamma_{M/2}(0)) \right\} \end{aligned}$$

$k = 1,\ldots,\frac{M}{2} - 1$, mit der Einheitswurzel $\omega = e^{-2\pi i/M}$.

Zur Bestimmung der diskreten Fourierkoeffizienten $\hat{f}_M(k)$ für reelle Daten f_m bildet man also die halbsovielen komplexen Größen g_m nach (1.46), bestimmt deren diskrete Fourierkoeffizienten $\gamma_{M/2}(k)$ mit der FFT und gewinnt über (1.49) schließlich die gesuchten Koeffizienten.

Da mit (1.49) für $k = 1,\ldots,\frac{M}{2} - 1$

$$\overline{\hat{f}_M(\tfrac{M}{2} - k)} = \frac{1}{4}\left\{\gamma_{M/2}(k) + \overline{\gamma_{M/2}(\tfrac{M}{2} - k)} + i\,\omega^k\{\gamma_{M/2}(k) - \overline{\gamma_{M/2}(\tfrac{M}{2} - k)}\}\right\}$$

ist, gilt mit (1.49) umgekehrt

$$(1.50) \quad \begin{aligned} \gamma_{M/2}(0) &= \hat{f}_M(0) + \hat{f}_M(\tfrac{M}{2}) + i\,\{\hat{f}_M(0) - \hat{f}_M(\tfrac{M}{2})\} \\ \gamma_{M/2}(k) &= \hat{f}_M(k) + \overline{\hat{f}_M(\tfrac{M}{2} - k)} + i\,\omega^{-k}\{\hat{f}_M(k) - \overline{\hat{f}_M(\tfrac{M}{2} - k)}\} \end{aligned}$$

$k = 1,\ldots,\frac{M}{2} - 1$, mit der Einheitswurzel $\omega = e^{-2\pi i/M}$.

Dies nutzt man aus, um auch die Umkehrtransformation mit etwa halbem Aufwand durchzuführen: Aus den diskreten Fourierkoeffizienten $\hat{f}_M(k)$ bildet man die Hilfsgrößen $\gamma_{M/2}(k)$, $k = 0,1,\ldots, \frac{M}{2} - 1$, nach (1.50) , führt damit die Umkehrtransformation durch, die die komplexen Größen g_m liefert, und aus deren Real- und Imaginärteil kann man die gesuchten Daten f_m nach (1.46) entnehmen.

Eine weitere Möglichkeit, die wieder in etwa zu einer Rechenzeithalbierung führt und ebenfalls ausnutzt, daß die Daten reell sind, findet häufig im mehrdimensionalen Fall Anwendung und wird daher im übernächsten Abschnitt besprochen.

EIN PROGRAMM

Das folgende Unterprogramm in Standard FORTRAN 77 bestimmt unter Vermeidung komplexer Variablen die diskreten Fourierkoeffizienten $A_0 = a_0^{(M)}$, $A_k = 2a_k^{(M)}$, $B_k = 2b_k^{(M)}$ $(k = 1,\ldots,\frac{M}{2} - 1)$ und $A_{M/2} = a_{M/2}^{(M)}$ der reellen diskreten Fourierteilsumme (1.18) zu $M = 2^\tau$ gegebenen reellen Daten $\{y_m \mid m = 0,1,\ldots,2^\tau - 1\}$ $(\tau \in \mathbb{N})$ und führt auch die Umkehrtransformation durch:

```
      SUBROUTINE RFFT (TAU, Y, IR)

CCCCCCCCCCCCCCCCCCCCCCCCCCCCCCCCCCCCCCCCCCCCCCCCCCCCCCCCCCCCCCCCCCCCCCCC
C                                                                      C
C     DIESES PROGRAMM BESTIMMT FUER  IR=0  ZU   M=2**TAU   GEGEBENEN     C
C     REELLEN FUNKTIONSWERTEN   Y(0), ... ,Y(M-1)   DIE DISKRETEN       C
C     FOURIERKOEFFIZIENTEN  A(0), ...  ,A(M/2)  UND  B(1), ... ,B(M/2-1) C
C     DER ZUGEHOERIGEN DISKRETEN FOURIERTEILSUMME                      C
C                                                                      C
C          A(0) + (SUMME K=1 BIS M/2-1) ( A(K)*COS(K*OMEGA*X) +        C
C               + B(K)*SIN(K*OMEGA*X) ) + A(M/2)*COS(M/2*OMEGA*X)      C
C                                                                      C
C     ( OMEGA = 2*PI/L , L: PERIODENLAENGE ) UND FUEHRT FUER  IR=1  DIE C
C     UMKEHRTRANSFORMATION DURCH.                                      C
C     DIE (UMKEHR-) TRANSFORMATION ERFOLGT MIT EINER SCHNELLEN         C
C     FOURIER-TRANSFORMATION  ( F F T )  HALBER LAENGE.                C
C                                                                      C
C    PARAMETER :                                                       C
C    ===========                                                       C
C                                                                      C
C    TAU  -   DIE ANZAHL DER FUNKTIONSWERTE IST   M = 2**TAU .          C
C             ES MUSS  TAU >= 2  SEIN.                                 C
C                                                                      C
C     Y   -   REELLES FELD DER LAENGE  M  : Y(0),Y(1), ... ,Y(M-1)      C
C                                                                      C
C    IR=0 -   BESTIMMUNG DER DISKRETEN FOURIERKOEFFIZIENTEN :          C
C             DAS FELD  Y  WIRD MIT DEN FUNKTIONSWERTEN BELEGT         C
C             UEBERGEBEN UND IST NACH ABLAUF DES PROGRAMMS MIT DEN     C
C             DISKRETEN FOURIERKOEFFIZIENTEN IN FOLGENDER WEISE        C
C             UEBERSPEICHERT:                                          C
C               A(0)=Y(0)                                              C
C               A(K)=Y(2*K-1)     , K=1, ... ,M/2 ,                    C
C               B(K)=Y(2*K)       , K=1, ... ,M/2-1 ,                  C
C             ALSO IN DER REIHENFOLGE  A(0),A(1),B(1),A(2),B(2), ... .  C
C                                                                      C
C    IR=1 -   BESTIMMUNG DER FUNKTIONSWERTE:                           C
C             DAS FELD  Y  WIRD MIT DEN DISKRETEN FOURIERKOEFFIZIENTEN C
C             IN FOLGENDER WEISE BELEGT                                C
C               Y(0)=A(0)                                              C
C               Y(K)=A((K+1)/2)   , K=1,3, ... ,M-1 ,                  C
C               Y(K)=B(K/2)       , K=2,4, ... ,M-2 ,                  C
C             ALSO IN DER REIHENFOLGE  A(0),A(1),B(1),A(2),B(2), ... ,  C
C             UEBERGEBEN UND IST NACH ABLAUF DES PROGRAMMS MIT DEN     C
C             FUNKTIONSWERTEN  UEBERSPEICHERT.                         C
C                                                                      C
CCCCCCCCCCCCCCCCCCCCCCCCCCCCCCCCCCCCCCCCCCCCCCCCCCCCCCCCCCCCCCCCCCCCCCCC
```

```
      INTEGER TAU, SIGMA
      REAL Y(0:2**TAU-1)

      M=2**TAU
      MD2=M/2
      MD4=MD2/2
      FAKTOR=1.0/REAL(MD2)
      PI=3.1415926535898
      ARGMD2=2.0*PI*FAKTOR
      ARGM=0.5*ARGMD2
      VZ=REAL(2*IR-1)
      IF (IR.EQ.1) FAKTOR=1.0

C***********************************************************
C     ZUSAMMENFASSUNG DER REELLEN DATEN ZUR DURCH-
C     FUEHRUNG EINER  FFT  HALBER LAENGE, FALLS  IR=1
C***********************************************************

C****  EWR, EWI   : REAL- UND IMAGINAERTEIL DER ****
C****               M-TEN EINHEITSWURZEL        ****
C**** EPSR, EPSI  : REAL- UND IMAGINAERTEIL VON ****
C****               (M-TE EINHEITSWURZEL)**K    ****

      IF (IR.EQ.1) THEN
        YHILF=Y(1)
        Y(1)=Y(0)-Y(M-1)
        Y(0)=Y(0)+Y(M-1)
        EWR=COS(ARGM)
        EWI=SIN(ARGM)
        EPSR=1.0
        EPSI=0.0
          DO 10 K = 1, MD4-1
          RETT=EPSR
          EPSR=RETT*EWR-EPSI*EWI
          EPSI=RETT*EWI+EPSI*EWR
          HILF1=0.5*(EPSR*(YHILF-Y(M-2*K-1))+EPSI*(Y(2*K)+Y(M-2*K)))
          HILF2=0.5*(EPSI*(YHILF-Y(M-2*K-1))-EPSR*(Y(2*K)+Y(M-2*K)))
          HILF3=0.5*(YHILF+Y(M-2*K-1))
          HILF4=0.5*(Y(2*K)-Y(M-2*K))
          YHILF=Y(2*K+1)
          Y(2*K)=HILF3-HILF2
          Y(2*K+1)=HILF1-HILF4
          Y(M-2*K)=HILF2+HILF3
          Y(M-2*K+1)=HILF1+HILF4
   10     CONTINUE
        Y(MD2+1)=Y(MD2)
        Y(MD2)=YHILF
      ENDIF

C***********************************************************
C     UMSPEICHERUNG MIT DER BIT-UMKEHRFUNKTION
C     ( GLEICHZEITIGE NORMIERUNG, FALLS IR=0 )
C***********************************************************

      DO 30 J = 0, MD2-1
      K=J
      SIGMA=0
        DO 20 N = 1, TAU-1
        KD2=K/2
        SIGMA=2*SIGMA+K-2*KD2
        K=KD2
   20   CONTINUE
      IF (SIGMA.LT.J) GOTO 30
      UR=Y(2*J)
      UI=Y(2*J+1)
      Y(2*J)=Y(2*SIGMA)*FAKTOR
      Y(2*J+1)=Y(2*SIGMA+1)*FAKTOR
      Y(2*SIGMA)=UR*FAKTOR
      Y(2*SIGMA+1)=UI*FAKTOR
   30 CONTINUE

C***********************************************************
C      DURCHFUEHRUNG DER   F F T   HALBER LAENGE
C***********************************************************

C****   MIN N    = 2**( TAU-1 - N )                      ****
C****  N MIN 1   = 2**( N - 1 )                          ****
C****  N MIN 0   = 2**( N )                              ****
C****   WR, WI   = REAL- UND IMAGINAERTEIL VON           ****
C****              (M/2 -TE EINHEITSWURZEL)**(2**MINN)   ****
C**** EPSR,EPSI  = REAL- UND IMAGINAERTEIL VON           ****
C****              (M/2 -TE EINHEITSWURZEL)**(L*2**MINN) ****
```

```
      MINN=MD2
      NMIN1=1
        DO 130 N = 1, TAU-1
        MINN=MINN/2
        NMINO=NMIN1+NMIN1
        ARG=ARGMD2*REAL(MINN)
        WR=COS(ARG)
        WI=VZ*SIN(ARG)
        EPSR=1.0
        EPSI=0.0
          DO 120 L = 0, NMIN1-1
            DO 110 J = 0, MD2-NMINO, NMINO
            UR=Y(2*(J+L)+NMINO)*EPSR-Y(2*(J+L)+NMINO+1)*EPSI
            UI=Y(2*(J+L)+NMINO)*EPSI+Y(2*(J+L)+NMINO+1)*EPSR
            Y(2*(J+L)+NMINO)=Y(2*(J+L))-UR
            Y(2*(J+L)+NMINO+1)=Y(2*(J+L)+1)-UI
            Y(2*(J+L))=Y(2*(J+L))+UR
            Y(2*(J+L)+1)=Y(2*(J+L)+1)+UI
110         CONTINUE
          RETT=EPSR
          EPSR=RETT*WR-EPSI*WI
          EPSI=RETT*WI+EPSI*WR
120       CONTINUE
        NMIN1=NMINO
130     CONTINUE

C************************************************************
C     TRENNUNG DER ZUSAMMENGEFASST TRANS-
C     FORMIERTEN DATEN, FALLS   IR=0
C************************************************************

C****  EWR, EWI   : REAL- UND IMAGINAERTEIL DER ****
C****               M-TEN EINHEITSWURZEL        ****
C**** EPSR, EPSI  : REAL- UND IMAGINAERTEIL VON ****
C****               (M-TE EINHEITSWURZEL)**K    ****

      IF (IR.EQ.0) THEN
        YHILF=Y(M-1)
        Y(M-1)=0.5*(Y(0)-Y(1))
        Y(0)=0.5*(Y(0)+Y(1))
        EWR=COS(ARGM)
        EWI=-SIN(ARGM)
        EPSR=1.0
        EPSI=0.0
          DO 150 K = 1, MD4-1
          RETT=EPSR
          EPSR=RETT*EWR-EPSI*EWI
          EPSI=RETT*EWI+EPSI*EWR
          HILF1=0.5*(EPSI*(Y(2*K)-Y(M-2*K))+EPSR*(Y(2*K+1)+YHILF))
          HILF2=0.5*(EPSR*(Y(2*K)-Y(M-2*K))-EPSI*(Y(2*K+1)+YHILF))
          HILF3=0.5*(Y(2*K)+Y(M-2*K))
          HILF4=0.5*(Y(2*K+1)-YHILF)
          YHILF=Y(M-2*K-1)
          Y(2*K-1)=HILF1+HILF3
          Y(2*K)=HILF2-HILF4
          Y(M-2*K-1)=HILF3-HILF1
          Y(M-2*K)=HILF2+HILF4
150       CONTINUE
        Y(MD2-1)=Y(MD2)
        Y(MD2)=YHILF
      ENDIF

      R E T U R N
      END
```

Bei der Durchführung der FFT halber Länge enstpricht Y(2m) dem Realteil und Y(2m+1) dem Imaginärteil des komplexen Feldelementes F(m).

Zur Realisierung der Programme etwa auf Mikrorechenanlagen sollte man beachten, daß die trigonometrischen Funktionswerte EWR , EWI und WR , WI sehr genau ausgewertet werden und die Rekursionsgleichungen zur Berechnung der entsprechenden Potenzen EPSR und EPSI womöglich doppelt genau durchzuführen sind. Falls erforderlich, sollten auch die verwendeten

Indizes als ganzzahlige Größen (INTEGER) vereinbart werden. Die Berechnung der Bit-Umkehrfunktion läßt sich auf Rechenanlagen, die gerade bei ganzzahligen Operanden Multiplikation/Division gegenüber Addition/Subtraktion wesentlich langsamer ausführen, enorm beschleunigen, wenn man dazu ein Feld entsprechender Länge mit ganzzahligen Elementen vereinbart und die weiter vorn beschriebene Berechnungsvorschrift verwendet, die jeweils nur 1 Addition benötigt.

DER MEHRDIMENSIONALE FALL

Auch der mehrdimensionale Fall bereitet keine Schwierigkeiten. Speziell im zweidimensionalen Fall betrachten wir dazu für $k=0,1,\dots,M-1$ und $\ell = 0,1,\dots,N-1$ die Koeffizienten

$$\beta_{M,N}(k,\ell) = \frac{1}{M}\sum_{m=0}^{M-1}\frac{1}{N}\sum_{n=0}^{N-1} f(x_m,y_n)\, e^{-2\pi i\left(k\frac{m}{M}+\ell\frac{n}{N}\right)} \quad , \tag{1.51}$$

deren Berechnung wegen

$$\beta_{M,N}(k,\ell) = \frac{1}{M}\sum_{m=0}^{M-1}\left\{\frac{1}{N}\sum_{n=0}^{N-1} f(x_m,y_n)\, e^{-2\pi i\,\ell\frac{n}{N}}\right\} e^{-2\pi i\,k\frac{m}{M}}$$

separabel erfolgen kann. Das heißt man erhält durch sukzessive eindimensionale diskrete Transformationen eines gegebenen Datenfeldes $\{f(x_m,y_n) \mid m = 0,1,\dots,M-1 \text{ und } n = 0,1,\dots,N-1\}$, erst M mal "zeilenweise"

$$F(m,\ell) = \frac{1}{N}\sum_{n=0}^{N-1} f(x_m,y_n)\, e^{-2\pi i\,\ell\frac{n}{N}} \qquad (\ell = 0,1,\dots,N-1)$$

für $m=0,1,\dots,M-1$, und dann N mal "spaltenweise"

$$\beta_{M,N}(k,\ell) = \frac{1}{M}\sum_{m=0}^{M-1} F(m,\ell)\, e^{-2\pi i\,k\frac{m}{M}} \qquad (k = 0,1,\dots,M-1)$$

für $\ell = 0,1,\dots,N-1$, die Koeffizienten $\beta_{M,N}(k,\ell)$.

Ein Vertauschen der Summationsreihenfolge zeigt, daß erst N "spaltenweise" und dann M "zeilenweise" eindimensionale Transformationen dasselbe Ergebnis liefern.

Wegen der Periodizität (1.31) der diskreten Fourierkoeffizienten $\hat{f}_{M,N}(k,\ell)$ aus (1.30) erhält man diese Fourierkoeffizienten unter Kenntnis der

$\beta_{M,N}(k,\ell)$ aus (1.51) über

(1.52)
$$\begin{aligned}
f^{\wedge}_{M,N}(k,\ell) &= \beta_{M,N}(k,\ell) &&, \quad k = 0,\ldots,\tfrac{M}{2}-1 \;; \quad \ell = 0,\ldots,\tfrac{N}{2}-1 \\
f^{\wedge}_{M,N}(k,\ell) &= \beta_{M,N}(M+k,\ell) &&, \quad k = -\tfrac{M}{2},\ldots,-1 \;; \quad \ell = 0,\ldots,\tfrac{N}{2}-1 \\
f^{\wedge}_{M,N}(k,\ell) &= \beta_{M,N}(k,N+\ell) &&, \quad k = 0,\ldots,\tfrac{M}{2}-1 \;; \quad \ell = -\tfrac{N}{2},\ldots,-1 \\
f^{\wedge}_{M,N}(k,\ell) &= \beta_{M,N}(M+k,N+\ell) &&, \quad k = -\tfrac{M}{2},\ldots,-1 \;; \quad \ell = -\tfrac{N}{2},\ldots,-1 \;.
\end{aligned}$$

Die Koeffizienten werden wiederum nur "verschoben":

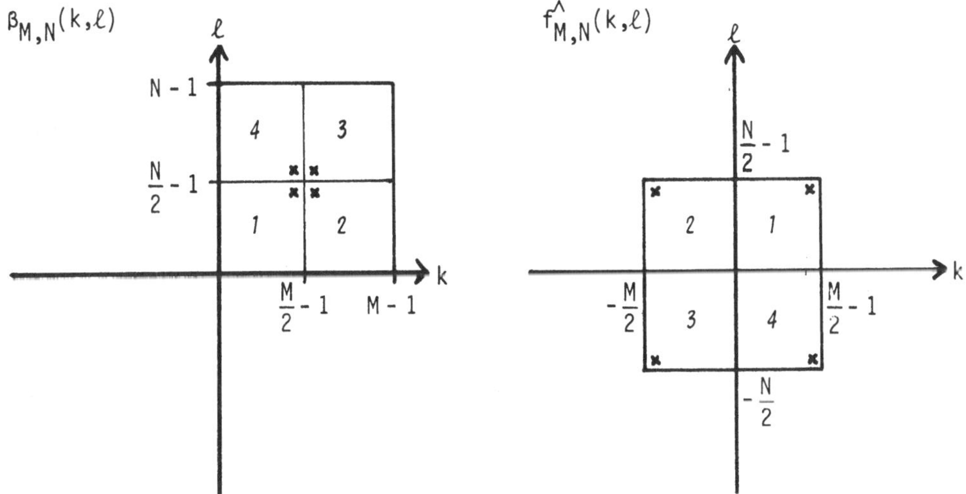

Zur Bestimmung der diskreten Fourierkoeffizienten des Datenfeldes $\{f(x_m,y_n) \mid m = 0,1,\ldots,M-1 \text{ und } n = 0,1,\ldots,N-1\}$ sollte man nicht nacheinander alle Zeilen und dann alle Spalten einem Unterprogramm mit oben beschriebenem Algorithmus übergeben, sondern diesen Algorithmus in ein Programm einbetten, da sonst jedesmal die Bit-Umkehrfunktion und alle Potenzen der Einheitswurzel neu berechnet werden.

In der Bildverarbeitung sind die Bilddaten (in der Regel) durch ein quadratisches Bild gegeben (d.h. $M = N$); in diesem Fall besteht sogar kein Unterschied in der Bit-Umkehrfunktion und den Potenzen der Einheitswurzel für die zeilenweise und spaltenweise Transformation.
Da die Bilddaten zudem reell sind, ist eine weitere Verbesserung möglich, denn die Bestimmung diskreter Fourierkoeffizienten von reellen Datenfeldern läßt sich auch noch schneller durchführen, wenn man zwei eindimensionale Transformationen simultan durchführt; die Rechenzeit wird hierbei etwa halbiert. Sind f_j und $\tilde{f}_j$ für $j = 0,1,\ldots,M-1$ vorgegebene reelle Werte,

so sind die komplexen Koeffizienten (1.38) der entsprechenden Interpolationspolynome gegeben durch

$$\beta_M(k) = \frac{1}{M}\sum_{\ell=0}^{M-1} f_\ell\, e^{-2\pi i\, k\frac{\ell}{M}} \quad \text{und} \quad \tilde{\beta}_M(k) = \frac{1}{M}\sum_{\ell=0}^{M-1} \tilde{f}_\ell\, e^{-2\pi i\, k\frac{\ell}{M}} ,$$

$k = 0,1,\ldots,M-1$. Das trigonometrische Polynom

$$\Psi(x) = \sum_{k=0}^{M-1} \gamma_M(k)\, e^{2\pi i\, k\frac{x}{X}} ,$$

das in den Punkten $x_j = j\frac{X}{M}$, $j = 0,1,\ldots,M-1$, die komplexen Werte

$$(1.53) \qquad g_j = f_j + i\,\tilde{f}_j$$

annimmt, hat dann die komplexen Koeffizienten

$$(1.54) \qquad \gamma_M(k) = \frac{1}{M}\sum_{\ell=0}^{M-1}\left\{ f_\ell + i\,\tilde{f}_\ell \right\} e^{-2\pi i\, k\frac{\ell}{M}} = \beta_M(k) + i\,\tilde{\beta}_M(k) ,$$

$k = 0,1,\ldots,M-1$. Da die $\beta_M(k)$ und $\tilde{\beta}_M(k)$ komplex sind, kann man sie nicht direkt den Koeffizienten $\gamma_M(k)$ als Real- bzw. Imaginärteil entnehmen. Das Polynom

$$\hat{\Psi}(x) = \overline{\gamma_M(0)} + \sum_{k=1}^{M-1} \overline{\gamma_M(M-k)}\, e^{2\pi i\, k\frac{x}{X}} = \overline{\gamma_M(0) + e^{-2\pi i\, M\frac{x}{X}} \sum_{k=1}^{M-1} \gamma_M(k)\, e^{2\pi i\, k\frac{x}{X}}}$$

nimmt in den Punkten $x_j = j\frac{X}{M}$ gerade die Werte $\overline{g_j} = f_j - i\,\tilde{f}_j$ an, da der Faktor vor der Summe wegen (1.3) in diesen Fällen den Wert 1 hat.

Ersetzt man die Koeffizienten $\gamma_M(k)$ aus (1.54) des Polynoms Ψ durch $\beta_M(k) - i\,\tilde{\beta}_M(k)$, so nimmt dieses Polynom in den Punkten x_j auch die Werte $\overline{g_j}$ an und ist daher wegen der Eindeutigkeit des Interpolationspolynoms identisch mit $\hat{\Psi}$, so daß durch Koeffizientenvergleich

$$(1.55) \qquad \overline{\gamma_M(0)} = \beta_M(0) - i\,\tilde{\beta}_M(0) , \quad \overline{\gamma_M(M-k)} = \beta_M(k) - i\,\tilde{\beta}_M(k)$$

$(k = 1,\ldots,M-1)$

folgt. Aus (1.54) und (1.55) gewinnt man dann aber die gesuchten Koeffizienten $\beta_M(k)$ und $\tilde{\beta}_M(k)$ über

$$(1.56) \qquad \begin{aligned} \beta_M(0) &= \tfrac{1}{2}\{\gamma_M(0) + \overline{\gamma_M(0)}\} = \mathrm{Re}(\gamma_M(0)) , \quad & \beta_M(k) &= \tfrac{1}{2}\{\gamma_M(k) + \overline{\gamma_M(M-k)}\} , \\ \tilde{\beta}_M(0) &= \tfrac{1}{2i}\{\gamma_M(0) - \overline{\gamma_M(0)}\} = \mathrm{Im}(\gamma_M(0)) , \quad & \tilde{\beta}_M(k) &= \tfrac{1}{2i}\{\gamma_M(k) - \overline{\gamma_M(M-k)}\} , \end{aligned}$$

$k = 1,\ldots,M-1$.

Dies kann man auf zweierlei Weise ausnutzen: Liegen reelle Daten vor, so führt man zwei Transformationen gleichzeitig durch, indem man den komplexen Vektor (1.53) bildet und die Koeffizienten der einzelnen Transformationen nach (1.56) erhält. Sind die transformierten Koeffizienten von zwei reellen Datenfeldern gegeben, so kann man sie gemäß (1.54) kombinieren, und nach der Umkehrtransformation enthalten der Real- und der Imaginärteil die beiden reellen Datenfelder (vgl. (1.53)).

ZWEI PROGRAMME

Folgendes Standard-FORTRAN 77-Unterprogramm berechnet die "verschobenen" diskreten Fourierkoeffizienten eines reellen rechteckigen Datenfeldes mit höchstens 1024 x 1024 Elementen (bei größeren Datenfeldern muß nur im Vereinbarungsteil die Dimensionierung entsprechend geändert werden):

```
      SUBROUTINE RFFT2 (TAUX, TAUY, F)

CCCCCCCCCCCCCCCCCCCCCCCCCCCCCCCCCCCCCCCCCCCCCCCCCCCCCCCCCCCCCCCCCCCCCCC
C                                                                     C
C     DIESES PROGRAMM TRANSFORMIERT EIN 2-DIMENSIONALES REELLES FELD   C
C      REALTEIL( F(J,K) ), J=0,...,2**TAUX - 1, K=0,...,2**TAUY - 1,  C
C     MIT DER SCHNELLEN FOURIER-TRANSFORMATION ( F F T ) IN DAS KOM-  C
C     PLEXE FELD  F(J,K) .                                            C
C                                                                     C
C  PARAMETER :                                                        C
C  ===========                                                        C
C                                                                     C
C  TAUX  _  DAS FELD  F  IST FUER ELEMENTE  F(J,K) , J=0, .. ,M-1 ,   C
C  TAUY     K=0, .. ,N-1 , MIT  M = 2**TAUX  UND  N = 2**TAUY         C
C           VEREINBART. ES MUSS  1 <= TAUX, TAUY <= 10  SEIN.         C
C              ( FUER  TAUX  ODER  TAUY > 10  MUSS NUR DIE DIMEN-     C
C                SIONIERUNG DER FELDER  SIGMA  UND  W  AUF            C
C                SIGMA(0:2**TAU-1)  UND  W(0:2**(TAU-1)-1,2)          C
C                MIT  TAU = MAX (TAUX ; TAUY)  GEAENDERT WERDEN. )    C
C                                                                     C
C    F   -  DAS KOMPLEXE FELD  F  ENTHAELT BEIM AUFRUF DIESES UNTER-  C
C           PROGRAMMS IM REALTEIL DIE REELLEN FUNKTIONSWERTE UND IST  C
C           NACH ABLAUF DES PROGRAMMS MIT DEN DISKRETEN FOURIERKOEF-  C
C           FIZIENTEN  F^(J,K)  IN FOLGENDER WEISE UEBERSPEICHERT:    C
C            F^(J,K)=F(J,K)         , J=0, .. ,M/2-1 ; K=0, .. ,N/2-1 C
C            F^(J,K)=F(M+J,K)       , J=-M/2, .. ,-1 ; K=0, .. ,N/2-1 C
C            F^(J,K)=F(J,N+K)       , J=0, .. ,M/2-1 ; K=-N/2, .. ,-1 C
C            F^(J,K)=F(M+J,N+K)     , J=-M/2, .. ,-1 ; K=-N/2, .. ,-1 C
C                                                                     C
CCCCCCCCCCCCCCCCCCCCCCCCCCCCCCCCCCCCCCCCCCCCCCCCCCCCCCCCCCCCCCCCCCCCCCC

      INTEGER SIGMA(0:1023), TAUX, TAUY
      COMPLEX F(0:2**TAUX-1,0:2**TAUY-1), W(0:511,2), EW, U
      M=2**TAUX
      N=2**TAUY

C*************************************************************
C     Z E I L E N W E I S E    F F T    D E S    F E L D E S
C*************************************************************

      FAKTOR=1.0/REAL(N)

C****  BERECHNUNG DER BIT-UMKEHRFUNKTION  *********
C*****   MIN N  = 2**(TAUY - KLEIN N )    **********
C*****  N MIN 1 = 2**( KLEIN N - 1 )      **********

      NMIN1=N
      MINN=1
      SIGMA(0)=0
      DO 20 KLEINN = TAUY, 1, -1
      NMIN1=NMIN1/2
        DO 10 J = 0, MINN-1
        SIGMA(J+MINN)=SIGMA(J)+NMIN1
   10   CONTINUE
      MINN=MINN+MINN
   20 CONTINUE
```

```
C**** BERECHNUNG ALLER BENOETIGTEN POTENZEN *******
C**** DER  2**TAUY - TEN EINHEITSWURZEL      *******

      PI=3.1415926535898
      EW=EXP(CMPLX(0.0,-2.0*PI*FAKTOR))
      W(0,1)=CMPLX(1.0,0.0)
      DO 50 I = 1, N/2-1
      W(I,1)=W(I-1,1)*EW
   50 CONTINUE

C**** BERECHNUNG BEENDET *************************

      DO 150 K = 0, M-2, 2

C**** UMSPEICHERUNG MIT DER BIT-UMKEHRFUNKTION ****
C**** ( GLEICHZEITIGE NORMIERUNG UND ZUSAMMEN- ****
C****   FASSUNG VON ZWEI ZEILEN )               ****

      DO 100 J = 0, N-1
      IF (SIGMA(J).LT.J) GOTO 100
      U=CMPLX(REAL(F(K,J)),REAL(F(K+1,J)))
      F(K,J)=CMPLX(REAL(F(K,SIGMA(J))),REAL(F(K+1,SIGMA(J))))*FAKTOR
      F(K,SIGMA(J))=U*FAKTOR
  100 CONTINUE

C**** UMSPEICHERUNG BEENDET **********************

C*****   MIN N  = 2**( TAUY - KLEIN N )    *********
C*****  N MIN 1 = 2**( KLEIN N - 1 )       *********
C*****  N MIN 0 = 2**( KLEIN N )           *********

      MINN=N
      NMIN1=1
        DO 130 KLEINN = 1, TAUY
        MINN=MINN/2
        NMIN0=NMIN1+NMIN1
          DO 120 L = 0, NMIN1-1
            DO 110 J = 0, N-NMIN0, NMIN0
            U=F(K,J+L+NMIN1)*W(L*MINN,1)
            F(K,J+L+NMIN1)=F(K,J+L)-U
            F(K,J+L)=F(K,J+L)+U
  110       CONTINUE
  120     CONTINUE
        NMIN1=NMIN0
  130   CONTINUE

C**** TRENNUNG DER ZUSAMMENGEFASST ****************
C**** TRANSFORMIERTEN DATEN          ****************

      U=F(K,0)
      F(K,0)=CMPLX(REAL(U),0.0)
      F(K+1,0)=CMPLX(AIMAG(U),0.0)
      DO 140 J = 1, N/2
      U=F(K,J)
      EW=F(K,N-J)
      F(K,J)=0.5*(U+CONJG(EW))
      F(K+1,J)=0.5*CMPLX(AIMAG(U+EW),REAL(EW-U))
      F(K,N-J)=CONJG(F(K,J))
      F(K+1,N-J)=CONJG(F(K+1,J))
  140 CONTINUE

  150 CONTINUE

C*****************************************************************
C    S P A L T E N W E I S E   F F T   D E S   F E L D E S
C*****************************************************************

C**** EVENTUELLE BERECHNUNG DER  BIT - UMKEHR- ****
C**** FUNKTION  UND DER BENOETIGTEN POTENZEN   ****
C**** DER  2**TAUX - TEN EINHEITSWURZEL (UNTER ****
C**** BEACHTUNG BEREITS BERECHNETER GROESSEN)  ****

      IF (TAUX.EQ.TAUY) THEN
        INDW2=1
      ELSE
        FAKTOR=1.0/REAL(M)
        INDW2=2
        NMIN1=M
        MINN=1
        SIGMA(0)=0
        DO 170 KLEINN = TAUX, 1, -1
        NMIN1=NMIN1/2
          DO 160 J = 0, MINN-1
          SIGMA(J+MINN)=SIGMA(J)+NMIN1
  160     CONTINUE
        MINN=MINN+MINN
  170   CONTINUE
```

```
          IF (TAUX.GT.TAUY) THEN
            EW=EXP(CMPLX(0.0,-2.0*PI*FAKTOR))
            IVIEL=M/N
            DO 180 I = 0, N/2-1
            W(I*IVIEL,2)=W(I,1)
            DO 180 J=1, IVIEL-1
            W(I*IVIEL+J,2)=W(I*IVIEL+J-1,2)*EW
  180       CONTINUE
          ELSE
            IVIEL=N/M
            DO 190 I = 0, M/2-1
            W(I,2)=W(I*IVIEL,1)
  190       CONTINUE
          ENDIF
        ENDIF

C**** EVENTUELLE BERECHNUNG BEENDET ***************

      DO 250 K = 0, N/2

C**** UMSPEICHERUNG MIT DER BIT-UMKEHRFUNKTION ****
C**** ( GLEICHZEITIGE NORMIERUNG )               ****

      DO 200 J = 0, M-1
      IF (SIGMA(J).LT.J) GOTO 200
      U=F(J,K)
      F(J,K)=F(SIGMA(J),K)*FAKTOR
      F(SIGMA(J),K)=U*FAKTOR
  200 CONTINUE

C**** UMSPEICHERUNG BEENDET **********************

C*****   MIN N  = 2**( TAUX - KLEIN N )  **********
C*****  N MIN 1 = 2**( KLEIN N - 1 )     **********
C*****  N MIN 0 = 2**( KLEIN N )         **********

      MINN=M
      NMIN1=1
        DO 230 KLEINN = 1, TAUX
        MINN=MINN/2
        NMIN0=NMIN1+NMIN1
          DO 220 L = 0, NMIN1-1
            DO 210 J = 0, M-NMIN0, NMIN0
            U=F(J+L+NMIN1,K)*W(L*MINN,INDW2)
            F(J+L+NMIN1,K)=F(J+L,K)-U
            F(J+L,K)=F(J+L,K)+U
  210       CONTINUE
  220     CONTINUE
        NMIN1=NMIN0
  230   CONTINUE

  250 CONTINUE

C**** BERECHNUNG DER RESTLICHEN KOEFFI-  **********
C**** ZIENTEN MIT HILFE DER BISHER BE-   **********
C**** RECHNETEN UNTER AUSNUTZUNG DER     **********
C**** KONJUGIERT KOMPLEXEN SYMMETRIE     **********

      DO 270 K = N/2+1, N-1
      F(0,K)=CONJG(F(0,N-K))
      DO 270 J = 1, M-1
      F(J,K)=CONJG(F(M-J,N-K))
  270 CONTINUE

      R E T U R N
      END
```

Man übergibt dem Unterprogramm das M x N-dimensionierte Datenfeld F mit $Re(F(j,k)) = f(x_j,y_k)$, $j = 0,1,\dots,M-1$ und $k = 0,1,\dots,N-1$ ($M = 2^{\tau_x}$, $N = 2^{\tau_y}$).*) Bei der zeilenweisen Transformation des Feldes wird ausgenutzt, daß das Feld reell ist, und es werden jeweils zwei Zei-

*) Das Feld F darf in der rufenden Programmeinheit nicht anders als $2^{\tau_x} \times 2^{\tau_y}$-elementig dimensioniert sein!

len zu einer komplexen Zeile gemäß (1.53) zusammengefaßt. Vor der spaltenweisen Transformation muß man dann nach der Vorschrift (1.56) die Größen wieder trennen. Bei der spaltenweisen Transformation wird die für reelle Datenfelder $\{f(x_m,y_n)\}$ gültige Eigenschaft $\hat{f}_{M,N}(-k,-\ell) = \overline{\hat{f}_{M,N}(k,\ell)}$ ausgenutzt, so daß man wiederum etwa nur halbsoviele eindimensionale komplexe Transformationen benötigt; für die im Programm berechneten "verschobenen" Koeffizienten aus (1.52) bedeutet dies $\beta_{M,N}(0,\ell) = \overline{\beta_{M,N}(0,N-\ell)}$ und $\beta_{M,N}(k,\ell) = \overline{\beta_{M,N}(M-k,N-\ell)}$. Nach Ablauf des Programms ist das Feld mit den Koeffizienten $F(k,\ell) = \beta_{M,N}(k,\ell)$, $k = 0,1,\ldots,M-1$ und $\ell = 0,1,\ldots,N-1$, überspeichert. Nach (1.52) sind dies die diskreten Fourierkoeffizienten in "verschobener" Form.

Für moderne Rechenanlagen läßt sich eine wesentliche Verkürzung der Rechenzeit für eine Transformation mit der FFT erzielen, wenn man die Programmierung parallelisiert bzw. für Pipeline-Rechner vektorisiert. Dies geschieht durch eine Vertauschung der Summationsreihenfolge.

Der Programmteil des zeilenweisen FFT des Datenfeldes hat dann folgendes Aussehen

```
C****************************************************************
C    Z E I L E N W E I S E    F F T    D E S    F E L D E S
C****************************************************************

      FAKTOR=1.0/REAL(N)

C****  BERECHNUNG DER BIT-UMKEHRFUNKTION  *********
C*****   MIN N  = 2**( TAUY - KLEIN N )  **********
C*****  N MIN 1 = 2**( KLEIN N - 1 )     **********

      NMIN1=N
      MINN=1
      SIGMA(0)=0
      DO 20 KLEINN = TAUY, 1, -1
      NMIN1=NMIN1/2
        DO 10 J = 0, MINN-1
        SIGMA(J+MINN)=SIGMA(J)+NMIN1
   10   CONTINUE
      MINN=MINN+MINN
   20 CONTINUE

C**** BERECHNUNG ALLER BENOETIGTEN POTENZEN *******
C**** DER  2**TAUY - TEN EINHEITSWURZEL     *******

      PI=3.1415926535898
      EW=EXP(CMPLX(0.0,-2.0*PI*FAKTOR))
      W(0,1)=CMPLX(1.0,0.0)
      DO 50 I = 1, N/2-1
      W(I,1)=W(I-1,1)*EW
   50 CONTINUE

C**** BERECHNUNG BEENDET **************************

C**** UMSPEICHERUNG MIT DER BIT-UMKEHRFUNKTION ****
C**** ( GLEICHZEITIGE NORMIERUNG UND ZUSAMMEN- ****
C****   FASSUNG VON ZWEI ZEILEN )              ****

      DO 100 J = 0, N-1
      IF (SIGMA(J).LT.J) GOTO 100
        DO 95 K = 0, M-2, 2
        U=CMPLX(REAL(F(K,J)),REAL(F(K+1,J)))
        F(K,J)=CMPLX(REAL(F(K,SIGMA(J))),REAL(F(K+1,SIGMA(J))))*FAKTOR
        F(K,SIGMA(J))=U*FAKTOR
   95   CONTINUE
  100 CONTINUE

C**** UMSPEICHERUNG BEENDET **********************
```

```
C*****   MIN N  = 2**( TAUY - KLEIN N )  **********
C*****  N MIN 1 = 2**( KLEIN N - 1 )     **********
C*****  N MIN 0 = 2**( KLEIN N )         **********

      MINN=N
      NMIN1=1
        DO 130 KLEINN = 1, TAUY
        MINN=MINN/2
        NMIN0=NMIN1+NMIN1
          DO 120 L = 0, NMIN1-1
            DO 110 J = 0, N-NMIN0, NMIN0
              DO 105 K = 0, M-2, 2
              U=F(K,J+L+NMIN1)*W(L*MINN,1)
              F(K,J+L+NMIN1)=F(K,J+L)-U
              F(K,J+L)=F(K,J+L)+U
105           CONTINUE
110         CONTINUE
120       CONTINUE
        NMIN1=NMIN0
130     CONTINUE

C**** TRENNUNG DER ZUSAMMENGEFASST ****************
C**** TRANSFORMIERTEN DATEN         ****************

      DO 145 K = 0, M-2, 2
      U=F(K,0)
      F(K,0)=CMPLX(REAL(U),0.0)
      F(K+1,0)=CMPLX(AIMAG(U),0.0)
        DO 140 J = 1, N/2
        U=F(K,J)
        EW=F(K,N-J)
        F(K,J)=0.5*(U+CONJG(EW))
        F(K+1,J)=0.5*CMPLX(AIMAG(U+EW),REAL(EW-U))
        F(K,N-J)=CONJG(F(K,J))
        F(K+1,N-J)=CONJG(F(K+1,J))
140     CONTINUE
145   CONTINUE
```

Die Summation über jede zweite Zeile des Feldes wird in der innersten Schleife der FFT durchgeführt; dies muß man zusätzlich bei der Umspeicherung mit der Bit-Umkehrfunktion und der Trennung der zusammengefaßt transformierten Daten berücksichtigen. Die entsprechende Änderung bei der spaltenweisen FFT ist die Durchführung der Summation über die erste Hälfte der Spalten des Feldes statt als einmalige äußere Summation dann bei der Umspeicherung mit der Bit-Umkehrfunktion und innerhalb der innersten Schleife der FFT.

Auf der CDC Cyber 175 (Pipeliner) des Rechenzentrums der RWTH Aachen zum Beispiel reduziert sich dadurch bei optimierender Compilierung die Rechenzeit auf ungefähr 60 %, wobei die Größe des Datenfeldes natürlich auch noch eine Rolle spielt.

Folgendes Unterprogramm berechnet die Fourier-Umkehrtransformation eines höchstens 1024 x 1024-elementigen rechteckigen Feldes. Es setzt voraus, daß das zu erhaltende Datenfeld reell sein wird und nutzt die oben hergeleiteten Vereinfachungen dafür aus.

```
      SUBROUTINE RRFFT2 (TAUX, TAUY, F)

CCCCCCCCCCCCCCCCCCCCCCCCCCCCCCCCCCCCCCCCCCCCCCCCCCCCCCCCCCCCCCCCCCCCCCCCC
C                                                                       C
C     DIESES PROGRAMM RUECKTRANSFORMIERT EIN 2-DIMENSIONALES KOMPLEXES   C
C     FELD   F(J,K) , J=0,...,2**TAUX - 1 , K=0,...,2**TAUY - 1 , MIT    C
C     DER SCHNELLEN FOURIER-TRANSFORMATION ( F F T ) IN DAS REELLE FELD  C
C     REALTEIL( F(J,K) ) .                                              C
C                                                                       C
C   PARAMETER :                                                         C
C   ===========                                                         C
C                                                                       C
C   TAUX  _  DAS FELD  F  IST FUER ELEMENTE  F(J,K) , J=0, .. ,M-1 ,     C
C   TAUY     K=0, .. ,N-1 , MIT  M = 2**TAUX  UND  N = 2**TAUY           C
C            VEREINBART. ES MUSS  1 <= TAUX, TAUY <= 10  SEIN.           C
C               ( FUER  TAUX  ODER  TAUY > 10  MUSS NUR DIE DIMEN-       C
C                 SIONIERUNG DER FELDER  SIGMA  UND  W  AUF              C
C                 SIGMA(0:2**TAU-1)  UND  W(0:2**(TAU-1)-1,2)            C
C                 MIT  TAU = MAX (TAUX ; TAUY)  GEAENDERT WERDEN. )      C
C                                                                       C
C     F   -  DAS KOMPLEXE FELD  F  WIRD MIT DEN DISKRETEN FOURIERKOEF-   C
C            FIZIENTEN  F^(J,K)  IN FOLGENDER WEISE BELEGT               C
C             F(J,K)=F^(J,K)        , J=0, .. ,M/2-1  ; K=0, .. ,N/2-1   C
C              F(J,K)=F^(J-M,K)      , J=M/2, .. ,M-1  ; K=0, .. ,N/2-1  C
C              F(J,K)=F^(J,K-N)      , J=0, .. ,M/2-1  ; K=N/2, .. ,N-1  C
C              F(J,K)=F^(J-M,K-N)    , J=M/2, .. ,M-1  ; K=N/2, .. ,N-1  C
C            UEBERGEBEN, UND SEIN REALTEIL IST NACH ABLAUF DES PROGRAMMS C
C            MIT DEN REELLEN FUNKTIONSWERTEN UEBERSPEICHERT.             C
C                                                                       C
CCCCCCCCCCCCCCCCCCCCCCCCCCCCCCCCCCCCCCCCCCCCCCCCCCCCCCCCCCCCCCCCCCCCCCCCC

      INTEGER SIGMA(0:1023), TAUX, TAUY
      COMPLEX F(0:2**TAUX-1,0:2**TAUY-1), W(0:511,2), EW, U
      M=2**TAUX
      N=2**TAUY

C************************************************************
C     Z E I L E N W E I S E     F F T     D E S     F E L D E S
C************************************************************

C****  BERECHNUNG DER BIT-UMKEHRFUNKTION  *********
C*****   MIN N  = 2**( TAUY - KLEIN N )  **********
C*****  N MIN 1 = 2**( KLEIN N - 1 )     **********

      NMIN1=N
      MINN=1
      SIGMA(0)=0
      DO 20 KLEINN = TAUY, 1, -1
      NMIN1=NMIN1/2
        DO 10 J = 0, MINN-1
        SIGMA(J+MINN)=SIGMA(J)+NMIN1
   10   CONTINUE
      MINN=MINN+MINN
   20 CONTINUE

C**** BERECHNUNG ALLER BENOETIGTEN POTENZEN *******
C**** DER  2**TAUY - TEN EINHEITSWURZEL     *******

      PI=3.1415926535898
      EW=EXP(CMPLX(0.0,2.0*PI/REAL(N)))
      W(0,1)=CMPLX(1.0,0.0)
      DO 50 I = 1, N/2-1
      W(I,1)=W(I-1,1)*EW
   50 CONTINUE

C**** BERECHNUNG BEENDET ************************

      DO 140 K = 0, M/2

C**** UMSPEICHERUNG MIT DER BIT-UMKEHRFUNKTION ****

      DO 100 J = 0, N-1
      IF (SIGMA(J).LE.J) GOTO 100
      U=F(K,J)
      F(K,J)=F(K,SIGMA(J))
      F(K,SIGMA(J))=U
  100 CONTINUE

C**** UMSPEICHERUNG BEENDET *********************

C*****   MIN N  = 2**( TAUY - KLEIN N )  **********
C*****  N MIN 1 = 2**( KLEIN N - 1 )     **********
C*****  N MIN 0 = 2**( KLEIN N )         **********
```

```
      MINN=N
      NMIN1=1
        DO 130 KLEINN = 1, TAUY
        MINN=MINN/2
        NMIN0=NMIN1+NMIN1
          DO 120 L = 0, NMIN1-1
            DO 110 J = 0, N-NMIN0, NMIN0
            U=F(K,J+L+NMIN1)*W(L*MINN,1)
            F(K,J+L+NMIN1)=F(K,J+L)-U
            F(K,J+L)=F(K,J+L)+U
  110       CONTINUE
  120     CONTINUE
        NMIN1=NMIN0
  130   CONTINUE

  140 CONTINUE

C**** BERECHNUNG DER RESTLICHEN KOEFFIZIEN- *******
C**** TEN MIT HILFE DER BISHER BERECHNETEN  *******
C**** UNTER AUSNUTZUNG DER ZU BEGINN GUEL-  *******
C**** TIGEN KONJUGIERT KOMPLEXEN SYMMETRIE  *******

      DO 150 K = M/2+1, M-1
      F(K,0)=CONJG(F(M-K,0))
      DO 150 J = 1, N-1
      F(K,J)=CONJG(F(M-K,J))
  150 CONTINUE

C*****************************************************************
C     S P A L T E N W E I S E    F F T    D E S    F E L D E S
C*****************************************************************

C**** EVENTUELLE BERECHNUNG DER  BIT - UMKEHR- ****
C**** FUNKTION  UND DER BENOETIGTEN POTENZEN   ****
C**** DER  2**TAUX - TEN EINHEITSWURZEL (UNTER ****
C**** BEACHTUNG BEREITS BERECHNETER GROESSEN)  ****

      IF (TAUX.EQ.TAUY) THEN
        INDW2=1
      ELSE
        INDW2=2
        NMIN1=M
        MINN=1
        SIGMA(0)=0
        DO 170 KLEINN = TAUX, 1, -1
        NMIN1=NMIN1/2
          DO 160 J = 0, MINN-1
          SIGMA(J+MINN)=SIGMA(J)+NMIN1
  160     CONTINUE
        MINN=MINN+MINN
  170   CONTINUE
        IF (TAUX.GT.TAUY) THEN
          EW=EXP(CMPLX(0.0,2.0*PI/REAL(M)))
          IVIEL=M/N
          DO 180 I = 0, N/2-1
          W(I*IVIEL,2)=W(I,1)
          DO 180 J = 1, IVIEL-1
          W(I*IVIEL+J,2)=W(I*IVIEL+J-1,2)*EW
  180     CONTINUE
        ELSE
          IVIEL=N/M
          DO 190 I = 0, M/2-1
          W(I,2)=W(I*IVIEL,1)
  190     CONTINUE
        ENDIF
      ENDIF

C**** EVENTUELLE BERECHNUNG BEENDET **************

      DO 250 K = 0, N-2, 2

C**** UMSPEICHERUNG MIT DER BIT-UMKEHRFUNKTION ****
C**** ( GLEICHZEITIGE ZUSAMMENFASSUNG VON      ****
C****   ZWEI TRANSFORMIERTEN SPALTEN )         ****

      DO 200 J = 0, M-1
      IF (SIGMA(J).LT.J) GOTO 200
      U=F(J,K)+CMPLX(-AIMAG(F(J,K+1)),REAL(F(J,K+1)))
      F(J,K)=F(SIGMA(J),K)+
     #       CMPLX(-AIMAG(F(SIGMA(J),K+1)),REAL(F(SIGMA(J),K+1)))
      F(SIGMA(J),K)=U
  200 CONTINUE

C**** UMSPEICHERUNG BEENDET **********************

C*****    MIN N   = 2**( TAUX - KLEIN N )   **********
C*****   N MIN 1 = 2**( KLEIN N - 1 )       **********
C*****   N MIN 0 = 2**( KLEIN N )           **********
```

```
      MINN=M
      NMIN1=1
        DO 230 KLEINN = 1, TAUX
        MINN=MINN/2
        NMINO=NMIN1+NMIN1
          DO 220 L = 0, NMIN1-1
            DO 210 J = 0, M-NMINO, NMINO
            U=F(J+L+NMIN1,K)*W(L*MINN,INDW2)
            F(J+L+NMIN1,K)=F(J+L,K)-U
            F(J+L,K)=F(J+L,K)+U
210         CONTINUE
220       CONTINUE
        NMIN1=NMINO
230     CONTINUE

C**** TRENNUNG DER ZUSAMMENGEFASST ****************
C**** TRANSFORMIERTEN DATEN        ****************

      DO 240 J = 0, M-1
      F(J,K+1)=CMPLX(AIMAG(F(J,K)),0.0)
      F(J,K)=CMPLX(REAL(F(J,K)),0.0)
240   CONTINUE

250   CONTINUE

      R E T U R N
      END
```

Im Realteil des diesem Unterprogramm übergebenen komplexen $M \times N$-dimensionierten Feldes F , das die "verschobenen" diskreten Fourierkoeffizienten $F(k,\ell) = \beta_{M,N}(k,\ell)$, $k = 0,1,\ldots,M-1$ und $\ell = 0,1,\ldots,N-1$, enthält, stehen nach Ablauf des Programms die reellen Daten $F(j,k) = f(x_j,y_k)$, $j = 0,1,\ldots,M-1$ und $k = 0,1,\ldots,N-1$ $(M = 2^{\tau_x}$, $N = 2^{\tau_y})$. Weil das resultierende Datenfeld reell ist, erfüllen die diskreten Fourierkoeffizienten $\hat{f}_{M,N}(-k,-\ell) = \overline{\hat{f}_{M,N}(k,\ell)}$; dies heißt für die "verschobenen" Koeffizienten $\beta_{M,N}(k,0) = \overline{\beta_{M,N}(M-k,0)}$ und $\beta_{M,N}(k,\ell) = \overline{\beta_{M,N}(M-k,N-\ell)}$.
Die Tatsache, daß die Datenfolgen $\{f_0,f_1,\ldots,f_{M-1}\}$ und $\{\overline{f_0},\overline{f_{M-1}},\ldots,\overline{f_1}\}$ zueinander konjugiert komplexe diskrete Fourierkoeffizienten haben, nutzt man dann bei der zeilenweisen Rücktransformation aus, so daß dafür statt M nur $\frac{M}{2}+1$ eindimensionale Transformationen nötig sind. Da man weiß, daß nach der spaltenweisen Transformation die Daten reell sind, kann man je 2 Spalten, die gemäß (1.54) kombiniert werden, simultan transformieren, wobei man dann nach (1.53) die zwei reellen Datenfolgen erhält.

Auch dieses Programm lohnt sich für moderne Rechenanlagen zu vektorisieren. Dabei wird die Summation über die erste Hälfte der Zeilen des Feldes dann in der innersten Schleife der FFT und bei der Umspeicherung mit der Bit-Umkehrfunktion durchgeführt. Die Summation über jede zweite Spalte des Feldes erfolgt dann jeweils bei der Umspeicherung mit der Bit-Umkehrfunktion, innerhalb der innersten Schleife der FFT und bei der Trennung der zusammengefaßt transformierten Daten. Bei der CDC Cyber 175 des Rechenzentrums der RWTH Aachen reduziert sich dadurch bei optimierender Compilierung die Rechenzeit um gut ein Drittel.

1.5 ANWENDUNGEN DER FFT AUF NICHTPERIODISCHE PROZESSE

(Komplexwertige) Signale, die sich nichtperiodisch verhalten und womöglich über ganz $\mathbb{R}$ erstrecken, kann man mit Hilfe der unendlichen Fourier-Transformation analysieren. Diese Transformation läßt sich formal als Grenzfall aus der endlichen Fourier-Transformation gewinnen:
Unter bestimmten Voraussetzungen an die Funktion f (vgl. Satz 1.6) gilt mit den Fourierkoeffizienten

(1.57a) $$f^{\wedge}(k) = \frac{1}{X}\int_0^X f(x)\, e^{-2\pi ik\frac{x}{X}}\, dx = \frac{1}{X}\int_{-X/2}^{X/2} f(x)\, e^{-2\pi ik\frac{x}{X}}\, dx \quad ,$$

wobei die letzte Gleichheit für X-periodisches f aus (1.2) folgt, die Beziehung

(1.57b) $$f(x) = \sum_{k=-\infty}^{\infty} f^{\wedge}(k)\, e^{2\pi ik\frac{x}{X}} \quad .$$

Ersetzt man $\frac{k}{X}$ durch v_k, bezeichnet $\hat{f}(v_k)$ die Größe

$$\hat{f}(v_k) = X \cdot f^{\wedge}(k) = \int_{-X/2}^{X/2} f(x)\, e^{-2\pi iv_kx}\, dx$$

und setzt man $\Delta v_k = v_{k+1} - v_k = \frac{1}{X}$, so geht (1.57b) über in

$$f(x) = \sum_{k=-\infty}^{\infty} \hat{f}(v_k)\, e^{2\pi iv_kx} \cdot \frac{1}{X} = \sum_{k=-\infty}^{\infty} \hat{f}(v_k)\, e^{2\pi iv_kx}\, \Delta v_k \quad .$$

Ein formaler Grenzübergang $X \to \infty$ bei den letzten beiden Gleichungen führt auf

(1.58a) $$\hat{f}(v) = \int_{-\infty}^{\infty} f(x)\, e^{-2\pi ivx}\, dx \quad , \quad v \in \mathbb{R} \quad ,$$

die Fouriertransformierte von f, und

(1.58b) $$f(x) = \int_{-\infty}^{\infty} \hat{f}(v)\, e^{2\pi ivx}\, dv \quad .$$

Die beiden Gleichungen (1.58) sind z. B. dann gültig, wenn $|f|$ und $|\hat{f}|$ über $\mathbb{R}$ integrierbar sind und wenn f in x stetig ist; sonst nimmt das Integral in (1.58b) wie im periodischen Fall (Satz 1.6) den Mittelwert $(f^+(x) + f^-(x))\,/\,2$ des rechts- und linksseitigen Grenzwertes von f im Punkt x an.

Es fällt zunächst auf, daß man X-periodische Signale f nur in seine harmonischen Schwingungsanteile $f^\wedge(k)$, die zu den Frequenzen gehören, die ganzzahlige Vielfache der Grundfrequenz $\frac{1}{X}$ sind, zu zerlegen braucht; aus dem über $\mathbb{R}$ diskret verteilten Spektrum $\{f^\wedge(k) \mid k \in \mathbb{Z}\}$ läßt sich die periodische Funktion f nach (1.57b) rekonstruieren. Nichtperiodische Signale f muß man hingegen zur Charakterisierung nach (1.58a) in Schwingungsanteile $\hat{f}(v)$ mit allen reellen Frequenzen zerlegen, und zwischen der Funktion f und ihrem über $\mathbb{R}$ kontinuierlich verteilten Spektrum $\{\hat{f}(v) \mid v \in \mathbb{R}\}$ besteht dann der Zusammenhang (1.58b).

Durch die Kreisfrequenz $\omega = 2\pi v$ ausgedrückt findet man statt (1.58) auch

$$\hat{f}(\omega) = \int_{-\infty}^{\infty} f(x)\, e^{-i\omega x}\, dx \quad , \quad f(x) = \frac{1}{2\pi} \int_{-\infty}^{\infty} \hat{f}(\omega)\, e^{i\omega x}\, d\omega \quad ,$$

wobei es für bestimmte Zwecke noch sinnvoll sein kann, die Faktoren vor den beiden Integralen, hier 1 und $\frac{1}{2\pi}$, abzuändern mit der Einschränkung, daß das Produkt den Wert $\frac{1}{2\pi}$ ergibt (also etwa $1/\sqrt{2\pi}$ und $1/\sqrt{2\pi}$ als Faktoren zu wählen).

Die unendliche Fourier-Transformation hat genau solche Eigenschaften wie die endliche Fourier-Transformation, so zum Beispiel die Linearität: Die Fouriertransformierte der Funktion $\alpha f(x) + \beta g(x)$ $(\alpha, \beta \in \mathbb{C})$ ist gegeben durch $\alpha\hat{f}(v) + \beta\hat{g}(v)$. Auch energiemäßig besteht wieder ein Zusammenhang: Es ist

$$\int_{-\infty}^{\infty} |f(x)|^2\, dx = \int_{-\infty}^{\infty} |\hat{f}(v)|^2\, dv \quad .$$

Ist f über $\mathbb{R}$ absolut integrierbar, so ist $\hat{f}$ eine stetige Funktion, und für über alle Schranken wachsendes $|v|$ streben die Frequenzanteile $\hat{f}(v)$ gegen Null:

$$\lim_{|v| \to \infty} \hat{f}(v) = 0 \quad .$$

Die **Faltung auf $\mathbb{R}$** zweier nichtperiodischer Funktionen f und g ist durch

$$(1.59) \qquad (f * g)_{\mathbb{R}}(x) = \int_{-\infty}^{\infty} f(x - \xi)\, g(\xi)\, d\xi \quad , \quad x \in \mathbb{R} \quad ,$$

definiert. Die Faltung ist kommutativ, d. h. es ist $(f * g)(x) = (g * f)(x)$, und für die meisten Teilnehmer f und g ist sie eine stetige Funktion und verschwindet für $|x| \to \infty$; dies gilt z. B. dann, wenn $|f|^2$ und $|g|^2$ über $\mathbb{R}$ integrierbar sind. Die Fouriertransformierte der Faltung $(f * g)_{\mathbb{R}}$ läßt sich sehr einfach durch die Fouriertransformierten von f und g ausdrücken: Es gilt mit erlaubter Vertauschung der Integrationsreihenfolge

$$(f \hat{*} g)_{\mathbb{R}}(v) = \int_{-\infty}^{\infty} (f * g)_{\mathbb{R}}(x)\, e^{-2\pi i v x}\, dx$$

$$= \int_{-\infty}^{\infty} \int_{-\infty}^{\infty} f(x-\xi)\, g(\xi)\, e^{-2\pi i v(x-\xi)}\, e^{-2\pi i v \xi}\, d\xi\, dx$$

$$= \int_{-\infty}^{\infty} \left\{ \int_{-\infty}^{\infty} f(x-\xi)\, e^{-2\pi i v(x-\xi)} dx \right\} g(\xi)\, e^{-2\pi i v \xi}\, d\xi$$

$$= \int_{-\infty}^{\infty} \hat{f}(v)\, g(\xi)\, e^{-2\pi i v \xi}\, d\xi$$

$$= \hat{f}(v) \cdot \hat{g}(v) \qquad , \qquad v \in \mathbb{R} \quad .$$

Einen augenscheinlich gleichen Zusammenhang gibt es ja auch bei der zyklischen Faltung (vgl. Satz 1.4 (ii)).

Die **Korrelation auf $\mathbb{R}$** zweier nichtperiodischer Funktionen f und g ist über

$$(1.60) \qquad (f \circ g)_{\mathbb{R}}(x) = \int_{-\infty}^{\infty} f(x+\xi)\, \overline{g(\xi)}\, d\xi \quad , \quad x \in \mathbb{R} \quad ,$$

erklärt. Die Substitution $-\xi = u$ führt auf

$$(f \circ g)_{\mathbb{R}}(x) = \int_{-\infty}^{\infty} f(x-u)\, \overline{g(-u)}\, du \quad ,$$

so daß die Korrelation nichts anderes als eine Faltung mit einer am Nullpunkt gespiegelten konjugiert komplexen Funktion ist. Die mit der zyklischen Korrelation (Satz 1.5) vergleichbaren Eigenschaften sind hierbei $(f \circ g)_{\mathbb{R}}(x) = \overline{(g \circ f)_{\mathbb{R}}(-x)}$ und

$$(f \hat{\circ} g)_{\mathbb{R}}(v) = \hat{f}(v) \cdot \overline{\hat{g}(v)} \quad , \quad v \in \mathbb{R} \quad .$$

Haben beide betrachteten nichtperiodischen Funktionen f und g einen kompakten Träger, das heißt, sind die Funktionswerte von f und g nur innerhalb endlicher Intervalle ungleich Null, so kann man geschickt einen Zusammenhang mit der endlichen Fourier-Transformation und dem entsprechenden zyklischen Faltungs- und Korrelationsbegriff herstellen. Da sich die zyklische Faltung und die zyklische Korrelation diskret sehr effektiv mit der FFT berechnen lassen, kann man über diesen Zusammenhang die FFT auch im nichtperiodischen Fall effizient einsetzen.

Wir betrachten dazu zunächst die in Abschnitt 1.1 periodisch behandelten Funktionen

$$f(x) = |\sin x| \quad , \quad x \in [0,\pi] \; ,$$

$$g(x) = \begin{cases} 1/2 & , \quad x = 0 \\ (\pi - x)/\pi & , \quad x \in (0,\pi] \end{cases} \; ,$$

die nun beide außerhalb des Intervalls $[0,\pi]$ überall den Wert Null haben sollen.

Für die Fouriertransformierte von f erhält man mit Partieller Integration

$$\hat{f}(v) = \int_{-\infty}^{\infty} f(x)\, e^{-2\pi ivx}\, dx = \int_0^{\pi} \sin x\; e^{-2\pi ivx}\, dx$$

$$= -\cos x\; e^{-2\pi ivx}\Big|_0^{\pi} - 2\pi iv \int_0^{\pi} \cos x\; e^{-2\pi ivx}\, dx$$

$$= e^{-2\pi^2 iv} + 1 - 2\pi iv \left\{ \sin x\; e^{-2\pi ivx}\Big|_0^{\pi} + 2\pi iv \int_0^{\pi} \sin x\; e^{-2\pi ivx}\, dx \right\} .$$

Auf der rechten Seite taucht das Integral für $\hat{f}(v)$ noch einmal auf, so daß schließlich

$$(1 - 4\pi^2 v^2)\, \hat{f}(v) = e^{-2\pi^2 iv} + 1$$

oder für $|v| \neq \frac{1}{2\pi}$

$$\hat{f}(v) = \frac{e^{-2\pi^2 iv} + 1}{1 - 4\pi^2 v^2} = \frac{\cos(2\pi^2 v) + 1}{1 - 4\pi^2 v^2} - i\, \frac{\sin(2\pi^2 v)}{1 - 4\pi^2 v^2}$$

folgt. Die Fouriertransformierte von g ist für $v \neq 0$ gegeben durch

$$\hat{g}(v) = \int_{-\infty}^{\infty} g(x)\, e^{-2\pi ivx}\, dx = \int_0^{\pi} (1 - \frac{x}{\pi})\, e^{-2\pi ivx}\, dx$$

$$= \frac{1}{-2\pi iv}\, e^{-2\pi ivx}\Big|_0^{\pi} - \frac{1}{\pi}\left\{ \frac{1}{-2\pi iv}\, x\, e^{-2\pi ivx}\Big|_0^{\pi} + \frac{1}{2\pi iv}\int_0^{\pi} e^{-2\pi ivx}\, dx \right\}$$

$$= \frac{i}{2\pi v}\left(e^{-2\pi^2 iv} - 1\right) - \frac{i}{2\pi v}\, e^{-2\pi^2 iv} - \frac{1}{4\pi^3 v^2}\left(e^{-2\pi^2 iv} - 1\right)$$

$$= \frac{1}{4\pi^3 v^2}\left(1 - e^{-2\pi^2 iv}\right) - \frac{i}{2\pi v}$$

$$= \frac{1 - \cos(2\pi^2 v)}{4\pi^3 v^2} + i\, \frac{\sin(2\pi^2 v) - 2\pi^2 v}{4\pi^3 v^2} \quad .$$

Bild 1.18 zeigt die nichtperiodischen Funktionen f und g und deren Amplituden-Spektren $|\hat{f}|$ und $|\hat{g}|$. Die Faltung dieser beiden Funktionen führt auf

$$(f * g)_{\mathbb{R}}(x) = \int_{-\infty}^{\infty} f(x-\xi)\, g(\xi)\, d\xi = \int_0^{\pi} f(x-\xi)\, \frac{1}{\pi}(\pi - \xi)\, d\xi \quad .$$

Für $0 \leq x \leq \pi$ ist

$$(f * g)_{\mathbb{R}}(x) = \int_0^{x} \sin(x-\xi)\, \frac{1}{\pi}(\pi - \xi)\, d\xi$$

$$= 1 - \frac{1}{\pi}\, x - \cos x + \frac{1}{\pi}\sin x \quad ,$$

und für $\pi < x \leq 2\pi$ ist

$$(f * g)_{\mathbb{R}}(x) = \int_{x-\pi}^{\pi} \sin(x-\xi)\, \frac{1}{\pi}(\pi - \zeta)\, d\xi$$

$$= 2 - \frac{1}{\pi}\, x + \frac{1}{\pi}\sin x \quad ;$$

außerhalb des Intervalls $[0,2\pi]$ verschwindet die Faltung. Für die Korrelation von f und g folgt genauso

$$(f \circ g)_{\mathbb{R}}(x) = \int_{-\infty}^{\infty} f(x+\xi)\, \overline{g(\xi)}\, d\xi = \int_0^{\pi} f(x+\xi)\, \frac{1}{\pi}(\pi - \xi)\, d\xi \quad ,$$

das heißt für $-\pi \leq x \leq 0$

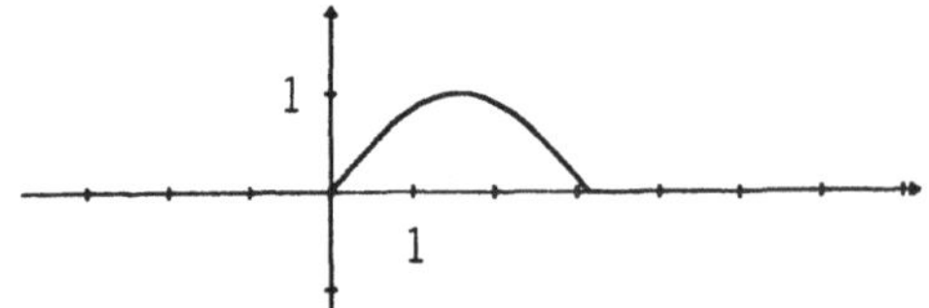

nichtperiodische Funktion f

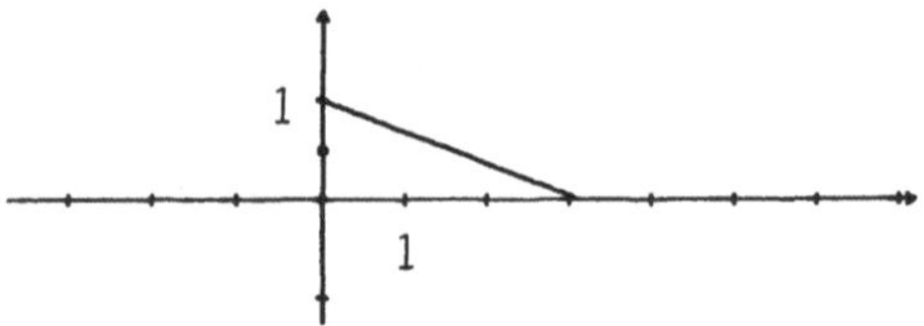

nichtperiodische Funktion g

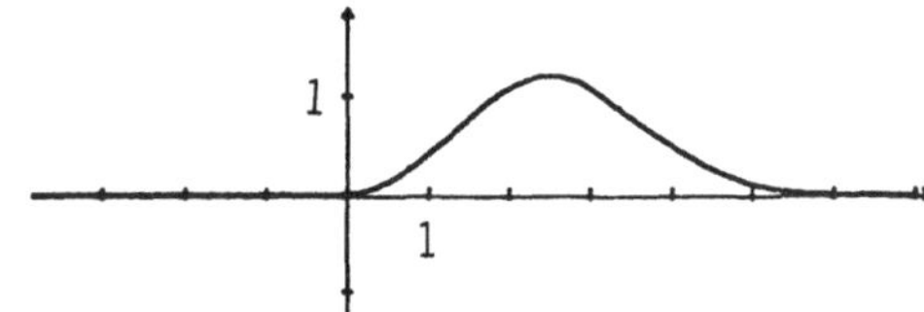

Faltung $(f * g)_{\mathbb{R}}$

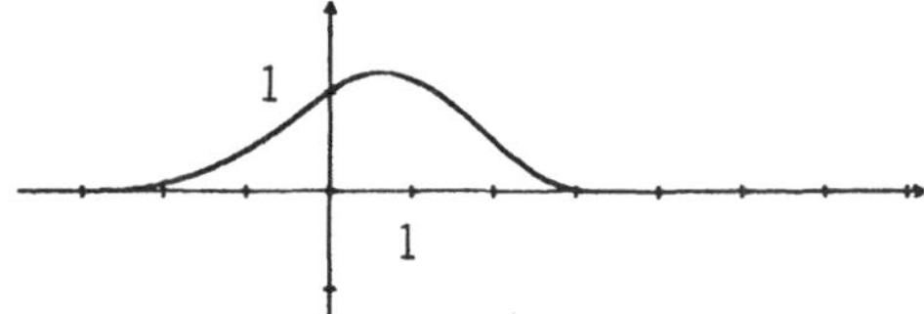

Korrelation $(f \circ g)_{\mathbb{R}}$

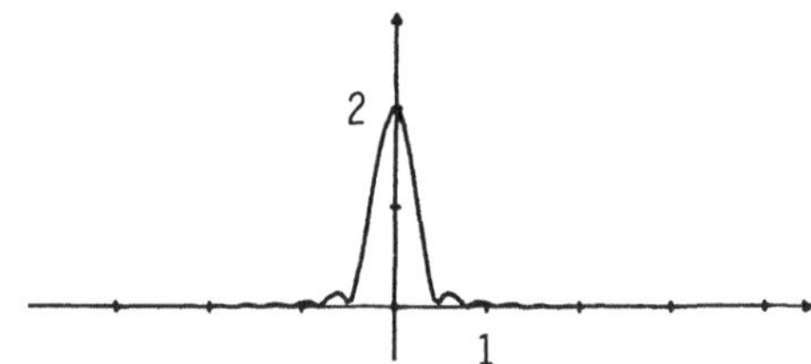

Absolutbetrag der Fourier-transformierten von f

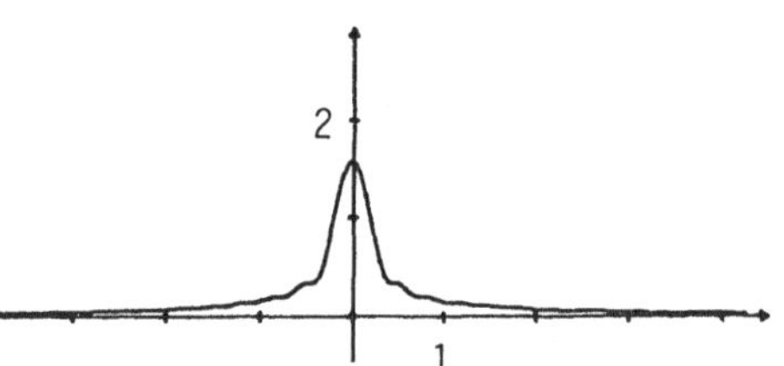

Absolutbetrag der Fourier-transformierten von g

Bild 1.18

$$(f \circ g)_{\mathbb{R}}(x) = \int_{-x}^{\pi} \sin(x+\xi)\, \frac{1}{\pi}(\pi - \xi)\, d\xi = 1 + \frac{1}{\pi}\, x + \frac{1}{\pi} \sin x$$

und für $0 < x \leq \pi$

$$(f \circ g)_{\mathbb{R}}(x) = \int_{0}^{\pi - x} \sin(x+\xi)\, \frac{1}{\pi}(\pi - \xi)\, d\xi = \frac{1}{\pi}\, x + \cos x + \frac{1}{\pi} \sin x \quad ;$$

nur für diese x-Werte hat die Korrelation Werte ungleich Null.
Bild 1.18 zeigt auch diese Faltungs- und Korrelationsfunktion; ein Ver-

gleich mit Bild 1.4 scheint noch keinen offensichtlichen Zusammenhang mit den entsprechenden zyklischen Verknüpfungen erkennen zu lassen.

Der Zusammenhang der Fouriertransformierten $\hat{f}(v)$ und $\hat{g}(v)$ von f und g zur endlichen Fourier-Transformation von f und g, die nach einem Beispiel in Abschnitt 1.1 die Koeffizienten

$$f^{\wedge}(k) = -\frac{2}{\pi}\cdot\frac{1}{4k^2-1} \quad , \quad k \in \mathbb{Z}$$

$$g^{\wedge}(k) = \begin{cases} 1/2 & , \quad k = 0 \\ -\frac{i}{2\pi k} & , \quad k \neq 0 \end{cases} \quad , \quad k \in \mathbb{Z}$$

liefert, ist folgender:
Wertet man die Fouriertransformierten nur in den im periodischen Fall benötigten Frequenzen $\frac{k}{\pi}$ aus, die ganzzahlige Vielfache der Grundfrequenz $\frac{1}{\pi}$ sind, so hat man bis auf den Faktor $\frac{1}{\pi}$ die Fourierkoeffizienten:

$$f^{\wedge}(k) = \frac{1}{\pi}\hat{f}\left(\frac{k}{\pi}\right) \quad ,$$

$$g^{\wedge}(k) = \frac{1}{\pi}\hat{g}\left(\frac{k}{\pi}\right) \quad .$$

Allgemein sieht dieser Zusammenhang so aus: Ist $f(x)$ ein Signal, welches für alle x außerhalb eines Intervalls $[a,b]$ verschwindet, sind $f^{\wedge}(k)$ die Fourierkoeffizienten von f, wobei dazu f als periodisch mit der Periode $X = b-a$ fortgesetzt gedacht sei, und ist $\hat{f}(v)$ die Fouriertransformierte von f, so gilt

$$(1.61) \qquad f^{\wedge}(k) = \frac{1}{X}\hat{f}\left(\frac{k}{X}\right) \quad , \quad k \in \mathbb{Z} \quad .$$

Man kann so mit der FFT, die ja (gute) Näherungen $f_M^{\wedge}(k)$ für die Koeffizienten $f^{\wedge}(k)$ liefert, an gleichverteilten Stellen $\frac{k}{X}$ Näherungswerte für die Fouriertransformierte der Funktion f bestimmen:

$$\hat{f}\left(\frac{k}{X}\right) \approx X \cdot f_M^{\wedge}(k) \quad , \quad k = -\frac{M}{2},\ldots,\frac{M}{2}-1 \quad .$$

Ist die Intervallgrenze a ungleich 0, so ist für die FFT der durch periodische Fortsetzung von f entstehende Ausschnitt auf dem Intervall $[0,X)$ mit $X = b-a$ zu nehmen. Wegen

$$f^{\wedge}(k) = \frac{1}{X}\int_0^X f(x)\, e^{-2\pi i k \frac{x}{X}}\, dx = e^{-2\pi i k \frac{a}{X}}\, \frac{1}{X}\int_{-a}^{-a+X} f(x+a)\, e^{-2\pi i k \frac{x}{X}}\, dx$$

$$= e^{-2\pi i k \frac{a}{X}}\, \frac{1}{X}\int_0^X f(x+a)\, e^{-2\pi i k \frac{x}{X}}\, dx$$

kann man aber auch so vorgehen:
Man stellt zu vorgegebenem Inkrement Δx den Vektor

$$F(j) = f(a + j\,\Delta x) \quad , \quad j = 0,1,\ldots,M-1 \quad ,$$

auf, wobei $a + (M-1)\,\Delta x \geq b$ und zum effektiven Einsatz der FFT $M = 2^{\tau}$ für ein $\tau \in \mathbb{N}$ sei. Mit dessen diskreten Fourierkoeffizienten $F_M^{\wedge}(k)$ gilt dann mit $X = M\cdot\Delta x$

$$\hat{f}\left(\frac{k}{X}\right) \approx X \cdot e^{-2\pi i k \frac{a}{X}}\, F_M^{\wedge}(k) \quad , \quad k = -\frac{M}{2},\ldots,\frac{M}{2}-1 \quad .$$

Ein Zusammenhang von Faltung und Korrelation der Funktionen f und g zu den entsprechenden zyklischen Verknüpfungen kann so hergestellt werden: Die nichtperiodischen Funktionen f und g verschwinden jeweils außerhalb des Intervalls $[0,\pi]$, und deren Faltung $(f * g)_{\mathbb{R}}$ und Korrelation $(f \circ g)_{\mathbb{R}}$ ist für Punkte außerhalb des Intervalls $[0,2\pi]$ bzw. $[-\pi,\pi]$ überall gleich Null. Um diese Funktionen als Periode bzw. Ausschnitt einer Periode eines periodischen Vorgangs gewinnen zu können, muß mindestens eine Periodenlänge von 2π zugrundeliegen. Betrachtet man von den auf $\mathbb{R}$ definierten nichtperiodischen Funktionen f und g nur deren Ausschnitt auf dem Intervall $[0,2\pi)$

$$f(x) = \begin{cases} \sin x & , \quad x \in [0,\pi] \\ 0 & , \quad x \in (\pi,2\pi) \end{cases}$$

$$g(x) = \begin{cases} 1/2 & , \quad x = 0 \\ (\pi - x)/\pi & , \quad x \in (0,\pi] \\ 0 & , \quad x \in (\pi,2\pi) \end{cases}$$

und denkt sie sich 2π-periodisch fortgesetzt, so ist deren zyklische Faltung

$$(f * g)(x) = \frac{1}{2\pi}\int_0^{2\pi} f(x-\xi)\, g(\xi)\, d\xi$$

im Intervall $[0,2\pi]$ bis auf den Faktor $\frac{1}{2\pi}$ durch die Faltung $(f * g)_{\mathbb{R}}$ gegeben, d. h. es gilt

$$(f * g)_{\mathbb{R}}(x) = 2\pi \cdot (f * g)(x) \quad , \quad x \in [0,2\pi] \quad .$$

Die zyklische Korrelation der beiden auf $[0,2\pi)$ festgelegten Funktionen f und g

$$(f \circ g)(x) = \frac{1}{2\pi} \int_0^{2\pi} f(x+\xi)\, \overline{g(\xi)}\, d\xi$$

ist 2π-periodisch und stimmt bis auf den Faktor $\frac{1}{2\pi}$ mit der Korrelation $(f \circ g)_{\mathbb{R}}$ überein; genauer gilt, wenn man $f \circ g$ nur auf $[0,2\pi)$ betrachtet,

$$(f \circ g)_{\mathbb{R}}(x) = \begin{cases} 2\pi(f \circ g)(x) & , \quad x \in [0,\pi] \\ 2\pi(f \circ g)(x+2\pi) & , \quad x \in [-\pi,0) \end{cases} .$$

Für die Korrelation wäre es auch möglich gewesen, statt auf $[0,2\pi)$ den Ausschnitt von f auf $[-\pi,\pi)$ zu betrachten und dann um π nach rechts zu verschieben; dieser Ausschnitt zeigt dann eine Funktion, die auf $[0,\pi)$ den Wert 0 hat und im Intervall $[\pi,2\pi)$ durch $\sin(x-\pi) = |\sin x|$ gegeben ist. Die zyklische Korrelation von obigem Ausschnitt von g auf $[0,2\pi)$ mit der so aus f gewonnenen Funktion auf $[0,2\pi)$ ergibt dann bis auf den Faktor 2π die Korrelation $(f \circ g)_{\mathbb{R}}$, wenn man den auf $[0,2\pi)$ gegebenen Ausschnitt der zyklischen Korrelation noch um π nach links verschiebt, also über das Intervall $[-\pi,\pi)$ legt. Dieses Vorgehen erweist sich gerade im wichtigen diskreten Fall als günstiger.

Man hätte von den nichtperiodischen Funktionen f und g auch einen Ausschnitt auf einem größeren Intervall, etwa $[0,11)$, nehmen können; z. B. die zyklische Faltung dieser beiden Funktionen würde dann bis auf den Faktor 11 mit der Faltung $(f * g)_{\mathbb{R}}$ übereinstimmen. Da man aber weiß, daß außerhalb des Intervalls $[0,2\pi]$, also hier im Intervall $(2\pi,11)$, der Wert der Faltung gleich Null ist, berechnet man die Faltung auf einem Teilbereich, wo man sie schon kennt. Man macht dadurch allerdings - und das ist für den diskreten Fall wichtig - nichts verkehrt.

Verschwindet allgemein die Funktion f außerhalb des endlichen Intervalls $[a,b]$ und gilt das gleiche für die Funktion g mit dem endlichen Intervall $[c,d]$, so folgt für deren Faltung

$$(f * g)_{\mathbb{R}}(x) = \int_c^d f(x-\xi)\, g(\xi)\, d\xi \quad .$$

Die Forderung, daß das Argument $x-\xi$ von f in $[a,b]$ für $\xi \in [c,d]$ liegt, führt dazu, daß sowohl $x \geq a+\xi \geq a+c$ und $x \leq b+\xi \leq b+d$ als auch $x-b \leq \xi \leq x-a$ neben $c \leq \xi \leq d$ gilt. Damit hat die Faltung $(f * g)_{\mathbb{R}}(x)$ Werte ungleich Null höchstens für $a+c \leq x \leq b+d$, und es ist

$$(1.62) \qquad (f * g)_{\mathbb{R}}(x) = \begin{cases} \displaystyle\int_{u(x)}^{o(x)} f(x-\xi)\, g(\xi)\, d\xi \quad , & x \in [a+c,b+d] \\ 0 & \text{sonst} \end{cases}$$

mit der unteren Grenze $u(x) = \max\{x-b;c\}$ und der oberen Grenze $o(x) = \max\{x-a;d\}$. Das Intervall $[a+c,b+d]$, auf dem die Faltung von f und g von Interesse ist, ist genauso lang wie die beiden Intervalle $[a,b]$ und $[c,d]$ zusammen, die ja ausreichen, um über sie die Funktionen f und g zu beschreiben. Um die Faltung über eine zyklische Verknüpfung zu gewinnen, braucht man also von f und g einen Auschnitt über jeweils ein Intervall, das mindestens so lang ist wie das Intervall $[a+c,b+d]$ und das gleichzeitig den von Null verschiedenen Ausschnitt von f bzw. g enthält.

Im diskreten Fall kann man deshalb so vorgehen:
Kennt man bei vorgegebenem Inkrement Δx von der Funktion f in $M+1$ gleichverteilten Punkten die Funktionswerte $f_j = f(a + j\,\Delta x)$, $j = 0,1,\ldots,M$, wobei $a + M\,\Delta x \geq b$ sei, und sind von der Funktion g in $N+1$ genauso gleichverteilten Punkten die Funktionswerte $g_j = g(c + j\,\Delta x)$, $j = 0,1,\ldots,N$, bekannt, wobei $c + N\,\Delta x \geq d$ erfüllt sei, so bildet man mit einer natürlichen Zahl $L \geq M+N+1$, die man zum effektiven Einsatz der FFT als eine Zweierpotenz, $L = 2^\tau$, wählt (also als τ etwa die nächste ganze Zahl oberhalb von $\log(M+N+1)/\log(2)$), die Vektoren

$$F(j) = \begin{cases} f_j \quad , & j = 0,1,\ldots,M \\ 0 \quad , & j = M+1,\ldots,L-1 \end{cases}$$

und

$$G(j) = \begin{cases} g_j \quad , & j = 0,1,\ldots,N \\ 0 \quad , & j = N+1,\ldots,L-1 \end{cases}$$

der Länge L und berechnet deren diskrete zyklische Faltung. Dies geschieht mit den Sätzen 1.8 (ii) und 1.10 sehr effizient dadurch, daß man zuerst mit der FFT die diskreten Fourierkoeffizienten $F_L^\wedge(k)$ und $G_L^\wedge(k)$ der Datensätze F und G bestimmt, punktweise die Produkte

$$H_L^\wedge(k) = F_L^\wedge(k) \cdot G_L^\wedge(k)$$

aller sich entsprechenden Koeffizienten bildet und diesen Datensatz dann mit Hilfe der FFT wieder rücktransformiert. Die daraus resultierenden Daten $H(j)$, $j = 0,1,\dots,L-1$, sind bis auf einen Faktor Näherungen für gleichverteilte Werte der Faltung $(f * g)_{\mathbb{R}}$; genauer gilt

$$(f * g)_{\mathbb{R}}(x_j) \approx X \cdot H(j) \quad , \quad j = 0,1,\dots,M+N \quad ,$$

mit $x_j = a + c + j\,\Delta x$ und dem Faktor $X = L \cdot \Delta x$. Diese Werte sind mit dem gleichen Abstand Δx gleichverteilt wie die Funktionswerte von f und g . Die letzten Werte $X \cdot H(M+N+1),\dots,X \cdot H(L-1)$, die sich im Fall $L > M+N+1$ ergeben, entsprechen Werten $(f * g)_{\mathbb{R}}(x)$ für Punkte x außerhalb des Intervalls $[a+c,b+d]$ und sind, von Rundungsfehlern abgesehen, gleich Null.

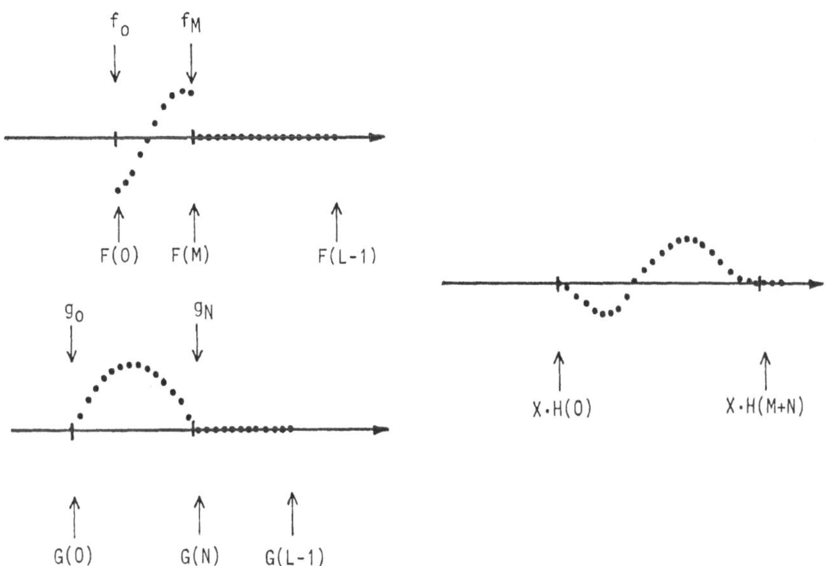

Bild 1.19: Zur diskreten Faltung

Für die Korrelation der Funktion f , die außerhalb des Intervalls $[a,b]$ verschwindet, mit der Funktion g , die außerhalb von $[c,d]$ überall gleich

Null ist, gilt

$$(f \circ g)_{\mathbb{R}}(x) = \int_{c}^{d} f(x+\xi)\,\overline{g(\xi)}\,d\xi \quad ,$$

und da f nur für Argumente aus $[a,b]$ von Interesse ist, hat man sowohl $x \geq a-\xi \geq a-d$ und $x \leq b-\xi \leq b-c$ als auch $a-x \leq \xi \leq b-x$ neben $c \leq \xi \leq d$. Die Korrelation verschwindet also außerhalb des Intervalls $[a-d,b-c]$; genauer ist

$$(1.63) \qquad (f \circ g)_{\mathbb{R}}(x) = \begin{cases} \int_{u(x)}^{o(x)} f(x+\xi)\,\overline{g(\xi)}\,d\xi \quad , & x \in [a-d,b-c] \\ 0 & \text{sonst} \end{cases}$$

mit den Integrationsgrenzen $u(x) = \max\{a-x;c\}$ und $o(x) = \min\{b-x;d\}$. Wie bei der Faltung ist das interessierende Intervall $[a-d,b-c]$ für die Korrelation genauso lang wie die beiden Intervalle $[a,b]$ und $[c,d]$ von f bzw. g zusammen.

Kennt man wieder in gleichverteilten Punkten die Funktionswerte $f_j = f(a + j\,\Delta x)$, $j = 0,1,\dots,M$, mit $a + M\,\Delta x \geq b$ und $g_j = g(c + j\,\Delta x)$, $j = 0,1,\dots,N$, mit $c + N\,\Delta x \geq d$, so bildet man mit einer natürlichen Zahl L $(= 2^{\tau})$, die $L \geq M+N+1$ erfüllt, die Vektoren

$$F(j) = \begin{cases} 0 & , \quad j = 0,1,\dots,N-1 \\ f_{j-N} & , \quad j = N,\dots,M+N \\ 0 & ; \quad j = M+N+1,\dots,L-1 \end{cases}$$

und

$$G(j) = \begin{cases} g_j & , \quad j = 0,1,\dots,N \\ 0 & , \quad j = N+1,\dots,L-1 \end{cases}$$

der Länge L ; die Daten der Funktion f werden also in den Vektor F um die Anzahl der Daten von g minus 1 verschoben eingebettet. Zur Bildung der diskreten zyklischen Korrelation von F und G bestimmt man nach den Sätzen 1.9 (ii) und 1.10 zuerst mit der FFT deren diskrete Fourierkoeffizienten $F_L^{\wedge}(k)$ und $G_L^{\wedge}(k)$, bildet damit dann die L Größen

$$H_L^{\wedge}(k) = F_L^{\wedge}(k) \cdot \overline{G_L^{\wedge}(k)}$$

und rücktransformiert diese anschließend wieder mit Hilfe der FFT. Mit den so gewonnenen Näherungen $H(j)$ gilt

$$(f \circ g)_{\mathbb{R}}(x_j) \approx X \cdot H(j) \quad , \quad j = 0,1,\ldots,M+N \quad ,$$

mit $x_j = a - c - (N-j)\,\Delta x$ und dem Faktor $X = L \cdot \Delta x$; für $c + N\,\Delta x = d$ stimmt der erste Punkt x_0 dann mit $a-d$, dem linken Intervallpunkt des Intervalls, auf dem die Korrelation von Interesse ist, überein. Die im Falle $L > M+N+1$ vorhandenen restlichen Größen $H(M+N+1),\ldots,H(L-1)$ gehören zu Werten der Korrelation $(f \circ g)_{\mathbb{R}}$ außerhalb des Intervalls $[a-d,b-c]$ und sind daher ohne Beachtung von Rundungsfehlern gleich Null.

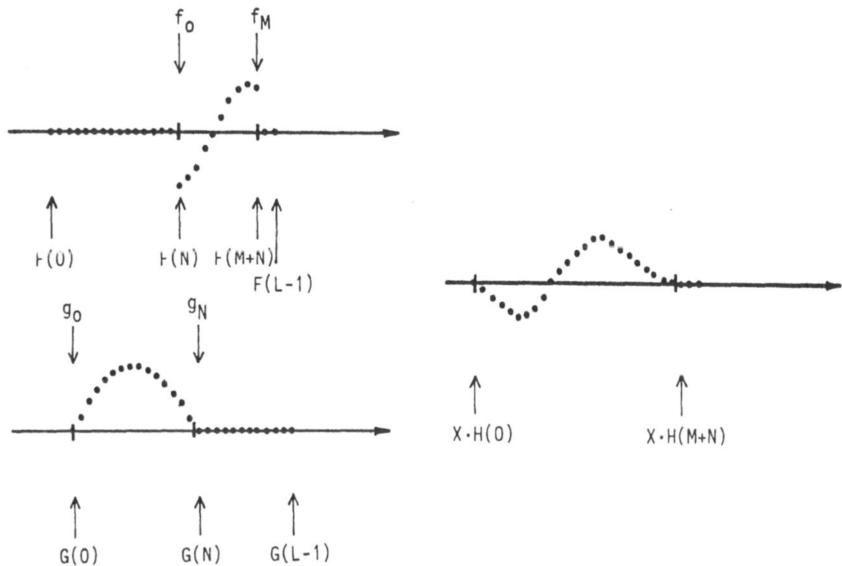

Bild 1.20: Zur diskreten Korrelation

1.6 LITERATUR

Tiefgreifende theoretische Betrachtungen enthalten

BUTZER, P.L.; NESSEL, R.J.:

Fourier Analysis and Approximation
I: One-dimensional Theory , Birkhäuser Verlag, Basel (1971)
II: Multi-dimensional Theory (erscheint demnächst(?))

STEIN, E.M; WEISS, G.:

Introduction to Fourier Analysis in Euclidean Spaces
Princeton University Press, Princeton, New Yersey (1971)

Die theoretischen Grundlagen des kontinuierlichen Teils dieses Kapitels sind darin enthalten. Ein Klassiker unter den Lehrbüchern über diesen Stoff ist

ZYGMUND, A.:

Trigonometric Series, Volume I, II, 2. Auflage
Cambridge University Press, Cambridge (Reprint 1977)

Aufgrund der Betonung qualitativer mathematischer Aspekte sprechen diese Bücher keine Ingenieure an.
Leichter verständlich, nicht so umfassend und nur eindimensional behandelt folgendes Buch die mathematischen Grundlagen dieses Kapitels

YUEN, C.K.; FRASER, D.:

Digital Spectral Analysis
Pitman, San Francisco, London (1979)

Tabellen von Fourierkoeffizienten vieler Funktionen enthält

OBERHETTINGER, F.:

Fourier Expansion, a Collection of Formulas
Academic Press, New York-London (1973)

Zwei gute ingenieurorientierte und leicht verständliche Bücher, die sich teilweise mit dem hier behandelten Stoff auseinandersetzen, sind:

AHMED, N.; RAO, K.R.:

Orthogonal Transforms for Digital Signal Processing
Springer-Verlag, Berlin-Heidelberg-New York (1975)

BRIGHAM, E.O.:

The Fast Fourier Transform
Prentice Hall, Englewood Cliffs (1974)

Die Schnelle Fourier-Transformation (FFT) wurde mit dem Artikel

COOLEY, J.W.; TUKEY, J.W.:

An Algorithm for Machine Calculation of Complex Fourier Series
Mathematics of Computations, Vol.19 (1965), 297-301

geboren und ist gut beschrieben in

STOER, J.:

Einführung in die Numerische Mathematik I, 3. Auflage
Springer-Verlag, Berlin-Heidelberg-New York (1979)

2. DIE ENDLICHE WALSH-TRANSFORMATION

Insbesondere die für die Anwendung wichtige diskrete Fourier-Transformation ist im Prinzip problemlos einzusetzen. Allerdings ist der Aufwand noch relativ groß und wächst enorm, wenn man diese Transformation im mehrdimensionalen Fall durchführen will.

So ist zum Beispiel die Untersuchung digitaler Bilder mittels der diskreten Fourier-Analyse durch die Schnelle Fourier-Transformation (FFT) möglich geworden, wohl aber mit einigem Aufwand. Bei einem zugrundeliegenden reellen quadratischen Datenfeld ($M = N = 2^\tau$), das zur Bestimmung der diskreten Fourierkoeffizienten separabel erst zeilenweise und dann spaltenweise transformiert wird, sind pro eindimensionaler Transformation $\frac{1}{2}\tau \cdot 2^\tau$ komplexe Multiplikationen und doppelt so viele komplexe Additionen erforderlich (s. Kapitel 1.4).
Nutzt man aus, daß die Daten reell sind, so sind $\frac{M}{2} = 2^{\tau-1}$ zeilenweise und $\frac{N}{2} + 1 = 2^{\tau-1} + 1$ spaltenweise eindimensionale Transformationen nötig; für die Umkehrtransformation ist die Summe der eindimensionalen Transformationen gleich $\frac{M}{2} + 1 + \frac{N}{2}$ (vgl. Kapitel 1.4). Außerdem werden bei der Berechnung der benötigten Potenzen der 2^τ-ten Einheitswurzel noch $2^{\tau-1} - 1$ Multiplikationen benötigt.

Für die Bestimmung der diskreten Fourierkoeffizienten eines $2^\tau \times 2^\tau$-großen reellen Datenfeldes werden also insgesamt

$$(2^{\tau-1} + 2^{\tau-1} + 1)\,\frac{1}{2}\,\tau\, 2^\tau + 2^{\tau-1} - 1 = 2^{\tau-1}(\tau\, 2^\tau + \tau + 1) - 1$$

komplexe Multiplikationen und

$$(2^{\tau-1} + 2^{\tau-1} + 1)\,\tau\, 2^\tau = (2^\tau + 1)\,\tau\, 2^\tau \qquad \text{komplexe Additionen}$$

durchgeführt. Bei einem 512 x 512-elementigen Datenfeld (d.h. $\tau = 9$) sind dies 1 182 207 komplexe Multiplikationen und 2 363 904 komplexe Additionen. Ein Produkt von zwei komplexen Zahlen $x_1 + iy_1$ und $x_2 + iy_2$ ($i = \sqrt{-1}$) benötigt i. a. 4 reelle Multiplikationen und 2 reelle Additionen

$$(x_1 + iy_1)(x_2 + iy_2) = x_1\, x_2 - y_1\, y_2 + i(x_1\, y_2 + x_2\, y_1) \quad .$$

Selbst wenn man im Hinblick auf die Anzahl reeller Multiplikationen das komplexe Produkt optimiert, sind noch 3 reelle Multiplikationen erforderlich. Denn bildet man die reellen Produkte

$P1 = x_1 x_2$, $P2 = y_1 y_2$, $P3 = (x_1 + y_1)(x_2 + y_2)$,

so ist

$$(x_1 + iy_1)(x_2 + iy_2) = P1 - P2 + i(P3 - P1 - P2) \quad ;$$

dabei braucht man allerdings statt 2 dann insgesamt 5 Additionen.

Bei einem reellen Datenfeld der Größe $2^\tau \times 2^\tau$ kommt man so zur Bestimmung der diskreten Fourierkoeffizienten auf

$2^{\tau+1}(\tau\, 2^\tau + \tau + 1) - 4$ reelle Multiplikationen

und

$2^\tau(3\tau\, 2^\tau + 3\tau + 1) - 2$ reelle Additionen

beziehungsweise auf

$3 \cdot 2^{\tau-1}(\tau\, 2^\tau + \tau + 1) - 3$ reelle Multiplikationen

und

$2^{\tau-1}(9\tau\, 2^\tau + 9\tau + 5) - 5$ reelle Additionen .

Für ein reelles 512×512-elementiges Datenfeld sind dies 4 728 828 Multiplikationen und 7 092 222 Additionen bzw. 3 546 621 Multiplikationen und 10 638 843 Additionen. Für die Umkehrtransformation gilt das gleiche. (Unberücksichtigt sind noch die Berechnung der Bit-Umkehrfunktion und bei der Transformation die Normierung der Daten durch die Multiplikation mit $2^{-\tau}$ sowie der Aufwand zum Zusammenfassen und Trennen von (rück-)transformierten Zeilen bzw. Spalten des Feldes geblieben.)
Die Hoffnung, daß sich die diskreten Fourierkoeffizienten durch einen noch effektiveren Algorithmus als den der FFT (Fast Fourier Transform) unter weitaus weniger Aufwand berechnen lassen, wird durch Komplexitätsuntersuchungen zunichte gemacht. Zudem läßt sich bei diesem Algorithmus die komplexe Rechnung nicht vermeiden.

Ist man aber daran interessiert, unter möglichst geringen qualitativen Verlusten und gleichzeitig mit möglichst wenig Aufwand Funktionen oder Daten Informationen über gewisse periodische Eigenschaften zu entnehmen, die denen der (diskreten) Fourier-Analyse entsprechen, oder will man zur Weiterverarbeitung eine entsprechende periodische Approximation aufstellen, so gelingt dies überraschend gut, wenn man statt der Sinus- und Kosinus-Funktionen die sehr einfachen Walsh-Funktionen zugrundelegt.

Ist $[0, X)$ das fundamentale Intervall, dann sind die mit der Periode X periodischen Walsh-Funktionen $wal_X(j,x)$, $j = 0,1,2,\ldots$, im fundamentalen

Intervall rekursiv definiert durch

$$(2.1) \qquad wal_X(0,x) = 1 \quad , \quad x \in [0,X) \quad ,$$

$$(2.2) \qquad wal_X(2j-1,x) = \begin{cases} wal_X(j-1,2x) & , \quad x \in [0,X/2) \\ (-1)^j \, wal_X(j-1,2x-X) & , \quad x \in [X/2,X) \end{cases} \quad ,$$

$$(2.3) \qquad wal_X(2j,x) = \begin{cases} wal_X(j,2x) & , \quad x \in [0,X/2) \\ (-1)^j \, wal_X(j,2x-X) & , \quad x \in [X/2,X) \end{cases} \quad ,$$

$j = 1,2,3\ldots$. Eine Walsh-Funktion mit höherem Index j setzt sich also aus einer Walsh-Funktion mit bestimmtem niedrigeren Index zusammen, indem man diese auf die Hälfte staucht und dann eventuell mit umgekehrtem Vorzeichen aneinandersetzt. Wegen der Anfangsbedingung (2.1) können daher die Walsh-Funktionen nur die Werte +1 und -1 annehmen. Sie sind somit stückweise konstant und weisen endlich viele Sprünge auf, sind also unstetig.

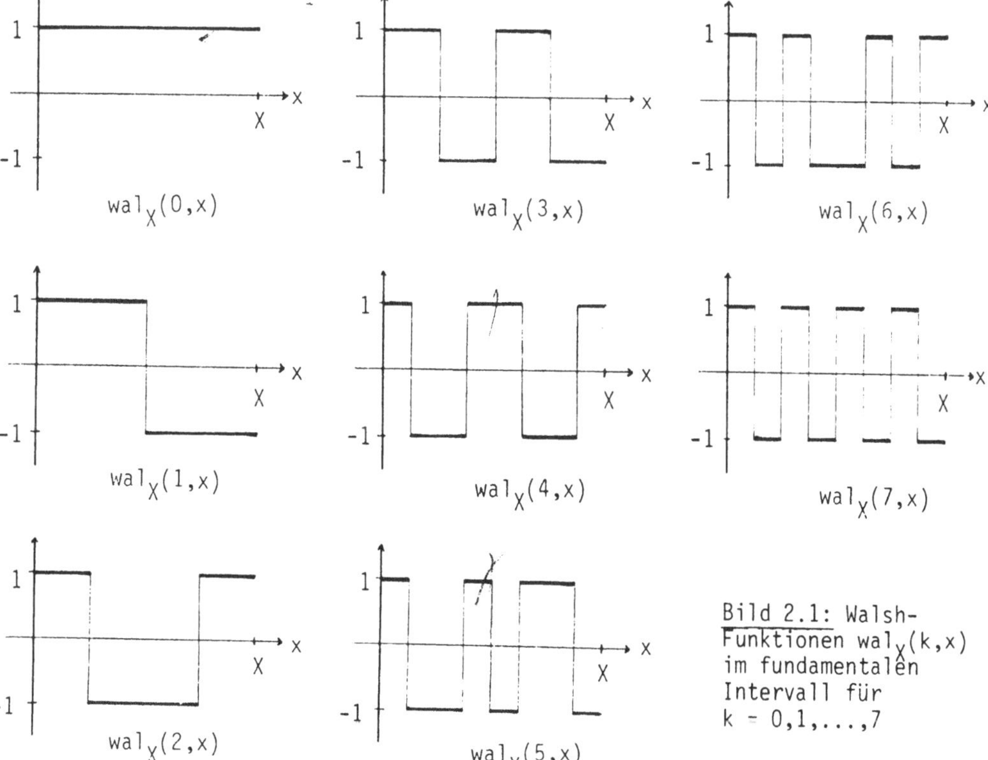

Bild 2.1: Walsh-Funktionen $wal_X(k,x)$ im fundamentalen Intervall für $k = 0,1,\ldots,7$

Die Verbindung mit dem trigonometrischen X-periodischen System läßt sich am besten graphisch veranschaulichen. Die Walsh-Funktionen mit ungeradem Index $wal_X(2j-1,x)$ sind bis auf die Unstetigkeitsstellen ungerade Funktionen und haben eine gewisse Ähnlichkeit mit den Funktionen $\sin\left(j\,\frac{2\pi}{X}\,x\right)$, wie Bild 2.2 zeigt; sie werden daher häufig, um diesen Zusammenhang zu verdeutlichen, mit $sal_X(j,x)$ bezeichnet (sin, wal).

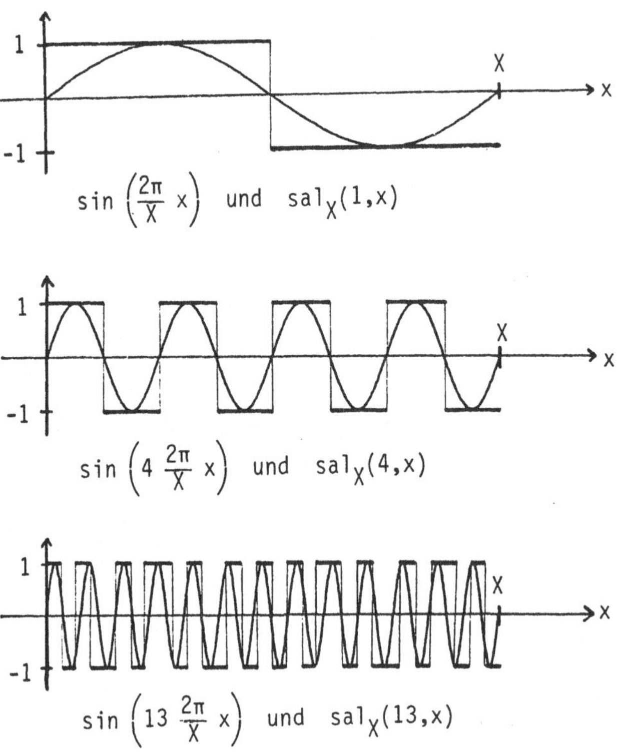

Bild 2.2: Vergleich einiger Walsh-Funktionen mit trigonometrischen Funktionen

Genauso besteht eine gewisse Ähnlichkeit zwischen den Walsh-Funktionen mit geradem Index $wal_X(2j,x)$, die bis auf die Unstetigkeitsstellen gerade Funktionen sind, und den Funktionen $\cos\left(j\,\frac{2\pi}{X}\,x\right)$ (vgl. Bild 2.3); diese Walsh-Funktionen bezeichnet man daher oft auch mit $cal_X(j,x)$ (cos, wal).

Mit größer werdendem Index wächst auch die Anzahl der Unstetigkeitspunkte der Walsh-Funktionen; die Funktion $wal_X(j,x)$ hat im fundamentalen Intervall $[0,X)$ genau j Sprungstellen bzw. Vorzeichenwechsel. Im Gegensatz zu den trigonometrischen Funktionen Sinus und Kosinus sind die Stellen der Vorzeichenwechsel aber nicht äquidistant verteilt. Bezeichnet man in Verallgemeinerung des Begriffs der (normalisierten) Frequenz, die die Anzahl der gleichförmigen Schwingungen im fundamentalen Intervall angibt, als

Sequenz einer periodischen Funktion die Hälfte der Anzahl der Vorzeichenwechsel pro Periode (evtl. $+\frac{1}{2}$, falls die Anzahl der Vorzeichenwechsel ungerade ist), so kann man auch bzgl. dieser Eigenschaft die Walsh-Funktionen $wal_X(2j-1,x) = sal_X(j,x)$ und $wal_X(2j,x) = cal_X(j,x)$ (Sequenz j) mit den trigonometrischen Funktionen $\sin\left(j \frac{2\pi}{X} x\right)$ und $\cos\left(j \frac{2\pi}{X} x\right)$ (normalisierte Frequenz j, Sequenz j) vergleichen.

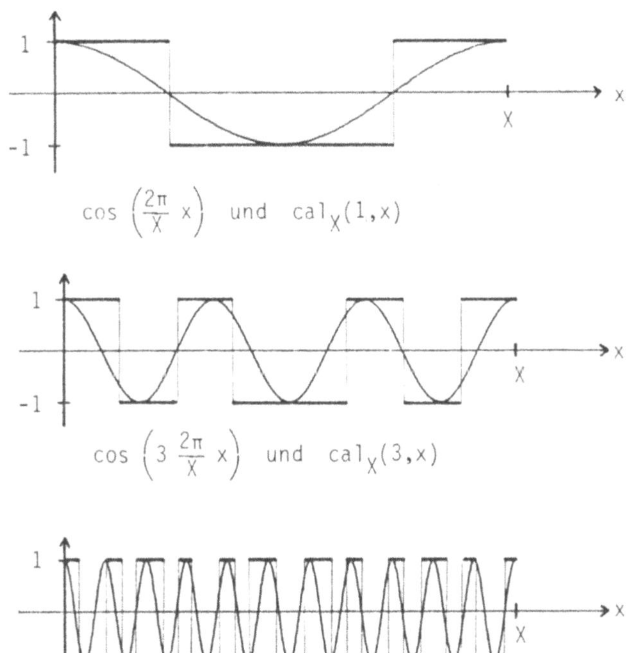

Bild 2.3: Vergleich einiger Walsh-Funktionen mit trigonometrischen Funktionen

Trotz dieser Zusammenhänge gibt es auch gravierende Unterschiede zwischen den trigonometrischen Funktionen und den Walsh-Funktionen. Viele irgendwelche natürlichen Ereignisse beschreibende Funktionen sind eine Superposition von den beliebig oft differenzierbaren verschiedenfrequenten Sinus- und Kosinus-Funktionen ("Fourier-Analyse"), nicht aber als eine Superposition der unstetigen Walsh-Funktionen darstellbar. Mit den drei Operationen Schiften, Strecken und Stauchen kann man trigonometrische Funktionen mit verschiedenen Frequenzen immer ineinander überführen; dies gelingt i. a. nicht bei den Walsh-Funktionen. Durch Integration und Differentiation gehen die trigonometrischen Funktionen in sich über, nicht aber die stückweise konstanten Walsh-Funktionen.

Die Güte der Approximation durch Walsh-Funktionen reicht für bestimmte Zwecke z. B. in der Bildverarbeitung oft aus, so daß wegen der leichten Handhabung und der gegenüber der Fourier-Transformation viel schnelleren und weitaus weniger aufwendigen Berechnung diese Approximationsart häufig angewandt wird.

Eine wichtige Eigenschaft der Walsh-Funktionen ist die Gültigkeit der folgenden Orthonormalitätsrelation

$$(2.4) \qquad \frac{1}{X}\int_0^X \mathrm{wal}_X(k,x)\ \mathrm{wal}_X(\ell,x)dx = \delta_{k\ell}$$

mit dem Kronecker-Symbol $\delta_{k\ell} = \begin{cases} 1, & k = \ell \\ 0, & k \neq \ell \end{cases}$, $k,\ell = 0,1,2,\ldots$.

Diese Relation läßt sich mit Hilfe der Rekursionsgleichungen (2.1) - (2.3) durch Induktion über k und ℓ beweisen: Da die Walsh-Funktionen nur die Werte +1 und -1 annehmen, ist $\mathrm{wal}_X(k,x)\ \mathrm{wal}_X(k,x) = 1$ für alle $x \in [0,X)$ und für alle $k = 0,1,2,\ldots$, so daß (2.4) für $k = \ell$ gilt.

Um zu zeigen, daß (2.4) auch für $k \neq \ell$ gilt, seien zunächst die Rekursionsgleichungen (2.2) und (2.3) zusammengefaßt zu

$$(2.5) \qquad \mathrm{wal}_X(2j-p,x) = \begin{cases} \mathrm{wal}_X(j-p,2x) & , \quad x \in [0,X/2) \\ (-1)^j\ \mathrm{wal}_X(j-p,2x-X) & , \quad x \in [X/2,X) \end{cases} ,$$

$p = 1$ oder 0 und $j = 1,2,\ldots$. Ohne Einschränkung der Allgemeinheit sei $k > \ell$. Speziell für $k = 1$ und $\ell = 0$ ist mit (2.1)

$$\int_0^X \mathrm{wal}_X(1,x)\ \mathrm{wal}_X(0,x)dx = \int_0^{X/2} \mathrm{wal}_X(0,2x)dx - \int_{X/2}^X \mathrm{wal}_X(0,2x-X)dx = \frac{X}{2}-\frac{X}{2} = 0 .$$

Gilt nun (2.4) für alle $k \leq k_0$ $(k_0 \geq 1)$ und alle $\ell < k$, so ist (2.4) auch für $k = k_0 + 1$ und $\ell < k_0 + 1$ gültig. Denn schreibt man $k_0 + 1 = 2j_1 - p_1$, $\ell = 2j_2 - p_2$ mit $p_1,p_2 \in \{0,1\}$, so folgt mit (2.5)

$$\int_0^X \mathrm{wal}_X(k_0+1,x)\ \mathrm{wal}_X(\ell,x)dx = \int_0^{X/2} \mathrm{wal}_X(k_0+1,x)\ \mathrm{wal}_X(j_2-p_2,2x)dx +$$

$$+ (-1)^{j_2} \int_{X/2}^X \mathrm{wal}_X(k_0+1,x)\ \mathrm{wal}_X(j_2-p_2,2x-X)dx$$

$$= \int_0^{X/2} \mathrm{wal}_X(j_1-p_1,2x)\ \mathrm{wal}_X(j_2-p_2,2x)dx +$$

$$+ (-1)^{j_1} (-1)^{j_2} \int_{X/2}^{X} wal_X(j_1 - p_1, 2x-X)\, wal_X(j_2 - p_2, 2x-X)dx$$

$$= \left\{1 + (-1)^{j_1} (-1)^{j_2}\right\} \frac{1}{2} \int_0^X wal_X(j_1 - p_1, x)\, wal_X(j_2 - p_2, x)dx \quad .$$

Es ist $j_1 - p_1 \leq k_o$, und weiter ist $j_2 - p_2 < j_1 - p_1$ bis auf den Fall, daß $k_o + 1$ ungerade (d. h. $k_o + 1 = 2j_1 - 1$ und $\ell = k_o$ (d. h. $\ell = 2(j_1 - 1))$ ist. Bis auf diesen Spezialfall verschwindet nach obiger Annahme das Integral auf der rechten Seite. Für ungerades $k_o + 1$ und $\ell = k_o$ ist aber $(-1)^{j_1} \cdot (-1)^{j_2} = (-1)^{2j_1-1} = -1$, so daß der Faktor vor dem Integral und damit auch die rechte Seite $= 0$ wird.

2.1 DIE EINDIMENSIONALE ENDLICHE WALSH-TRANSFORMATION

Sei f eine auf $\mathbb{R}$ definierte reellwertige periodische Funktion mit der Periode X $(X > 0)$. Durch ihre Restriktion auf das fundamentale Intervall $[0,X)$ ist diese Funktion dann eindeutig festgelegt. Wählt man statt des Systems der mit der Periode X periodischen trigonometrischen Polynome

$$\Pi = \left\{ \sin\left(k \frac{2\pi}{X} x\right), \quad \cos\left(k \frac{2\pi}{X} x\right) \middle| \; k = 0,1,2,\ldots \right\} \quad ,$$

das sehr gute approximative Eigenschaften für periodische Funktionen mit der gleichen Periode hat (vgl. Kapitel 1.1), das System der mit der Periode X periodischen Walsh-Funktionen

$$\Omega = \left\{ wal_X(k,x) \;\middle|\; k = 0,1,2,\ldots \right\} \quad ,$$

so lassen sich auch unter dieser groben Vereinfachung noch einige wichtige Ergebnisse für trigonometrische Polynome auf diesen Fall übertragen.

Funktionen aus Ω genügen der Orthonormalitätsrelation (2.4), die der Orthonormalitätsrelation (1.4) für die trigonometrischen Polynome entspricht. Ein endliches Teilsystem des unendlichen Funktionensystems Ω sei mit

$$\text{(2.6)} \qquad \Omega_K = \left\{ wal_X(k,x) \;\middle|\; k = 0,1,\ldots,K \right\}$$

$(K \in \mathbb{N})$ bezeichnet. Eine den mittleren quadratischen Fehler minimierende

Approximation einer periodischen Funktion f durch eine Linearkombination Ψ von Funktionen aus dem System Ω_K

$$\psi(x) = \sum_{k=0}^{K} c_k \, \mathrm{wal}_X(k,x) \qquad (c_k \in \mathbb{R})$$

erhält man, wenn man als Koeffizienten c_k die Walshkoeffizienten

$$(2.7) \qquad c_k \equiv f^V(k) = \frac{1}{X}\int_0^X f(x)\, \mathrm{wal}_X(k,x)dx$$

wählt; die Zuordnung dieser Koeffizienten zur Funktion f nennt man auch endliche Walsh-Transformation, wobei sich das Wort "endlich" wieder auf den im periodischen Fall ausreichenden endlichen Integrationsbereich $[0,X)$ bezieht.

SATZ 2.1: Die Funktion f sei periodisch mit der Periode X und sei quadratisch integrierbar, d. h. es existiere das Integral

$$\int_0^X (f(x))^2 \, dx \qquad \text{(zumindest im uneigentlichen Sinne).}$$

Dann wird für beliebige Funktionen

$$\Psi(x) = \sum_{k=0}^{K} c_k \, \mathrm{wal}_X(k,x)$$

$(c_k \in \mathbb{R})$ aus Ω_K das Fehlermaß

$$\left(\int_0^X (f(x) - \Psi(x))^2 \, dx\right)^{1/2}$$

genau dann minimal, wenn man als Koeffizienten c_k von Ψ die eindeutig bestimmten Walshkoeffizienten

$$f^V(k) = \frac{1}{X}\int_0^X f(x)\, \mathrm{wal}_X(k,x)\, dx \qquad (k = 0,1,\ldots,K)$$

wählt.

BEWEIS: Der Beweis verläuft so wie der für die entsprechende Aussage bei trigonometrischen Polynomen (Satz 1.2). Da nur reelle Werte auftreten, erhält man mit den Abkürzungen

$$\Psi_k(x) = \mathrm{wal}_X(k,x) \quad , \quad (\varphi,\phi) = \frac{1}{X}\int_0^X \varphi(x)\, \phi(x)\, dx$$

für reellwertige Funktionen φ, ϕ genauso

$$0 \leq (f-\Psi, f-\Psi) = (f,f) - 2(f,\Psi) + (\Psi,\Psi)$$

$$= (f,f) - 2\sum_{k=0}^{K} c_k f^{V}(k) + \sum_{k=0}^{K} c_k \sum_{\ell=0}^{K} c_\ell (\Psi_k, \Psi_\ell) \quad .$$

Die Orthonormalitätsrelation (2.4) ergibt $(\Psi_k, \Psi_\ell) = \delta_{k\ell}$, so daß

$$0 \leq (f-\Psi, f-\Psi) \equiv \frac{1}{X}\int_0^X (f(x) - \Psi(x))^2 \, dx$$

$$= (f,f) - 2\sum_{k=0}^{K} c_k f^{V}(k) + \sum_{k=0}^{K} c_k^2$$

$$= (f,f) + \sum_{k=0}^{K} (c_k - f^{V}(k))^2 - \sum_{k=0}^{K} (f^{V}(k))^2$$

ist. Die rechte Seite und damit der Fehler im quadratischen Mittel wird daher genau dann minimal, wenn man als Koeffizienten c_k die Walshkoeffizienten $f^{V}(k)$ wählt.

■

Als Walshreihe einer periodischen Funktion f bezeichnet man die unendliche Reihe

$$(2.8) \qquad W(f)(x) = \sum_{k=0}^{\infty} f^{V}(k) \, \mathrm{wal}_X(k,x) \quad ,$$

wobei die Koeffizienten nach (2.7) bestimmt sind, und als Walshteilsumme der Walshreihe von f die abgebrochene Walshreihe

$$(2.9) \qquad W_K(f)(x) = \sum_{k=0}^{K} f^{V}(k) \, \mathrm{wal}_X(k,x) \quad .$$

Mit der Substitution $x/X = u$ folgt für die Walshkoeffizienten (2.7)

$$f^{V}(k) = \int_0^1 f(Xu) \, \mathrm{wal}_X(k,Xu) du = \int_0^1 f(Xu) \, \mathrm{wal}_1(k,u) du \quad ,$$

so daß diese Koeffizienten nicht von der Länge X des Periodenintervalls abhängen, wohl aber die Walshreihe und die Walshteilsumme.

Auch die Begriffe der Spektren lassen sich vom trigonometrischen Fall auf diese Approximationsart übertragen; so ist zum Beispiel das Walsh-Sequenz-Spektrum einer Funktion f die Menge $\{f^{V}(k)\}$ der Walshkoeffizienten und das Walsh-Amplituden-Spektrum die Menge $\{|f^{V}(k)|\}$ der Beträge der Walshkoeffizienten.

Die Fourier- und Walsh-Spektren sind nicht direkt vergleichbar, denn für reellwertige Funktionen gehören die reellen Koeffizienten $2a_k = 2\,\mathrm{Re}(f^\wedge(k))$ und $2b_k = -2\,\mathrm{Im}(f^\wedge(k))$, die sich aus dem komplexen Fourierkoeffizienten $f^\wedge(k)$ ergeben, zu den beiden harmonischen Kosinus- und Sinusschwingungen mit der "Sequenz" k (vgl. (1.10) in Kapitel 1.1). Die reellen Walshkoeffizienten zu den gleichsequenten Walshfunktionen sind $f^\vee(2k)$ und $f^\vee(2k-1)$, so daß sich die Amplituden $|f^\wedge(k)| = \sqrt{[\mathrm{Re}(f^\wedge(k))]^2 + [\mathrm{Im}(f^\wedge(k))]^2}$ und $\frac{1}{2}\sqrt{(f^\vee(2k))^2 + (f^\vee(2k-1))^2}$ entsprechen.

Die wichtigsten Eigenschaften einer Approximation mit Walsh-Funktionen sind:

SATZ 2.2: Die periodische Funktion f mit der Periode X sei quadratisch integrierbar.
Dann gilt:

(i) Die Walshteilsummen der Walshreihe von f konvergieren im Mittel gegen die Funktion f, d. h. es gilt

$$\lim_{K\to\infty} \frac{1}{X}\int_0^X (f(x) - W_K(f)(x))^2\,dx = 0 \quad .$$

(ii) Die Walshkoeffizienten der Walshreihe von f erfüllen die Identität

$$\sum_{k=0}^{\infty} (f^\vee(k))^2 = \frac{1}{X}\int_0^X (f(x))^2\,dx < \infty \quad .$$

Damit gilt insbesondere

$$\lim_{k\to\infty} f^\vee(k) = 0 \quad .$$

(iii) Die endliche Walsh-Transformation ist eindeutig, d. h. stimmen sämtliche sich entsprechenden Walshkoeffizienten insbesondere von zwei stetigen periodischen Funktionen mit der gleichen Periode X überein, so sind diese beiden Funktionen identisch.

BEWEIS: Zum Beweis von (i) folgt mit der Abschätzung aus dem Beweis des letzten Satzes

$$0 \leq \frac{1}{X} \int_0^X (f(x) - W_K(f)(x))^2 \, dx \leq \frac{1}{X} \int_0^X (f(x))^2 \, dx - \sum_{k=0}^{K} (f^V(k))^2$$

und mit der Gültigkeit von (ii) für $K \to \infty$ dann die Behauptung.
Der Beweis von (ii) weicht erheblich von dem analogen Beweis für Fourierreihen ab und ist nur unter einigem Mehraufwand durchzuführen, so daß hier darauf verzichtet werden soll.

■

EIN BEISPIEL

Die Bestimmung der Walshkoeffizienten ist oft nur sehr schwierig oder wegen der Definition über die Integrale überhaupt nicht durchzuführen. Dies merkt man schon, wenn man versucht, die Walshkoeffizienten der im letzten Kapitel betrachteten π-periodischen Funktion $f(x) = |\sin x|$ zu bestimmen. Da f eine gerade Funktion ist und die Walshfunktionen mit ungeradem Index ungerade Funktionen sind, gilt

$$f^V(2k-1) = 0 \quad , \quad k = 1,2,\ldots \quad .$$

Die ersten übrigen Walshkoeffizienten sind gegeben durch

$$f^V(0) = \frac{1}{\pi} \int_0^{\pi} \sin x \, dx = \frac{2}{\pi}$$

$$f^V(2) = \frac{1}{\pi}\left\{ \int_0^{\pi/4} \sin x \, dx - \int_{\pi/4}^{3\pi/4} \sin x \, dx + \int_{3\pi/4}^{\pi} \sin x \, dx \right\} = \frac{2}{\pi}(1 - \sqrt{2})$$

$$f^V(4) = \frac{1}{\pi}\left\{ \int_0^{\pi/8} \sin x \, dx - \int_{\pi/8}^{3\pi/8} \sin x \, dx + \int_{3\pi/8}^{5\pi/8} \sin x \, dx - \int_{5\pi/8}^{7\pi/8} \sin x \, dx + \right.$$

$$\left. + \int_{7\pi/8}^{\pi} \sin x \, dx \right\} = \frac{2}{\pi}\left(1 + \sqrt{2 - \sqrt{2}} - \sqrt{2 + \sqrt{2}}\right)$$

$$f^V(6) = \frac{1}{\pi}\left\{ \int_0^{\pi/8} \sin x \, dx - \int_{\pi/8}^{\pi/4} \sin x \, dx + \int_{\pi/4}^{3\pi/8} \sin x \, dx - \int_{3\pi/8}^{5\pi/8} \sin x \, dx + \right.$$

$$\left. + \int_{5\pi/8}^{3\pi/4} \sin x \, dx - \int_{3\pi/4}^{7\pi/8} \sin x \, dx + \int_{7\pi/8}^{\pi} \sin x \, dx \right\}$$

$$= \frac{2}{\pi}\left(1 + \sqrt{2} - \sqrt{2 - \sqrt{2}} - \sqrt{2 + \sqrt{2}}\right) \quad .$$

Daraus folgt für die Walshteilsumme im fundamentalen Intervall für $K = 7$

$$W_7(f)(x) = f^V(0) + f^V(2)\mathrm{wal}_\pi(2,x) + f^V(4)\mathrm{wal}_\pi(4,x) + f^V(6)\mathrm{wal}_\pi(6,x)$$

$$= \begin{cases} f^V(0) + f^V(2) + f^V(4) + f^V(6) & , \ x \in [0, \pi/8) \\ f^V(0) + f^V(2) - f^V(4) - f^V(6) & , \ x \in [\pi/8, \pi/4) \\ f^V(0) - f^V(2) - f^V(4) + f^V(6) & , \ x \in [\pi/4, 3\pi/8) \\ f^V(0) - f^V(2) + f^V(4) - f^V(6) & , \ x \in [3\pi/8, \pi/2] \\ W_7(f)(\pi - x) & , \ x \in (\pi/2, \pi) \end{cases}$$

$$= \begin{cases} \frac{4}{\pi}\left(2 - \sqrt{2 + \sqrt{2}}\right) & , \ x \in [0, \pi/8) \\ \frac{4}{\pi}\left(\sqrt{2 + \sqrt{2}} - \sqrt{2}\right) & , \ x \in [\pi/8, \pi/4) \\ \frac{4}{\pi}\left(\sqrt{2} - \sqrt{2-\sqrt{2}}\right) & , \ x \in [\pi/4, 3\pi/8) \\ \frac{4}{\pi}\sqrt{2 - \sqrt{2}} & , \ x \in [3\pi/8, \pi/2] \\ W_7(f)(\pi - x) & , \ x \in (\pi/2, \pi) \end{cases} .$$

Bild 2.4 zeigt die Funktion f sowie die unstetige Approximation durch ihre Walshteilsumme $W_7(f)$.

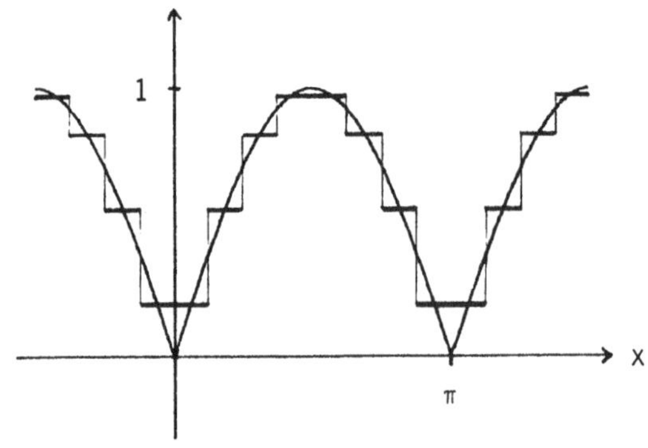

Bild 2.4: Graph der π-periodischen Funktion f und der zugehörigen Walshteilsumme $W_7(f)$

BEMERKUNGEN ÜBER WEITERE EIGENSCHAFTEN

Die Einführung von Begriffen wie der Faltung und der Korrelation, die für die Walsh-Transformation der Fourier-Transformation analoge Ergebnisse (Sätze 1.4 und 1.5) liefern, ist im kontinuierlichen Fall nur sehr kompliziert durchzuführen. Da für die Anwendung nur die diskrete Theorie von Interesse ist, sollen nur für diesen Fall entsprechende Ergebnisse hergeleitet werden. Speziell für Operationen, die mit der Faltung und der Korrelation vergleichbar sind, reduziert sich nämlich durch den Übergang von einem kontinuierlichen Intervall zu diskreten Punkten aus diesem Intervall der Aufwand auf ein überschaubares Maß.

Für große Werte von k beschreiben die Walshkoeffizienten $f^{\vee}(k)$ den hochsequenten Anteil in der Funktion f ; nach Satz 2.2 strebt dieser für $k \to \infty$ gegen Null. Obwohl es daher naheliegend wäre, daß der Fehler der Walshteilsumme (2.9) als Approximation für eine Funktion für größere Werte von K vernachlässigbar klein ist, braucht sie nicht einmal punktweise (für $K \to \infty$) gegen diese Funktion zu konvergieren. Ist die zu approximierende periodische Funktion f jedoch (mindestens einmal) differenzierbar, so konvergieren ihre Walshteilsummen $W_{2^{\nu}}(f)$ für $\nu \to \infty$ gleichmäßig gegen diese Funktion.
Daß diese Konvergenz i. a. nur in Sprüngen von Zweierpotenzen möglich ist, liegt an der Anordnung des nach Sequenzen geordneten zugrundeliegenden Systems von Walsh-Funktionen; für nach der Paley-Ordnung numerierte Walsh-Funktionen, was einer Umordnung der Walsh-Funktionen nach dem "Gray-Code" innerhalb der "Päckchen" $2^{q-1},\dots,2^{q}-1$ $(q = 1,2,\dots)$ entspricht (siehe Abschnitt 2.4), gilt die Konvergenzaussage ohne diese Einschränkung.

Nicht nur in diesem Punkt gleicht das Konvergenzverhalten der Walshteilsummen in etwa dem der Fourierteilsummen, sondern es gilt ebenso ein sogenanntes Lokalisationsprinzip, das aussagt, daß die Güte der Approximation einer Funktion durch ihre Walshteilsummen in einem Punkt nur von dem Verhalten der Funktion in einer lokalen Umgebung um diesen Punkt abhängt. Sie wird, falls man nur einen (noch so kleinen) Abstand von einer Sprungstelle der Funktion hat, für hinreichend großes K beliebig genau.

Die Eigenschaft von Fourierkoeffizienten $f^{\wedge}(k)$, daß sie für $|k| \to \infty$ umso schneller gegen Null streben, je glatter die Funktion f ist, d. h. je öfter sie stetig differenzierbar ist, ist bei den Walshkoeffizienten nicht erfüllt; sie können sich in solchen Fällen ganz anders verhalten!

ZUSAMMENFASSUNG

Die wichtigsten Eigenschaften der endlichen Walsh-Transformation sind:

reellwertige periodische Funktion mit der Periode X	zugehörige Walshkoeffizienten (k = 0,1,2,...)
$f(x)$	$f^{V}(k) = \frac{1}{X}\int_0^X f(x)\,\mathrm{wal}_X(k,x)dx$ $\sum_{k=0}^{\infty} (f^{V}(k))^2 = \frac{1}{X}\int_0^X (f(x))^2\,dx$ $\lim_{k\to\infty} f^{V}(k) = 0$
Linearität: $f(x) \pm g(x)$	$f^{V}(k) \pm g^{V}(k)$
$\alpha \cdot f(x)$, $\alpha \in \mathbb{R}$	$\alpha \cdot f^{V}(k)$
f gerade, d.h. $f(-x) = f(x)$	$f^{V}(2k+1) = 0$
f ungerade, d.h. $f(-x) = -f(x)$	$f^{V}(2k) = 0$

Die Eigenschaft der Linearität folgt aus der Definition der Walshkoeffizienten. Da nach (1.2) für X-periodische Integranden

$$\int_0^X f(x)\,\mathrm{wal}_X(k,x)\,dx = \int_{-X/2}^{X/2} f(x)\,\mathrm{wal}_X(k,x)\,dx$$

ist, sieht man auch die Eigenschaften für gerade bzw. ungerade Funktionen, wenn man berücksichtigt, daß bis auf ihre Sprungstellen die Funktionen $\mathrm{wal}_X(2k+1,x)$ ungerade Funktionen und $\mathrm{wal}_X(2k,x)$ gerade Funktionen sind.

2.2 DIE EINDIMENSIONALE DISKRETE WALSH-TRANSFORMATION UND IHRE EIGENSCHAFTEN

Wie beim Aufstellen der Fourierteilsumme hat man bei der Bestimmung der Walshteilsumme einer Funktion nur Probleme bei der Berechnung der Koeffizienten $f^V(k)$. Bis auf Ausnahmen lassen sich diese Integrale nicht in geschlossener Form angeben, so daß man auf numerische Verfahren angewiesen ist.

Da der Integrand periodisch mit der Periode X ist und sich die Integration über die Länge einer Periode erstreckt, bietet sich wieder die in diesem Fall (bzgl. der asymptotischen Konvergenzgeschwindigkeit) optimale äquidistant zusammengesetzte Rechteckregel bzw. äquidistant zusammengesetzte Trapezregel an. Zur näherungsweisen Berechnung der Walshkoeffizienten einer X-periodischen Funktion f

$$f^V(k) = \frac{1}{X} \int_0^X f(x)\, wal_X(k,x)\, dx$$

unterteilt man daher das Intervall $[0,X]$ in M gleichgroße Teilintervalle der Länge X/M $(M \in \mathbb{N})$ und wertet den Integranden nur noch in den diskreten Gitterpunkten $x_m = m\,X/M$, $m = 0,1,\ldots,M-1$, aus. Die auf diese Weise bestimmten Näherungen für die Walshkoeffizienten heißen **diskrete Walshkoeffizienten** und sind gegeben durch

$$f_M^V(k) = \frac{1}{M} \sum_{m=0}^{M-1} f(x_m)\, wal_X(k,x_m) \quad . \tag{2.10}$$

In der Anwendung eignen sich besonders solche Unterteilungen, bei denen die Größe M eine Potenz von 2 ist:

$$M = 2^\tau \quad , \quad (\tau \in \mathbb{N}) \quad . \tag{2.11}$$

In diesem Fall kann man die Werte der zunächst durch (2.1) - (2.3) nur rekursiv definierten Walsh-Funktionen in den diskreten Punkten angeben, und man hat zusätzlich weitere nützliche Eigenschaften:

<u>Satz 2.3:</u> Die Walsh-Funktionen $wal_X(j,x)$ seien im fundamentalen Intervall $[0,X)$ durch die Rekursionsgleichungen (2.1), (2.2), (2.3) gegeben.

Das Periodenintervall sei in $M = 2^\tau$ $(\tau \in \mathbb{N})$ gleichgroße Teilintervalle der Länge X/M unterteilt, und es seien $x_\ell = \ell \cdot X/M$, $\ell = 0,1,\dots,M-1$, äquidistant verteilte Punkte in diesem Intervall.

Dann gilt:

(i) $$wal_X(j,x_\ell) = (-1)^{\sum\limits_{k=0}^{\tau-1} (\mu_k + \mu_{k+1})\omega_{\tau-1-k}} = \prod_{k=0}^{\tau-1} (-1)^{(\mu_k + \mu_{k+1})\omega_{\tau-1-k}} ,$$

wobei die nichtnegativen ganzen Zahlen j und $\ell < M = 2^\tau$ die eindeutigen Dualzahldarstellungen

$$j = \sum_{\nu \geq 0} \mu_\nu 2^\nu \quad , \quad \ell = \sum_{\nu=0}^{\tau-1} \omega_\nu 2^\nu \quad , \quad \mu_\nu, \omega_\nu \in \{0,1\} \quad ,$$

besitzen.

(ii) Die Walsh-Funktionen besitzen folgende Symmetrieeigenschaft

$$wal_X(j,x_\ell) = wal_X(\ell,x_j) \quad \text{für} \quad j,\ell = 0,1,\dots,M-1 \quad .$$

(iii) Das Produkt zweier Walsh-Funktionen ergibt wieder eine Walsh-Funktion; insbesondere gilt

$$wal_X(j,x_\ell)\, wal_X(k,x_\ell) = wal_X(j \oplus k, x_\ell)$$

für $j,k = 0,1,2,\dots$ und $\ell = 0,1,\dots,M-1$.

Hierbei bedeutet $\oplus$ die Modulo-2-Addition (Dualzahladdition ohne Übertrag): Ist

$$j = \sum_{\nu \geq 0} \mu_\nu 2^\nu \quad , \quad k = \sum_{\nu \geq 0} \theta_\nu 2^\nu \quad (\mu_\nu, \theta_\nu \in \{0,1\}),$$

so ist $$j \oplus k = \sum_{\nu \geq 0} \xi_\nu 2^\nu \quad \text{mit} \quad \xi_\nu = \begin{cases} 1, & \text{falls } \mu_\nu + \theta_\nu = 1 \\ 0 & \text{sonst} \end{cases} .$$

(iv) Die Walsh-Funktionen erfüllen die diskrete Orthonormalitätsrelation

$$\frac{1}{M} \sum_{\ell=0}^{M-1} wal_X(j,x_\ell)\, wal_X(k,x_\ell) = \delta_{jk} \quad , \quad j,k = 0,1,\dots,M-1 \quad .$$

BEWEIS: Die Aussage (i) kann man durch Induktion über j mit den Rekursionsgleichungen (2.1) - (2.3) zeigen. Für $j=0$, d.h. $\mu_k=0$ für alle k, gilt sie trivialerweise. Ist die Darstellung (i) für ein $j\geq 0$ und alle ℓ richtig, so ist zu zeigen, daß sie auch für $j+1$ und alle ℓ gültig ist. Haben die Zahlen $j+1$ und ℓ die Dualzahldarstellungen

$$j+1 = \sum_{\nu\geq 0} \mu_\nu 2^\nu \quad , \quad \ell = \sum_{\nu=0}^{\tau-1} \omega_\nu 2^\nu \qquad (\mu_\nu,\omega_\nu \in \{0,1\}),$$

so muß man zwei Fälle unterscheiden. Für ungerades $j+1$ (d.h. $\mu_0=1$) benötigt man die Rekursionsgleichung (2.2) und für gerades $j+1$ (d.h. $\mu_0=0$) die Rekursion (2.3). Ist $j+1$ ungerade und $\ell=0,1,\ldots,\frac{M}{2}-1$ (d.h. $\omega_{\tau-1}=0$), so ist

$$\frac{j}{2} = \sum_{\nu\geq 0} \mu_{\nu+1} 2^\nu \quad , \quad 2\ell = \sum_{\nu=1}^{\tau-1} \omega_{\nu-1} 2^\nu ,$$

und mit (2.2) und der Induktionsvoraussetzung folgt dann

$$\mathrm{wal}_X(j+1,x_\ell) = \mathrm{wal}_X(\tfrac{j}{2}, x_{2\ell}) = (-1)^{\sum_{k=0}^{\tau-2}(\mu_{k+1}+\mu_{k+2})\,\omega_{\tau-1-(k+1)}}$$

$$= (-1)^{\sum_{k=1}^{\tau-1}(\mu_k+\mu_{k+1})\,\omega_{\tau-1-k}} = (-1)^{\sum_{k=0}^{\tau-1}(\mu_k+\mu_{k+1})\,\omega_{\tau-1-k}}$$

da $\omega_{\tau-1}=0$ ist . Also gilt (i) für $j+1$ und $\ell=0,1,\ldots,\frac{M}{2}-1$.

Für $\ell=\frac{M}{2},\ldots,M-1$ (dh. $\omega_{\tau-1}=1$) ist

$$2\ell-M = \sum_{\nu=1}^{\tau}\omega_{\nu-1} 2^\nu - 2^\tau = \sum_{\nu=1}^{\tau-1}\omega_{\nu-1} 2^\nu ,$$

und mit (2.2) und der Induktionsvoraussetzung folgt ebenso

$$\mathrm{wal}_X(j+1,x_\ell) = (-1)^{\frac{j}{2}+1}\,\mathrm{wal}_X(\tfrac{j}{2}, 2x_\ell-X) = (-1)^{\frac{j}{2}+1}\,\mathrm{wal}_X(\tfrac{j}{2}, x_{2\ell-M}) =$$

$$= (-1)^{\frac{j}{2}+1} (-1)^{\sum_{k=0}^{\tau-2} (\mu_{k+1} + \mu_{k+2})\, \omega_{\tau-1-(k+1)}}$$

$$= (-1)^{\frac{j}{2}+1} (-1)^{\sum_{k=0}^{\tau-1} (\mu_k + \mu_{k+1})\, \omega_{\tau-1-k} - (\mu_0 + \mu_1)\, \omega_{\tau-1}}$$

$$= (-1)^{\sum_{k=0}^{\tau-1} (\mu_k + \mu_{k+1})\, \omega_{\tau-1-k}} (-1)^{\frac{j}{2} - \mu_1}$$

da $\mu_0 = 1$ und $\omega_{\tau-1} = 1$ ist. Ist $\frac{j}{2}$ ungerade, so ist $\mu_1 = 1$, und für gerades $\frac{j}{2}$ ist $\mu_1 = 0$, so daß der zweite Faktor in der letzten Gleichung immer $= 1$ ist und somit (i) auch für $j+1$ und $\ell = \frac{M}{2}, \ldots, M-1$ gilt. Für gerades $j+1$ verläuft der Induktionsschluß mit der Rekursionsgleichung (2.3) genauso; damit ist die Aussage (i) bewiesen.

Zum Beweis von (ii) seien die Dualzahldarstellungen der zulässigen Werte von j und ℓ gegeben durch

$$j = \sum_{\nu=0}^{\tau-1} \mu_\nu\, 2^\nu , \qquad \ell = \sum_{\nu=0}^{\tau-1} \omega_\nu\, 2^\nu \qquad (\mu_\nu, \omega_\nu \in \{0,1\}).$$

Dann ist mit (i), wenn man $\mu_\tau = 0$ setzt,

$$\mathrm{wal}_X(j, x_\ell) = (-1)^{\sum_{k=0}^{\tau-1} (\mu_k + \mu_{k+1})\, \omega_{\tau-1-k}} = (-1)^{\sum_{k=0}^{\tau-1} \mu_k\, \omega_{\tau-1-k} + \sum_{k=1}^{\tau} \mu_k\, \omega_{\tau-k}}$$

$$= (-1)^{\sum_{\nu=0}^{\tau-1} \mu_{\tau-1-\nu}\, \omega_\nu + \sum_{\nu=-1}^{\tau-2} \mu_{\tau-1-\nu}\, \omega_{\nu+1}}$$

$$= (-1)^{\sum_{\nu=0}^{\tau-2} (\omega_\nu + \omega_{\nu+1})\, \mu_{\tau-1-\nu} + \mu_0\, \omega_{\tau-1} + \mu_\tau\, \omega_0}$$

$$= (-1)^{\sum_{\nu=0}^{\tau-1} (\omega_\nu + \omega_{\nu+1})\, \mu_{\tau-1-\nu}} = \mathrm{wal}_X(\ell, x_j) ,$$

da $\mu_\tau = 0$ ist und wenn man entsprechend noch $\omega_\tau = 0$ vereinbart.

Zum Beweis von (iii) ist mit (i) für die zulässigen $\ell = \sum_{\nu=0}^{\tau-1} \omega_\nu 2^\nu$

$$\mathrm{wal}_X(j,x_\ell)\ \mathrm{wal}_X(k,x_\ell) = \prod_{\nu=0}^{\tau-1} (-1)^{(\mu_\nu + \mu_{\nu+1})\omega_{\tau-1-\nu}} (-1)^{(\theta_\nu + \theta_{\nu+1})\omega_{\tau-1-\nu}}$$

$$= \prod_{\nu=0}^{\tau-1} (-1)^{(\mu_\nu + \theta_\nu)\omega_{\tau-1-\nu}} (-1)^{(\mu_{\nu+1} + \theta_{\nu+1})\omega_{\tau-1-\nu}} \quad .$$

Nur für $\mu_\nu = \theta_\nu = 1$ ist nach der Definition der Modulo-2-Addition $\mu_\nu + \theta_\nu = 2$ ungleich $\xi_\nu = 0$; in diesem Fall hat der entsprechende Faktor im Produkt den Wert 1 , so daß ohne Ausnahme

$$\mathrm{wal}_X(j,x_\ell)\ \mathrm{wal}_X(k,x_\ell) = \prod_{\nu=0}^{\tau-1} (-1)^{(\mu_\nu + \theta_\nu)\omega_{\tau-1-\nu}} (-1)^{(\mu_{\nu+1} + \theta_{\nu+1})\omega_{\tau-1-\nu}}$$

$$= \prod_{\nu=0}^{\tau-1} (-1)^{\xi_\nu \omega_{\tau-1-\nu}} (-1)^{\xi_{\nu+1}\omega_{\tau-1-\nu}}$$

$$= \mathrm{wal}_X(j \oplus k, x_\ell)$$

gilt.

Die Behauptung (iv) folgt aus der kontinuierlichen Orthonormalitätsrelation (2.4). Denn die Walsh-Funktionen $\mathrm{wal}_X(j,x)$ haben für $j = 0,1,\ldots,M-1$ genau j , also höchstens $M-1$ Sprungstellen. Diese Sprünge zwischen den beiden Werten +1 und -1 können, wie die Rekursionsgleichungen (2.2), (2.3) zeigen, höchstens in den diskreten Punkten $x_\ell = \ell \cdot \frac{X}{M}$, $\ell = 0,1,\ldots,M-1$, liegen. Also sind diese Funktionen stückweise zumindest zwischen zwei benachbarten Punkten x_ℓ und $x_{\ell+1}$ konstant mit dem Wert $\mathrm{wal}_X(j,x_\ell)$. Dieses gilt natürlich auch für die Produkte $\mathrm{wal}_X(j,x)\ \mathrm{wal}_X(k,x)$ für $j,k = 0,1,\ldots,M-1$. Somit ist für diese j,k

$$\int_0^X \mathrm{wal}_X(j,x)\ \mathrm{wal}_X(k,x)\, dx = \sum_{\ell=0}^{M-1} \int_{x_\ell}^{x_{\ell+1}} \mathrm{wal}_X(j,x)\ \mathrm{wal}_X(k,x)\, dx$$

$$= \sum_{\ell=0}^{M-1} (x_{\ell+1} - x_\ell)\ \mathrm{wal}_X(j,x_\ell)\ \mathrm{wal}_X(k,x_\ell) = \frac{X}{M} \sum_{\ell=0}^{M-1} \mathrm{wal}_X(j,x_\ell)\ \mathrm{wal}_X(k,x_\ell) \quad ,$$

so daß sich die kontinuierliche Relation (2.4) direkt auf den diskreten Fall überträgt.

■

Da die Walshfunktionen $wal_X(j,x)$ für $j = 0,1,\dots,M-1$ zumindest zwischen zwei benachbarten Punkten x_ℓ und $x_{\ell+1}$ konstant mit dem Wert $wal_X(j,x_\ell)$ sind, hat man mit Satz 2.3(i) für diese Funktionen die Werte $wal_X(j,x)$ sogar für alle $x \in [0,X)$ gegeben.

Für $M = 2^\tau$ $(\tau \in \mathbb{N})$ ist die diskrete Walshteilsumme durch

$$(2.12) \qquad DW_M(f)(x) = \sum_{k=0}^{M-1} \overset{\vee}{f}_M(k)\, wal_X(k,x)$$

gegeben, wobei die diskreten Walshkoeffizienten $\overset{\vee}{f}_M(k)$ für $k = 0,1,\dots,M-1$ durch (2.10) definiert sind. Auch im diskreten Fall sind wegen Satz 2.3 (i) die diskreten Walshkoeffizienten selbst von der Länge X des Periodenintervalls unabhängig, wohingegen die diskrete Walshteilsumme von X abhängt.

Im kontinuierlichen Fall bleiben beim Übergang von einer Fourier- oder Walshteilsumme einer Funktion zu einer größeren Teilsumme (also bei wachsendem oberen Summenindex) die ersten Fourier- bzw. Walshkoeffizienten gleich; die endliche Reihe wird nur um einige Glieder erweitert. Im diskreten Fall verhält sich dies anders. Durch eine Veränderung des Wertes von M in der diskreten Teilsumme (2.12) ändern sich im allgemeinen sämtliche diskreten Koeffizienten aus (2.10).

Die diskrete Walshteilsumme besitzt folgende Interpolationseigenschaft:

SATZ 2.4: Zugrundegelegt sei für $M = 2^\tau$ $(\tau \in \mathbb{N})$ das periodische Funktionensystem

$$\left\{ wal_X(k,x) \;\middle|\; k = 0,1,\dots,M-1 \right\} .$$

Die aus diesem System bestimmte Interpolationsfunktion, die in den äquidistant verteilten Punkten $x_m = m\frac{X}{M}$ vorgegebene Werte $f(x_m)$, $m = 0,1,\dots,M-1$, annimmt, ist gegeben durch die diskrete Walshteilsumme

$$DW_M(f)(x) = \sum_{k=0}^{M-1} \overset{\vee}{f}_M(k)\, wal_X(k,x)$$

mit den diskreten Walshkoeffizienten

$$\overset{\vee}{f}_M(k) = \frac{1}{M} \sum_{m=0}^{M-1} f(x_m)\, wal_X(k,x_m) \quad , \quad k = 0,1,\dots,M-1 \quad .$$

BEWEIS: Sei x_p für ein $p \in \{0,1,\dots,M-1\}$ ein beliebiger Punkt. Dann gilt mit Satz 2.3 (ii) und (iv)

$$\mathcal{DW}_M(f)(x_p) = \sum_{k=0}^{M-1} \frac{1}{M} \sum_{m=0}^{M-1} f(x_m)\, \mathrm{wal}_X(k,x_m)\, \mathrm{wal}_X(k,x_p)$$

$$= \sum_{m=0}^{M-1} f(x_m) \frac{1}{M} \sum_{k=0}^{M-1} \mathrm{wal}_X(m,x_k)\mathrm{wal}_X(p,x_k) = \sum_{m=0}^{M-1} f(x_m)\, \delta_{mp} = f(x_p) \quad . \quad \blacksquare$$

DISKRETE KORRELATIONS- UND FALTUNGSPROZESSE

Sind f und g zwei periodische Funktionen mit der gleichen Periode X, deren Werte man eigentlich nur in den äquidistant verteilten diskreten Punkten $x_m = m\frac{X}{M}$, $m = 0,1,\dots,M-1$, im fundamentalen Intervall $[0,X)$ zu kennen braucht, dann hatten die diskrete zyklische Korrelation und die diskrete zyklische Faltung die Eigenschaft, daß deren diskrete Fourierkoeffizienten im wesentlichen aus dem Produkt der diskreten Fourierkoeffizienten der einzelnen Funktionen gegeben sind (vgl. Satz 1.8 (ii) und Satz 1.9 (ii)). Diese besonders im Hinblick auf die Anwendung sehr günstige Eigenschaft gilt für die diskrete Walsh-Transformation nur, wenn man die Begriffe der diskreten zyklischen Korrelation und der diskreten zyklischen Faltung der diskreten Walsh-Transformation anpaßt, also entsprechende Begriffe neu einführt.

Dazu braucht man die in Satz 2.3 (ii) schon eingeführte Modulo-2-Addition $\oplus$ sie ist für zwei nichtnegative ganze Zahlen j und k, die die eindeutigen Dualzahldarstellungen

$$j = \sum_{\nu \geq 0} \mu_\nu 2^\nu \quad , \quad k = \sum_{\nu \geq 0} \theta_\nu 2^\nu \qquad (\mu_\nu, \theta_\nu \in \{0,1\})$$

haben, definiert durch

$$(2.13) \qquad j \oplus k = \sum_{\nu \geq 0} (\mu_\nu \oplus \theta_\nu) 2^\nu = \sum_{\nu \geq 0} ((\mu_\nu + \theta_\nu) \bmod 2) 2^\nu \quad .$$

Die Verknüpfung $\oplus$ zwischen zwei beliebigen nichtnegativen ganzen Zahlen wird durch die Beziehung (2.13) zurückgeführt auf die Verknüpfung der Zahlen 0 und 1 in den Dualzahldarstellungen:

$$(2.14) \qquad \begin{array}{ll} 0 \oplus 0 = 0 & \quad 0 \oplus 1 = 1 \\ 1 \oplus 1 = 0 & \quad 1 \oplus 0 = 1 \end{array} \quad .$$

Die Modulo-2-Addition unterscheidet sich von der gewöhnlichen Addition zweier Dualzahldarstellungen nur dadurch, daß kein Übertrag stattfindet; dieser Unterschied tritt nur auf, wenn beide zu verknüpfenden Elemente den Wert 1 haben. Dadurch bleibt die Modulo-2-Summe von zwei nichtnegativen ganzen Zahlen, die kleiner als 2^τ für ein $\tau \in \mathbb{N}$ sind, immer kleiner als 2^τ.

Mit Hilfe der Verknüpfung $\oplus$ ist die diskrete dyadische Korrelation $\mathcal{D}(f \odot g)$ von zwei Funktionen f und g, deren Werte im fundamentalen Intervall in den diskreten Punkten $x_m = m\frac{X}{M}$, $m = 0,1,\ldots,M-1$, bekannt sind, definiert durch

$$\mathcal{D}(f \odot g)\,(x_m) = \frac{1}{M}\sum_{k=0}^{M-1} f(x_{m \oplus k})\, g(x_k) \quad ; \tag{2.15}$$

hierbei ist die Größe M wieder eine Potenz von 2 .

Als Eigenschaften erhält man:

<u>SATZ 2.5:</u> Für $M = 2^\tau$ ($\tau \in \mathbb{N}$) seien die Werte der X-periodischen Funktionen f und g in den Punkten

$$x_m = m\frac{X}{M} \quad , \quad m = 0,1,\ldots,M-1 \quad ,$$

im fundamentalen Intervall bekannt und beschränkt. Dann gilt:

(i) Die diskrete dyadische Korrelation ist kommutativ, d. h. $\mathcal{D}(f \odot g)(x_m) = \mathcal{D}(g \odot f)(x_m)$, und periodisch mit der Periode X.

(ii) Die diskreten Walshkoeffizienten der diskreten dyadischen Korrelation $\mathcal{D}(f \odot g)$ sind gegeben durch

$$\mathcal{D}(f \odot g)^{\vee}_M\,(k) = f^{\vee}_M(k) \cdot g^{\vee}_M(k) \quad , \quad k = 0,1,\ldots,M-1 \quad .$$

<u>BEWEIS:</u> Zum Beweis der wichtigen Aussage (ii) ist nach Definition für ein $k \in \{0,1,\ldots,M-1\}$

$$\mathcal{D}(f \odot g)^{\vee}_M(k) = \frac{1}{M}\sum_{m=0}^{M-1} \mathcal{D}(f \odot g)(x_m)\, \mathrm{wal}_X(k,x_m)$$

$$= \frac{1}{M}\sum_{m=0}^{M-1} \left\{ \frac{1}{M}\sum_{p=0}^{M-1} f(x_{m \oplus p})\, g(x_p) \right\} \mathrm{wal}_X(k,x_m)$$

$$= \frac{1}{M}\sum_{p=0}^{M-1} g(x_p)\, \mathrm{wal}_X(k,x_p) \left\{ \frac{1}{M}\sum_{m=0}^{M-1} f(x_{m \oplus p})\, \mathrm{wal}_X(k,x_{m \oplus p}) \right\} \quad .$$

Die letzte Identität gilt, da nach Satz 2.3 (ii), (iii) für die in Frage kommenden Werte von k,m und p

$$\mathrm{wal}_X(k,x_m) = \mathrm{wal}_X(m,x_k) = \mathrm{wal}_X(m,x_k)\ \mathrm{wal}_X(p,x_k)\ \mathrm{wal}_X(p,x_k)$$

$$= \mathrm{wal}_X(m \oplus p,\ x_k)\ \mathrm{wal}_X(p,x_k) = \mathrm{wal}_X(k,x_{m \oplus p})\ \mathrm{wal}_X(k,x_p)$$

ist. Da für jedes zulässige feste p der Ausdruck $m \oplus p$ für $m = 0,1,\dots,M-1$ genau einmal jeden Wert $0,1,\dots,M-1$ annimmt, steht in den geschweiften Klammern der Walshkoeffizient $f_M^{\vee}(k)$, und damit folgt dann die Behauptung.

■

Die diskrete dyadische Korrelation einer Funktion f mit sich selbst ("diskrete dyadische Autokorrelation") im Punkt $x_0 = 0$ ist durch

$$\mathcal{D}(f \odot f)(x_0) = \frac{1}{M} \sum_{k=0}^{M-1} (f(x_k))^2$$

gegeben, da $0 \oplus k = k$ für alle k ist. Weil die zugehörige diskrete Walshteilsumme, die mit Satz 2.5 (ii) durch

$$\sum_{k=0}^{M-1} (f_M^{\vee}(k))^2\ \mathrm{wal}_X(k,x)$$

gegeben ist, in den Punkten x_m die zugehörigen Funktionswerte $\mathcal{D}(f \odot f)(x_m)$ annimmt, gilt insbesondere für $x_0 = 0$

$$\frac{1}{M} \sum_{k=0}^{M-1} (f(x_k))^2 = \sum_{k=0}^{M-1} (f_M^{\vee}(k))^2 \quad .$$

Um einen entsprechenden Faltungsprozeß einführen zu können, braucht man die **Modulo-2-Subtraktion** $\ominus$. Sie ist als Umkehroperation der Modulo-2-Addition für die Zahlen 0 und 1 in Dualzahldarstellungen definiert durch

$$(2.16)\qquad \begin{array}{ll} 0 \ominus 0 = 0 & (\text{da } 0 = 0 \oplus 0) \\ 1 \ominus 1 = 0 & (\text{da } 1 = 0 \oplus 1) \\ 1 \ominus 0 = 1 & (\text{da } 1 = 1 \oplus 0) \\ 0 \ominus 1 = 1 & (\text{da } 0 = 1 \oplus 1) \end{array} \quad ,$$

d. h. für zwei nichtnegative ganze Zahlen j und k, die die eindeutigen Dualzahldarstellungen

$$j = \sum_{\nu \geq 0} \mu_\nu 2^\nu \quad , \quad k = \sum_{\nu \geq 0} \theta_\nu 2^\nu \qquad (\mu_\nu, \theta_\nu \in \{0,1\})$$

haben, ist

$$(2.17) \qquad j \ominus k = \sum_{\nu \geq 0} (\mu_\nu \ominus \theta_\nu) 2^\nu \left(= \sum_{\nu \geq 0} |\mu_\nu - \theta_\nu| 2^\nu \right) \quad .$$

Damit ist die diskrete dyadische Faltung $\mathcal{D}(f \circledast g)$ von zwei Funktionen f und g, deren Werte im fundamentalen Intervall in den diskreten Punkten $x_m = m \frac{X}{M}$, $m = 0,1,\ldots,M-1$, gegeben sind, definiert durch

$$(2.18) \qquad \mathcal{D}(f \circledast g)(x_m) = \frac{1}{M} \sum_{k=0}^{M-1} f(x_{m \ominus k}) \, g(x_k) \quad ,$$

wobei M wieder eine Potenz von 2 ist.

Vergleicht man (2.16) mit (2.14), so sieht man, daß die Modulo-2-Addition $\oplus$ und die Modulo-2-Subtraktion $\ominus$ identische Operationen sind und daher

$$(2.19) \qquad j \oplus k = j \ominus k$$

für beliebige nichtnegative ganze Zahlen j,k ist. Es besteht also kein Unterschied zwischen der diskreten dyadischen Faltung und der diskreten dyadischen Korrelation. Die diskrete dyadische Faltung hat daher die gleichen Eigenschaften:

SATZ 2.6: Für $M = 2^\tau$ $(\tau \in \mathbb{N})$ seien die Werte der X-periodischen Funktionen f und g in den Punkten $x_m = m \frac{X}{M}$, $m = 0,1,\ldots,M-1$, im fundamentalen Intervall bekannt und beschränkt. Dann gilt:

(i) Die diskrete dyadische Faltung ist kommutativ, d. h.

$$\mathcal{D}(f \circledast g)(x_m) = \mathcal{D}(g \circledast f)(x_m) \quad ,$$

und periodisch mit der Periode X.

(ii) Die diskreten Walshkoeffizienten der diskreten dyadischen Faltung $\mathcal{D}(f \circledast g)$ sind gegeben durch

$$\mathcal{D}(f \circledast g)_M^{\vee}(k) = f_M^{\vee}(k) \cdot g_M^{\vee}(k) \quad , \quad k = 0,1,\ldots,M-1 \quad .$$

Die diskrete zyklische Korrelation und die diskrete dyadische Korrelation sind für zwei X-periodische Funktionen f und g gegeben durch

$$\mathcal{D}(f \circ g)\left(m \frac{X}{M}\right) = \frac{1}{M} \sum_{k=0}^{M-1} f\left((m+k) \frac{X}{M}\right) g\left(k \frac{X}{M}\right) \quad , \quad m = 0,1,\ldots,M-1 \; ,$$

$$\mathcal{D}(f \odot g)(m\tfrac{X}{M}) = \frac{1}{M}\sum_{k=0}^{M-1} f((m \oplus k)\tfrac{X}{M})\, g(k\tfrac{X}{M}) \qquad , \qquad m = 0,1,\ldots,M-1 \quad ,$$

und deren diskrete zyklische Faltung und diskrete dyadische Faltung sind definiert durch

$$\mathcal{D}(f * g)(m\tfrac{X}{M}) = \frac{1}{M}\sum_{k=0}^{M-1} f((m - k)\tfrac{X}{M})\, g(k\tfrac{X}{M}) \qquad , \qquad m = 0,1,\ldots,M-1 \quad ,$$

$$\mathcal{D}(f \circledast g)(m\tfrac{X}{M}) = \frac{1}{M}\sum_{k=0}^{M-1} f((m \ominus k)\tfrac{X}{M})\, g(k\tfrac{X}{M}) \qquad , \qquad m = 0,1,\ldots,M-1 \quad .$$

Für den Fall $M = 16$ kann man anhand der folgenden Tabellen sehen, wie unterschiedlich die beiden Korrelationsbegriffe bzw. die beiden Faltungsbegriffe die Funktionswerte von f und g verknüpfen:

$m \oplus k = m \ominus k$

m \ k	0	1	2	3	4	5	6	7	8	9	10	11	12	13	14	15
0	0	1	2	3	4	5	6	7	8	9	10	11	12	13	14	15
1	1	0	3	2	5	4	7	6	9	8	11	10	13	12	15	14
2	2	3	0	1	6	7	4	5	10	11	8	9	14	15	12	13
3	3	2	1	0	7	6	5	4	11	10	9	8	15	14	13	12
4	4	5	6	7	0	1	2	3	12	13	14	15	8	9	10	11
5	5	4	7	6	1	0	3	2	13	12	15	14	9	8	11	10
6	6	7	4	5	2	3	0	1	14	15	12	13	10	11	8	9
7	7	6	5	4	3	2	1	0	15	14	13	12	11	10	9	8
8	8	9	10	11	12	13	14	15	0	1	2	3	4	5	6	7
9	9	8	11	10	13	12	15	14	1	0	3	2	5	4	7	6
10	10	11	8	9	14	15	12	13	2	3	0	1	6	7	4	5
11	11	10	9	8	15	14	13	12	3	2	1	0	7	6	5	4
12	12	13	14	15	8	9	10	11	4	5	6	7	0	1	2	3
13	13	12	15	14	9	8	11	10	5	4	7	6	1	0	3	2
14	14	15	12	13	10	11	8	9	6	7	4	5	2	3	0	1
15	15	14	13	12	11	10	9	8	7	6	5	4	3	2	1	0

$(m + k)_{zykl}$

m \ k	0	1	2	3	4	5	6	7	8	9	10	11	12	13	14	15
0	0	1	2	3	4	5	6	7	8	9	10	11	12	13	14	15
1	1	2	3	4	5	6	7	8	9	10	11	12	13	14	15	0
2	2	3	4	5	6	7	8	9	10	11	12	13	14	15	0	1
3	3	4	5	6	7	8	9	10	11	12	13	14	15	0	1	2
4	4	5	6	7	8	9	10	11	12	13	14	15	0	1	2	3
5	5	6	7	8	9	10	11	12	13	14	15	0	1	2	3	4
6	6	7	8	9	10	11	12	13	14	15	0	1	2	3	4	5
7	7	8	9	10	11	12	13	14	15	0	1	2	3	4	5	6
8	8	9	10	11	12	13	14	15	0	1	2	3	4	5	6	7
9	9	10	11	12	13	14	15	0	1	2	3	4	5	6	7	8
10	10	11	12	13	14	15	0	1	2	3	4	5	6	7	8	9
11	11	12	13	14	15	0	1	2	3	4	5	6	7	8	9	10
12	12	13	14	15	0	1	2	3	4	5	6	7	8	9	10	11
13	13	14	15	0	1	2	3	4	5	6	7	8	9	10	11	12
14	14	15	0	1	2	3	4	5	6	7	8	9	10	11	12	13
15	15	0	1	2	3	4	5	6	7	8	9	10	11	12	13	14

$(m-k)_{zykl}$

m \ k	0	1	2	3	4	5	6	7	8	9	10	11	12	13	14	15
0	0	15	14	13	12	11	10	9	8	7	6	5	4	3	2	1
1	1	0	15	14	13	12	11	10	9	8	7	6	5	4	3	2
2	2	1	0	15	14	13	12	11	10	9	8	7	6	5	4	3
3	3	2	1	0	15	14	13	12	11	10	9	8	7	6	5	4
4	4	3	2	1	0	15	14	13	12	11	10	9	8	7	6	5
5	5	4	3	2	1	0	15	14	13	12	11	10	9	8	7	6
6	6	5	4	3	2	1	0	15	14	13	12	11	10	9	8	7
7	7	6	5	4	3	2	1	0	15	14	13	12	11	10	9	8
8	8	7	6	5	4	3	2	1	0	15	14	13	12	11	10	9
9	9	8	7	6	5	4	3	2	1	0	15	14	13	12	11	10
10	10	9	8	7	6	5	4	3	2	1	0	15	14	13	12	11
11	11	10	9	8	7	6	5	4	3	2	1	0	15	14	13	12
12	12	11	10	9	8	7	6	5	4	3	2	1	0	15	14	13
13	13	12	11	10	9	8	7	6	5	4	3	2	1	0	15	14
14	14	13	12	11	10	9	8	7	6	5	4	3	2	1	0	15
15	15	14	13	12	11	10	9	8	7	6	5	4	3	2	1	0

Dabei bedeutet $(m+k)_{zykl} = (m+k) \bmod M$; dadurch wird berücksichtigt, daß man die Periodizität der Funktion f $\left(\text{d. h. } f(M \frac{X}{M}) = f(0)\ , \ f((M+1)\frac{X}{M}) = f(1 \cdot \frac{X}{M}), \ldots\right)$ bei der Bildung der Summe für die diskrete zyklische Korrelation ausnutzt. Genauso geht über $(m-k)_{zykl} = (M+m-k) \bmod M$ in die Summenbildung für die diskrete zyklische Faltung ein, daß die Funktion f periodisch ist.

Zusammenfassend kann man sagen, daß sowohl das diskrete Walsh-Spektrum wie auch die dyadischen Verknüpfungen mit Vorsicht zu betrachten sind. Obwohl augenscheinliche Ähnlichkeiten zum Fourier-Spektrum und den entsprechenden diskreten zyklischen Begriffen bestehen, ist der enge natürliche Zusammenhang einer Funktion zu physikalischen Strukturen, die diese Funktion charakterisieren und über die man mit Hilfe der (diskreten) Fourier-Analyse Aussagen machen kann, nicht ohne weiteres gegeben oder übertragbar.

DIE UMKEHRFORMEL

Die diskrete Walsh-Transformation ist eine ein-eindeutige Zuordnung. Durch diese Transformation verliert man also keine Information, sondern hat eine äquivalente Darstellung, die für manche Zwecke von Vorteil ist.

<u>SATZ 2.7:</u> Es sei $M = 2^\tau$ $(\tau \in \mathbb{N})$. Dann gilt mit den unter Kenntnis der Werte einer Funktion f in den diskreten Punkten $x_m = m \frac{X}{M}$, $m = 0,1,\dots,M-1$, berechneten diskreten Walshkoeffizienten

$$f_M^{\vee}(k) = \frac{1}{M} \sum_{m=0}^{M-1} f(x_m)\, \mathrm{wal}_X(k,x_m) \quad , \quad k = 0,1,\dots,M-1 \quad ,$$

die Umkehrformel

$$f(x_m) = \sum_{k=0}^{M-1} f_M^{\vee}(k)\, \mathrm{wal}_X(m,x_k) \quad , \quad m = 0,1,\dots,M-1 \quad .$$

<u>BEWEIS:</u> Nach Satz 2.4 gilt $f(x_m) = \mathcal{DW}_M(f)(x_m)$, und mit Satz 2.3 (ii) folgt die Behauptung.

∎

Die Zuordnung der diskreten Walshkoeffizienten $f_M^{\vee}(k)$ zu den Funktionswerten $f(x_m)$ nennt man **diskrete Walsh-Transformation** und die Umkehrung **diskrete Walsh-Umkehrtransformation** oder -Rücktransformation.

EIN BEISPIEL

Im letzten Kapitel wurden als Beispiel die π-periodischen Funktionen

$$f(x) = |\sin x|$$

und g, die im fundamentalen Intervall $[0,\pi)$ gegeben ist durch

$$g(x) = \begin{cases} 1/2 & , \quad x = 0 \\ \frac{1}{\pi}(\pi - x) & , \quad x \in (0,\pi) \end{cases} ,$$

deren Fourier-Spektren und deren (diskrete) zyklische Korrelation und (diskrete) zyklische Faltung behandelt (vgl. Kapitel 1.1, 1.2). Im folgenden sind die den Walsh-Funktionen entsprechenden Prozesse zum Vergleich durchgeführt.

Die diskreten Walsh-Amplituden-Spektren der beiden Funktionen f und g sind in Bild 2.5 dargestellt. Der Übersicht halber sind diese diskreten Spektren wieder "kontinuierlich ergänzt", indem die nur für $k = 0,1,2,\dots$ definierten Werte miteinander verbunden wurden.

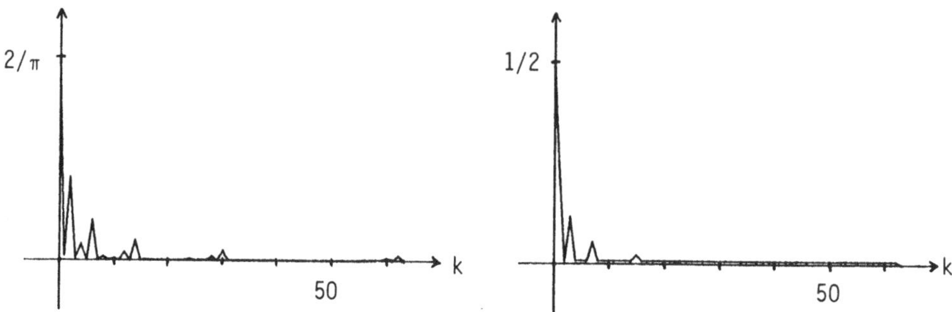

Bild 2.5: Diskrete Walsh-Amplituden-Spektren

$$\left\{ |f_M^v(k)| \;\middle|\; k = 0,1,\ldots,M-1 \right\} \quad \text{und} \quad \left\{ |g_M^v(k)| \;\middle|\; k = 0,1,\ldots,M-1 \right\}$$

der Funktionen f und g für $M = 2^6 = 64$

Diese Spektren lassen sich nicht direkt mit den entsprechenden Fourier-Amplituden-Spektren vergleichen (s. Seite 106). Faßt man aber gleichsequente Anteile zusammen, so erhält man die in Bild 2.6 gezeigten Spektren, die einen Vergleich mit den rechten Hälften der entsprechenden Fourier-Amplituden-Spektren aus Bild 1.3 erlauben, wenn man noch berücksichtigt, daß der Unterschied der entsprechenden Fourier-Amplituden-Spektren von den dort gezeigten Spektren so gering ist, daß er graphisch nicht zum Ausdruck kommt.

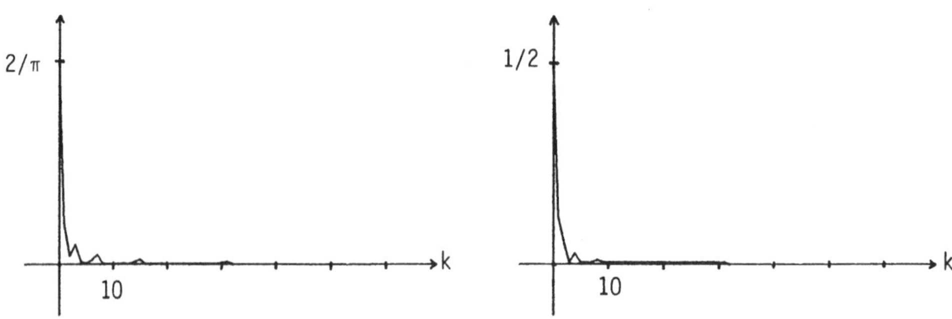

Bild 2.6: Diskrete Spektren

$$\left\{ |f_M^v(0)|;\ \frac{1}{2}\sqrt{(f_M^v(2k))^2 + (f_M^v(2k-1))^2}\ ,\ k = 1,\ldots,31\ ;\ |f_M^v(63)| \right\},$$

und $\left\{ |g_M^v(0)|;\ \frac{1}{2}\sqrt{(g_M^v(2k))^2 + (g_M^v(2k-1))^2}\ ,\ k = 1,\ldots,31\ ;\ |g_M^v(63)| \right\}$,

der Funktionen f und g für $M = 2^6 = 64$

Obwohl die Gewichtung der ersten Frequenz- bzw. Sequenzanteile etwas unterschiedlich ist, zeigen doch alle Spektren, daß in den Funktionen f und g höherfrequente bzw. höhersequente Anteile nur sehr schwach enthalten sind. Die diskrete dyadische Korrelation

$$\mathcal{D}(f \odot g)(x_m) = \frac{1}{M} \sum_{k=0}^{M-1} f(x_{m \oplus k})\, g(x_k) \quad , \quad m = 0,1,\ldots,M-1 \ ,$$

und die diskrete dyadische Faltung

$$\mathcal{D}(f \circledast g)(x_m) = \frac{1}{M} \sum_{k=0}^{M-1} f(x_{m \ominus k})\, g(x_k) \quad , \quad m = 0,1,\ldots,M-1 \ ,$$

die ja identische Werte liefern, lassen sich sehr effizient mit der in Abschnitt 2.4 angegebenen Schnellen Walsh-Transformation mit Hilfe der diskreten Walshkoeffizienten der Funktionen f und g bestimmen. Kennt man nämlich die diskreten Walshkoeffizienten $\check{f}_M(k)$ und $\check{g}_M(k)$, $k = 0,1,\ldots,M-1$, der Funktionen f und g , so sind nach Satz 2.5 (ii) bzw. 2.6 (ii) die diskreten Walshkoeffizienten der diskreten dyadischen Korrelation und der diskreten dyadischen Faltung durch deren Produkt $\check{f}_M(k)\cdot\check{g}_M(k)$, $k = 0,1,\ldots,M-1$, gegeben, und mit der Umkehrformel aus Satz 2.7 gilt dann für $m = 0,1,\ldots,M-1$

$$\mathcal{D}(f \odot g)(x_m) = \mathcal{D}(f \circledast g)(x_m) = \sum_{k=0}^{M-1} \check{f}_M(k)\, \check{g}_M(k)\, \mathrm{wal}_X(m,x_k) \quad ;$$

diese Umkehrtransformation läßt sich ebenfalls sehr effizient mit der Schnellen Walsh-Transformation aus Abschnitt 2.4 durchführen. Auf diesem Umweg mit der diskreten Walsh-Transformation braucht man zur Bestimmung aller Werte der diskreten dyadischen Korrelation bzw. Faltung

$$3M \cdot \frac{\log M}{\log 2} \ \text{Additionen} \quad \text{und} \quad 3M \ \text{Multiplikationen}$$

gegenüber einem Aufwand von

$$M(M-1) \ \text{Additionen} \quad \text{und} \quad M(M+1) \ \text{Multiplikationen} \ ,$$

den man hätte, wenn man die diskreten dyadischen Verknüpfungen über die Definition (2.15) bzw. (2.18) direkt berechnen würde. [*Für* $M = 2^6 = 64$ *kommt man so auf* 1152 *Additionen und* 192 *Multiplikationen gegenüber* 4032 *Additionen und* 4160 *Multiplikationen und für* $M = 2^{12} = 4096$ *sogar nur auf* 147 456 *Additionen und* 12 288 *Multiplikationen gegenüber* 16 733 120 *Additionen und* 16 781 312 *Multiplikationen!*]

Bild 2.7 zeigt die diskrete dyadische Korrelation und die diskrete dyadische Faltung der beiden π-periodischen Funktionen f und g . Ein Vergleich mit den entsprechenden zyklischen Prozessen aus Bild 1.4 läßt wohl keinen Zusammenhang dazwischen erkennen.

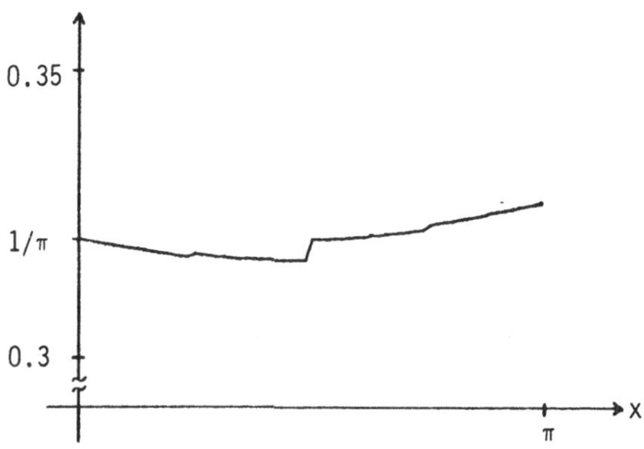

Bild 2.7: Diskrete dyadische Korrelation $\mathcal{D}(f \odot g)$ und diskrete dyadische Faltung $\mathcal{D}(f \circledast g)$ der Funktionen f und g für $M = 2^6 = 64$

ZUSAMMENFASSUNG

Die diskrete Walsh-Transformation hat die im folgenden zusammengestellten wichtigen Eigenschaften:

diskrete reelle Werte einer mit der Periode X periodischen Funktion in den M Punkten $x_m = m\frac{X}{M}$, $m = 0,1,\dots,M-1$ (M ist eine Potenz von 2)	dazugehörige diskrete Walshkoeffizienten ($k = 0,1,\dots,M-1$)
$f(x_m) = \sum_{k=0}^{M-1} f_M^\vee(k)\ \mathrm{wal}_X(m,x_k)$	$f_M^\vee(k) = \frac{1}{M} \sum_{k=0}^{M-1} f(x_m)\ \mathrm{wal}_X(k,x_m)$
	$\sum_{k=0}^{M-1} (f_M^\vee(k))^2 = \frac{1}{M} \sum_{m=0}^{M-1} (f(x_m))^2$
Linearität: $f(x_m) \pm g(x_m)$	$f_M^\vee(k) \pm g_M^\vee(k)$
$\alpha \cdot f(x_m)$, $\alpha \in \mathbb{R}$	$\alpha \cdot f_M^\vee(k)$

diskrete Korrelation:	$\mathcal{D}(f \odot g)(x_m)$	$f_M^{\vee}(k) \cdot g_M^{\vee}(k)$
diskrete Faltung:	$\mathcal{D}(f \circledast g)(x_m)$	$f_M^{\vee}(k) \cdot g_M^{\vee}(k)$

Die Eigenschaft, daß bei geraden Funktionen die Walshkoeffizienten mit ungeradem Index immer verschwinden und bei ungeraden Funktionen die Walshkoeffizienten mit geradem Index immer gleich Null sind, überträgt sich nicht auf den diskreten Fall.

FILTERUNGEN ALS EINE ANWENDUNG

Kennt man die diskreten Walshkoeffizienten einer Funktion g , so ist es möglich, einzelne Sequenzanteile dieser Funktion durch Manipulation an den entsprechenden Koeffizienten zu beeinflussen. Dies entspricht einer dyadischen Faltung (oder Korrelation) dieser Funktion g mit einer bestimmten Funktion h , und man erhält so eine neue Funktion f

$$f(x_m) = \mathcal{D}(g \circledast h)(x_m) \quad .$$

Solch eine Manipulation nennt man auch eine **Sequenz-Filterung**.

Um etwa eine verrauschte Funktion g zu glätten, wird man versuchen, höhersequente Anteile in der Funktion zu dämpfen oder ganz zu unterdrücken. Genauso wie bei den im letzten Kapitel behandelten Frequenz-Filterungen kann man auf vielerlei Weise gleichsequente Anteile manipulieren.

Eine Unterdrückung der höhersequenten Anteile bei gleichzeitiger Erhaltung der niedersequenten Anteile erreicht man, indem man den k-ten Walshkoeffizienten der verrauschten Funktion g mit dem Faktor

$$(D_n)^{\vee}(k) = \begin{cases} 1 \quad , & k = 0,1,\ldots,2n-2 \\ 0 \quad , & k \geq 2n-1 \end{cases}$$

für ein geeignetes n multipliziert; unbeeinflußt bleiben so die Anteile mit einer Sequenz $< n$. Dies ist gleichbedeutend mit einer dyadischen Faltung der verrauschten Funktion mit der mit der Periode X periodischen Funktion **(Walsh-Dirichlet-Kern)**

$$h(x) \equiv D_n(x) = \sum_{k=0}^{2n-2} \mathrm{wal}_X(k,x) \quad .$$

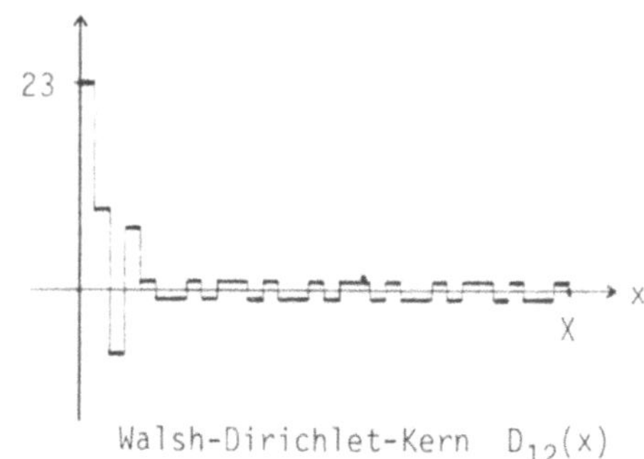

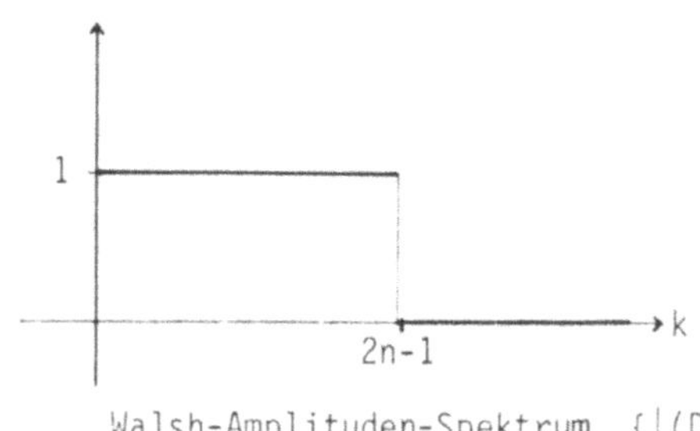

Bild 2.8: Walsh-Dirichlet-Kern $D_n(x)$ für $n = 4$ und $n = 12$ und das Walsh-Amplituden-Spektrum des Walsh-Dirichlet-Kerns $D_n(x)$

Eine monotone Abschwächung der Anteile mit wachsender Sequenz bis hin zu deren Unterdrückung erreicht man, indem man den entsprechenden Walshkoeffizienten der verrauschten Funktion mit dem Faktor

$$(F_n)^{\vee}(0) = 1$$

$$(F_n)^{\vee}(2k - 1) = (F_n)^{\vee}(2k) = \begin{cases} 1 - \frac{k}{n} & , \quad k = 1,2,\dots,n-1 \\ 0 & , \quad k \geq n \end{cases}$$

für ein bestimmtes n multipliziert; Anteile mit einer Sequenz $\geq n$ werden ganz unterdrückt. Dies entspricht einer dyadischen Faltung von g mit der X-periodischen Funktion (Walsh-Fejér-Kern)

$$h(x) \equiv F_n(x) = 1 + \sum_{k=1}^{n-1} (1 - \tfrac{k}{n}) \left\{ \mathrm{wal}_X(2k-1, x) + \mathrm{wal}_X(2k, x) \right\} .$$

Mit den entsprechenden Funktionen eines zyklischen Faltungsprozesses (Bilder 1.10 und 1.11) lassen sich die beiden oben behandelten dyadischen Faltungsfunktionen aus den Bildern 2.8 und 2.9 in etwa vergleichen.

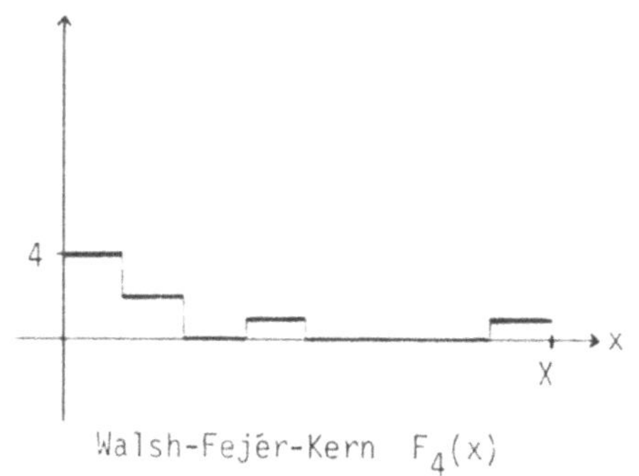

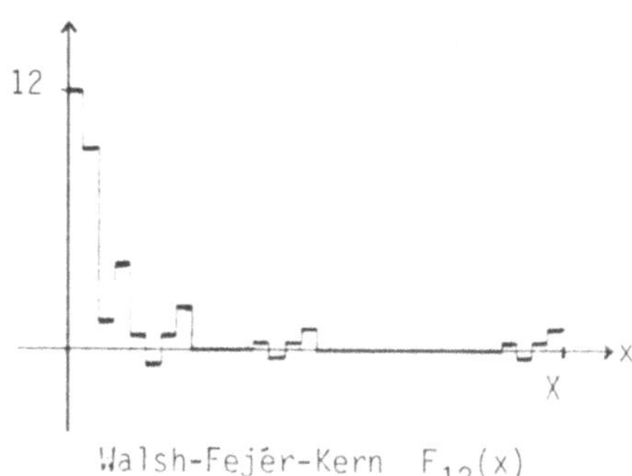

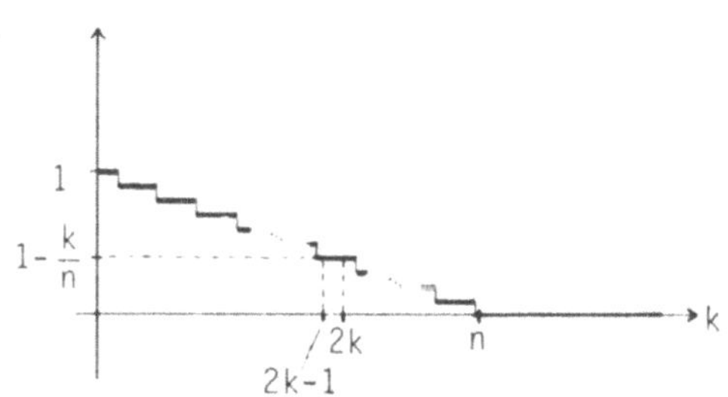

Bild 2.9: Walsh-Fejér-Kern $F_n(x)$ für $n = 4$ und $n = 12$ und das Walsh-Amplituden-Spektrum des Walsh-Fejér-Kerns $F_n(x)$

Eine Glättung kann man auch durch eine dyadische Faltung einer verrauschten Funktion g mit der X-periodischen Funktion **(Walsh-Abel-Poisson-Kern)**

$$h(x) \equiv P_r(x) = 1 + \sum_{k=1}^{\infty} r^k \left\{ wal_X(2k-1, x) + wal_X(2k, x) \right\}$$

für ein geeignetes r, $0 < r < 1$, erreichen; dieser Faltungsprozeß ist nichts anderes als eine gleiche Dämpfung gleichsequenter Anteile, und zwar umso mehr, je höher die Sequenz ist: man multipliziert dann die Walshkoeffizienten von g mit dem entsprechenden Faktor

$$(P_r)^V(0) = 1$$

$$(P_r)^V(2k-1) = (P_r)^V(2k) = r^k \quad , \quad k = 1,2,\ldots \quad .$$

Für die schon im letzten Kapitel im Zusammenhang mit zyklischen Faltungsprozessen bei Frequenz-Filterungen betrachtete verrauschte Funktion ergeben sich so die in Bild 2.10 dargestellten geglätteten Funktionsverläufe, die mit Hilfe der diskreten Walsh-Transformation und -Umkehrtransformation ermittelt wurden. Im Vergleich mit Bild 1.13 haben die geglätteten Funktionen aus Bild 2.10 ein typisches "Walsh-charakteristisches" Aussehen.

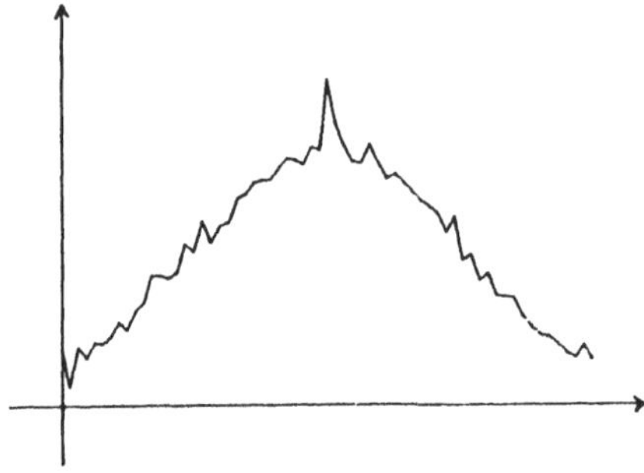

verrauschte Funktion

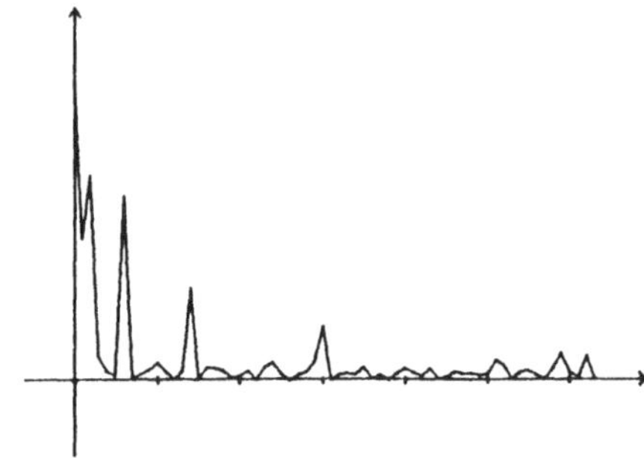

Walsh-Amplituden-Spektrum der verrauschten Funktion

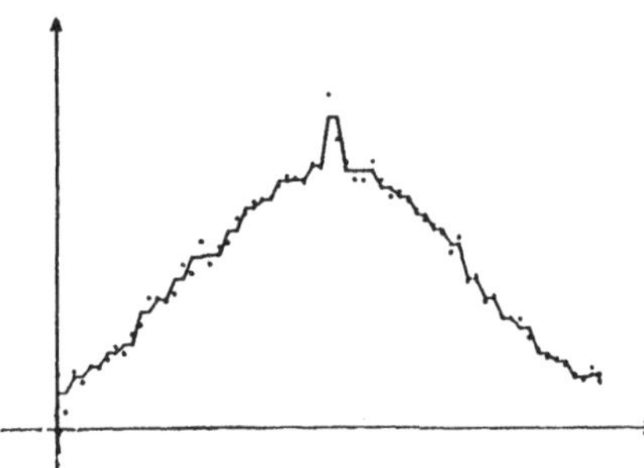

Faltung der verrauschten Funktion mit dem Walsh-Dirichlet-Kern

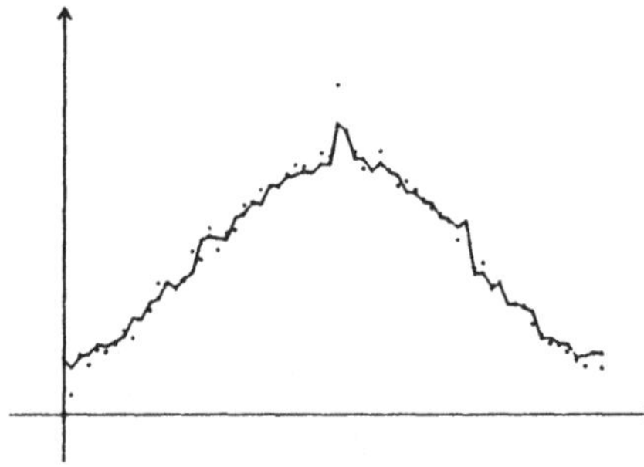

Faltung der verrauschten Funktion mit dem Walsh-Fejér-Kern

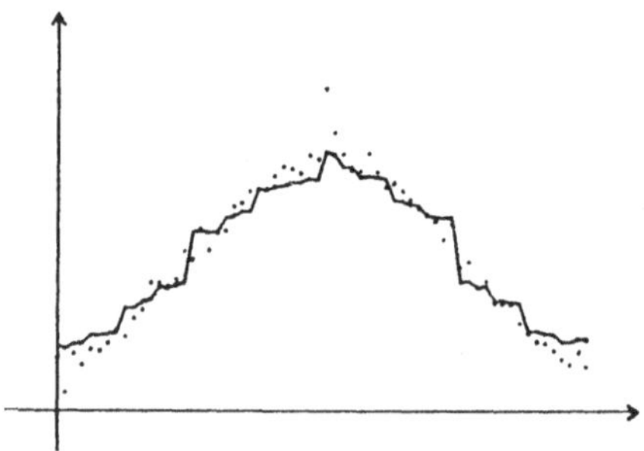

Faltung der verrauschten Funktion mit dem Walsh-Abel-Poisson-Kern

Bild 2.10: diskret gegebene verrauschte Funktion (M = 64) mit zugehörigem Walsh-Amplituden-Spektrum sowie die mit dem Walsh-Dirichlet-Kern (n = 16), dem Walsh-Fejér-Kern (n = 32) und dem Walsh-Abel-Poisson-Kern (r = 0.9) geglätteten Funktionen; die Punkte geben jeweils die diskreten Werte der verrauschten Funktion an

2.3 DER MEHRDIMENSIONALE FALL

Auch die Erweiterung der endlichen Walsh-Transformation auf reellwertige Funktionen mehrerer unabhängiger Veränderlicher läßt sich iteriert eindimensional darstellen. Wir betrachten hier wieder explizit nur den zweidimensionalen Fall, da er in der mehrdimensionalen Anwendung weitaus am meisten vorkommt und die Erweiterung auf höhere Dimensionen keine Schwierigkeiten bereitet, wenn man die Erweiterung auf den zweidimensionalen Fall kennt.

Zur Approximation einer auf $\mathbb{R}^2$ definierten, reellwertigen periodischen Funktion f mit den Perioden X und Y $(X,Y > 0)$ wählt man das System der mit den gleichen Perioden periodischen Walsh-Funktionen

$$\Omega = \left\{ \mathrm{wal}_X(k,x) \cdot \mathrm{wal}_Y(\ell,y) \;\middle|\; k,\ell = 0,1,2,\ldots \right\} .$$

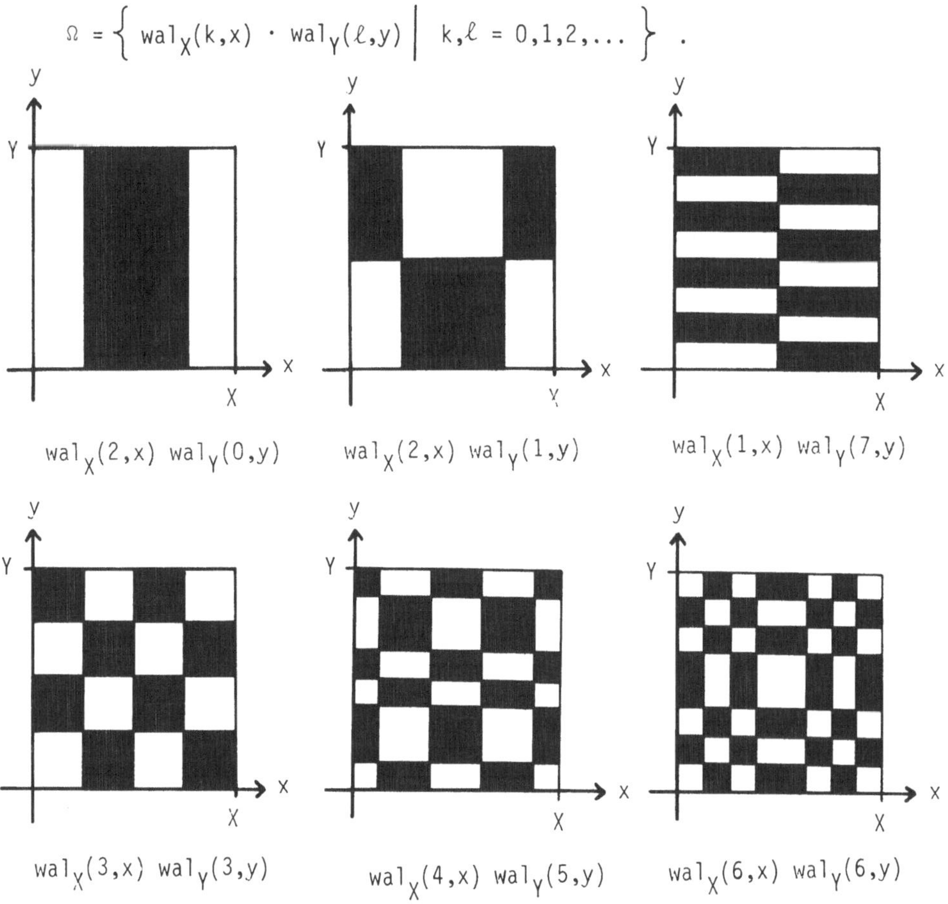

Bild 2.11: Walsh-Funktionen $\mathrm{wal}_X(k,x)\ \mathrm{wal}_Y(\ell,y)$ im fundamentalen Intervall für einige Werte von k und ℓ ; schwarze Flächen repräsentieren den Wert -1 , weiße Flächen den Wert $+1$

Bild 2.11 zeigt einige zweidimensionale Walsh-Funktionen aus Ω , die man am besten in der Draufsicht darstellt, da sie stückweise konstant nur die Werte +1 und -1 annehmen.

Die Funktionen, die sich als Linearkombinationen der mit den Perioden X und Y periodischen trigonometrischen Polynome aus

$$\Pi = \left\{ \sin\left(k \frac{2\pi}{X} x + \ell \frac{2\pi}{Y} y\right) , \cos\left(k \frac{2\pi}{X} x + \ell \frac{2\pi}{Y} y\right) \,\middle|\, k,\ell = 0,\pm1,\pm2,\dots \right\}$$

darstellen lassen, ähneln denen, die eine Superposition von Funktionen aus Ω sind, denn wegen

$$\sin\left(k \frac{2\pi}{X} x + \ell \frac{2\pi}{Y} y\right) = \sin\left(k \frac{2\pi}{X} x\right) \cos\left(\ell \frac{2\pi}{Y} y\right) + \cos\left(k \frac{2\pi}{X} x\right) \sin\left(\ell \frac{2\pi}{Y} y\right)$$

$$= \operatorname{sgn}(k) \sin\left(|k| \frac{2\pi}{X} x\right) \cos\left(|\ell| \frac{2\pi}{Y} y\right) + \operatorname{sgn}(\ell) \cos\left(|k| \frac{2\pi}{X} x\right) \sin\left(|\ell| \frac{2\pi}{Y} y\right)$$

und

$$\cos\left(k \frac{2\pi}{X} x + \ell \frac{2\pi}{Y} y\right) = \cos\left(k \frac{2\pi}{X} x\right) \cos\left(\ell \frac{2\pi}{Y} y\right) - \sin\left(k \frac{2\pi}{X} x\right) \sin\left(\ell \frac{2\pi}{Y} y\right)$$

$$= \cos\left(|k| \frac{2\pi}{X} x\right) \cos\left(|\ell| \frac{2\pi}{Y} y\right) - \operatorname{sgn}(k) \operatorname{sgn}(\ell) \sin\left(|k| \frac{2\pi}{X} x\right) \sin\left(|\ell| \frac{2\pi}{Y} y\right) ,$$

wobei

$$\operatorname{sgn}(m) = \begin{cases} 1 , & m \geq 0 \\ -1 , & m < 0 \end{cases}$$

das Vorzeichen einer ganzen Zahl m angibt, sind alle Funktionen aus Π auch darstellbar als eine Linearkombination von Funktionen aus

$$\left\{ \sin\left(k \frac{2\pi}{X} x\right) \sin\left(\ell \frac{2\pi}{Y} y\right), \cos\left(k \frac{2\pi}{X} x\right) \cos\left(\ell \frac{2\pi}{Y} y\right), \sin\left(k \frac{2\pi}{X} x\right) \cos\left(\ell \frac{2\pi}{Y} y\right) , \right.$$
$$\left. \cos\left(k \frac{2\pi}{X} x\right) \sin\left(\ell \frac{2\pi}{Y} y\right) \,\middle|\, k,\ell = 0,1,2,\dots \right\} ,$$

und mit den Bezeichnungen sal und cal ist das System Ω der 2-dimensionalen Walsh-Funktionen nichts anderes als

$$\left\{ \operatorname{sal}_X(k,x) \operatorname{sal}_Y(\ell,y), \ \operatorname{cal}_X(k,x) \operatorname{cal}_Y(\ell,y), \ \operatorname{sal}_X(k,x) \operatorname{cal}_Y(\ell,y), \right.$$
$$\left. \operatorname{cal}_X(k,x) \operatorname{sal}_Y(\ell,y) \,\middle|\, k,\ell = 0,1,2,\dots \right\} ,$$

wenn man noch

$$\operatorname{sal}_X(0,x) = \operatorname{sal}_Y(0,y) \equiv 0$$

setzt.

Bild 2.12 vergleicht einige Walsh-Funktionen mit den entsprechenden trigonometrischen Funktionen; man sieht deutlich, daß dort, wo die trigonometrischen Funktionen ihre Extremwerte +1 oder -1 annehmen, die entsprechenden Walsh-Funktionen den gleichen Wert haben.

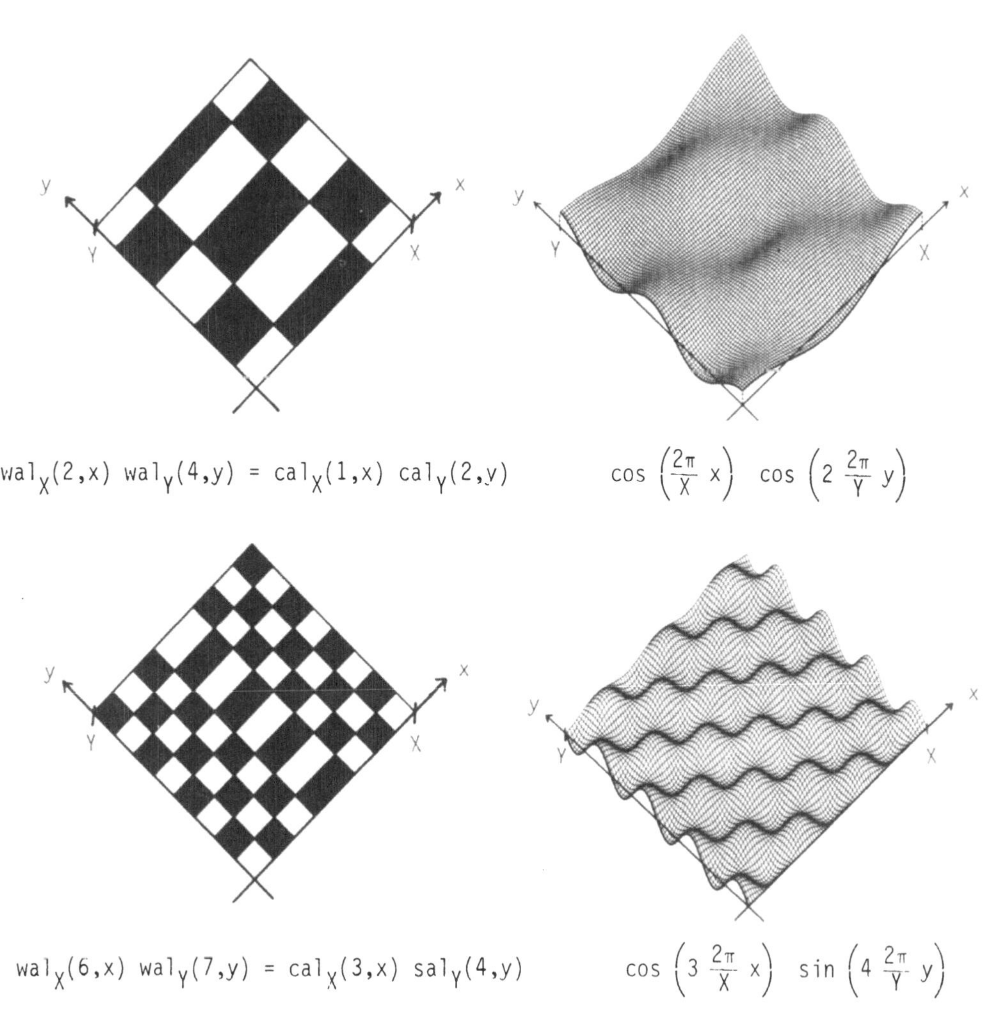

Bild 2.12: Vergleich einiger Walsh-Funktionen mit trigonometrischen Funktionen; bei den Walsh-Funktionen repräsentieren schwarze Flächen die Zahl -1 und weiße Flächen die Zahl +1

AUSSAGEN FÜR KONTINUIERLICH GEGEBENE FUNKTIONEN

Die Walsh-Funktionen aus Ω genügen der Orthonormalitätsrelation

$$(2.20)\qquad \frac{1}{X}\int_0^X \frac{1}{Y}\int_0^Y wal_X(k,x)\, wal_Y(\ell,y)\cdot wal_X(m,x)\, wal_Y(n,y)\, dydx = \delta_{km}\,\delta_{\ell n} \quad ,$$

die sich unmittelbar aus (2.4) ergibt.

Ein endliches Teilsystem des unendlichen Funktionensystems Ω sei mit

$$(2.21)\qquad \Omega_{K,L} = \left\{ wal_X(k,x)\, wal_Y(\ell,y) \;\middle|\; k = 0,1,\ldots,K \;;\; \ell = 0,1,\ldots,L \right\}$$

($K,L \in \mathbb{N}$) bezeichnet. Eine den mittleren quadratischen Fehler minimierende Approximation einer periodischen Funktion f durch eine Funktion aus dem System $\Omega_{K,L}$ erhält man mit den Walshkoeffizienten

$$(2.22)\qquad f^V(k,\ell) = \frac{1}{X}\int_0^X \frac{1}{Y}\int_0^Y f(x,y)\, wal_X(k,x)\, wal_Y(\ell,y)\, dydx \quad .$$

<u>SATZ 2.8:</u> Die Funktion f sei periodisch mit den Perioden X und Y und sei quadratisch integrierbar, d. h. es existiere das Integral

$$\int_0^X \int_0^Y (f(x,y))^2\, dy\, dx \qquad \text{(zumindest im uneigentlichen Sinne).}$$

Dann wird für beliebige Funktionen

$$\Psi(x,y) = \sum_{k=0}^{K} \sum_{\ell=0}^{L} c_{k\ell}\, wal_X(k,x)\, wal_Y(\ell,y) \qquad (c_{k\ell} \in \mathbb{R})$$

aus $\Omega_{K,L}$ das Fehlermaß

$$\left(\int_0^X \int_0^Y (f(x,y) - \Psi(x,y))^2\, dy\, dx \right)^{1/2}$$

genau dann minimal, wenn man als Koeffizienten $c_{k\ell}$ von Ψ die eindeutig bestimmten Walshkoeffizienten

$$f^V(k,\ell) = \frac{1}{X}\int_0^X \frac{1}{Y}\int_0^Y f(x,y)\, wal_X(k,x)\, wal_Y(\ell,y)\, dy\, dx$$

($k = 0,1,\ldots,K$; $\ell = 0,1,\ldots,L$) wählt.

Als Walshreihe einer periodischen Funktion f bezeichnet man die unendliche Reihe

$$(2.23)\qquad \mathcal{W}(f)(x,y) = \sum_{k=0}^{\infty}\sum_{\ell=0}^{\infty} f^{V}(k,\ell)\,\mathrm{wal}_X(k,x)\,\mathrm{wal}_Y(\ell,y) \quad ,$$

und als Walshteilsumme der Walshreihe von f die abgebrochene Walshreihe

$$(2.24)\qquad \mathcal{W}_{K,L}(f)(x,y) = \sum_{k=0}^{K}\sum_{\ell=0}^{L} f^{V}(k,\ell)\,\mathrm{wal}_X(k,x)\,\mathrm{wal}_Y(\ell,y) \quad .$$

Auch die Begriffe der Sequenz-Spektren lassen sich auf den mehrdimensionalen Fall übertragen; so ist im zweidimensionalen Fall das Walsh-Sequenz-Spektrum die Menge $\{f^{V}(k,\ell)\}$ der Walshkoeffizienten und das Walsh-Amplituden-Spektrum die Menge $\{|f^{V}(k,\ell)|\}$ der Beträge der Walshkoeffizienten.

Als Eigenschaften einer Approximation mit Walsh-Funktionen gilt dann entsprechend zu Satz 2.2:

SATZ 2.9: Die periodische Funktion f mit den Perioden X und Y sei quadratisch integrierbar. Dann gilt:

(i) Die Walshteilsummen der Walshreihe von f konvergieren im Mittel gegen die Funktion f, d. h. es gilt

$$\lim_{K,L\to\infty} \frac{1}{X}\int_0^X \frac{1}{Y}\int_0^Y (f(x,y) - \mathcal{W}_{K,L}(f)(x,y))^2\,dy\,dx = 0 \quad .$$

(ii) Die Walshkoeffizienten der Walshreihe von f erfüllen die Identität

$$\sum_{k=0}^{\infty}\sum_{\ell=0}^{\infty} (f^{V}(k,\ell))^2 = \frac{1}{X}\int_0^X \frac{1}{Y}\int_0^Y (f(x,y))^2\,dy\,dx < \infty \quad .$$

Damit gilt insbesondere

$$\lim_{k\to\infty} f^{V}(k,\ell) = \lim_{\ell\to\infty} f^{V}(k,\ell) = 0 \quad .$$

(iii) Die endliche Walsh-Transformation ist eindeutig, d. h. stimmen sämtliche sich entsprechenden Walshkoeffizienten insbesondere von zwei stetigen periodischen Funktionen mit den gleichen Perioden X und Y überein, so sind diese beiden Funktionen identisch.

Für große Werte von k und ℓ beschreiben die Walshkoeffizienten $f^{V}(k,\ell)$ die hochsequenten Anteile in der Funktion f, die nach Satz 2.9 für $k\to\infty$ oder $\ell\to\infty$ gegen Null streben. Auch im mehrdimensionalen Fall ist die Konvergenz der Walshteilsummen (2.24) einer periodischen Funktion für $K,L\to\infty$ gegen diese Funktion nicht gewährleistet. Ist die zu approximierende periodische Funktion f jedoch (mindestens einmal) differenzierbar, so konvergieren ihre Walshteilsummen $W_{2^{\nu},2^{\varepsilon}}(f)$ für $\nu,\varepsilon\to\infty$ gleichmäßig gegen diese Funktion.
Auch das Lokalisationsprinzip behält weiterhin seine Gültigkeit.

AUSSAGEN FÜR DISKRET GEGEBENE FUNKTIONEN

Zur näherungsweisen Berechnung der Walshkoeffizienten einer periodischen Funktion f

$$f^{V}(k,\ell) = \frac{1}{X}\int_0^X \frac{1}{Y}\int_0^Y f(x,y)\ \mathrm{wal}_X(k,x)\ \mathrm{wal}_Y(\ell,y)\ dy\ dx$$

approximiert man die Integrale wieder mit der äquidistant zusammengesetzten Rechteckregel (bzw. der äquidistant zusammengesetzten Trapezregel) und erhält so die diskreten Walshkoeffizienten

$$(2.25)\qquad f^{V}_{M,N}(k,\ell) = \frac{1}{M}\sum_{m=0}^{M-1} \frac{1}{N}\sum_{n=0}^{N-1} f(x_m,y_n)\ \mathrm{wal}_X(k,x_m)\ \mathrm{wal}_Y(\ell,y_n)$$

mit $(x_m,y_n) = (m\frac{X}{M}, n\frac{Y}{N})$, wobei die Größen M und N Potenzen von 2 sind:

$$(2.26)\qquad M = 2^{\rho}\quad,\qquad N = 2^{\lambda}\qquad\qquad (\rho,\lambda\in\mathbb{N})\ .$$

Die diskrete Walshteilsumme ist mit (2.25) gegeben durch

$$(2.27)\qquad DW_{M,N}(f)(x,y) = \sum_{k=0}^{M-1}\sum_{\ell=0}^{N-1} f^{V}_{M,N}(k,\ell)\ \mathrm{wal}_X(k,x)\ \mathrm{wal}_Y(\ell,y)\ .$$

Ein diskretes Analogon zu (2.20) ist folgende Orthonormalitätsrelation

(2.28) $$\frac{1}{M}\sum_{p=0}^{M-1}\frac{1}{N}\sum_{q=0}^{N-1} wal_X(k,x_p)\, wal_Y(\ell,y_q)\cdot wal_X(m,x_p)\, wal_Y(n,y_q) = \delta_{km}\,\delta_{\ell n}$$

für $k,m = 0,1,\dots,M-1$ und $\ell,n = 0,1,\dots,N-1$, wobei M und N wieder Potenzen von 2 sind. Der Beweis von (2.28) erfolgt sofort mit Satz 2.3 (iv).

Die Interpolationseigenschaft der diskreten Walshteilsumme aus Satz 2.4 bleibt erhalten, d.h. die für $M = 2^\rho$ und $N = 2^\lambda$ $(\rho,\lambda \in \mathbb{N})$ aus dem System

$$\left\{ wal_X(k,x)\, wal_Y(\ell,y) \;\middle|\; k = 0,1,\dots,M-1 \text{ und } \ell = 0,1,\dots,N-1 \right\}$$

bestimmte Interpolationsfunktion, die in den äquidistant verteilten Punkten $(x_m,y_n) = (m\frac{X}{M}, n\frac{Y}{N})$ vorgegebene Werte $f(x_m,y_n)$, $m = 0,1,\dots,M-1$ und $n = 0,1,\dots,N-1$, annimmt, ist durch die diskrete Walshteilsumme (2.27) gegeben. Zum Nachweis dieser Eigenschaft braucht man die Relation (2.28) und die Eigenschaft aus Satz 2.3 (ii) von Walsh-Funktionen.

Die Umkehrformel wie in Satz 2.7, die sich unmittelbar aus der Interpolationseigenschaft der diskreten Walshteilsumme $f(x_m,y_n) = \mathcal{DW}_{M,N}(f)(x_m,y_n)$ und Satz 2.3 (ii) ergibt, lautet hier für M und N als Potenzen von 2

(2.29) $$f(x_m,y_n) = \sum_{k=0}^{M-1}\sum_{\ell=0}^{N-1} \check{f}_{M,N}(k,\ell)\, wal_X(m,x_k)\, wal_Y(n,y_\ell) \quad ,$$

$m = 0,1,\dots,M-1$ und $n = 0,1,\dots,N-1$, wobei $\check{f}_{M,N}(k,\ell)$ die unter Kenntnis der Werte $f(x_m,y_n)$ bestimmten diskreten Walshkoeffizienten (2.25) sind.

Die $M\cdot N$ Funktionswerte $f(x_m,y_n)$ und die $M\cdot N$ diskreten Walshkoeffizienten $\check{f}_{M,N}(k,\ell)$ sind also äquivalente Datensätze einer periodischen Funktion.

Die diskrete dyadische Korrelation $\mathcal{D}(f \odot g)$ von zwei Funktionen f und g, deren Werte im fundamentalen Intervall in den diskreten Punkten $(x_m,y_n) = (m\frac{X}{M}, n\frac{Y}{N})$, $m = 0,1,\dots,M-1$ und $n = 0,1,\dots,N-1$, bekannt sind, ist gegeben durch

(2.30) $$\mathcal{D}(f \odot g)(x_m,y_n) = \frac{1}{M}\sum_{k=0}^{M-1}\frac{1}{N}\sum_{\ell=0}^{N-1} f(x_{m \oplus k}, y_{n \oplus \ell})\, g(x_k,y_\ell) \quad ,$$

und die diskrete dyadische Faltung $\mathcal{D}(f \circledast g)$ dieser beiden Funktionen ist gegeben durch

$$(2.31)\qquad \mathcal{D}(f \circledast g)(x_m,y_n) = \frac{1}{M}\sum_{k=0}^{M-1}\frac{1}{N}\sum_{\ell=0}^{N-1} f(x_{m \ominus k},\, y_{n \ominus \ell})\, g(x_k,y_\ell) \quad ,$$

wobei $\oplus$ die Modulo-2-Addition, $\ominus$ die Modulo-2-Subtraktion und die Größen M und N wieder Potenzen von 2 sind. Da die Operationen $\oplus$ und $\ominus$ nach (2.19) identisch sind, fallen die Begriffe der diskreten dyadischen Korrelation und der diskreten dyadischen Faltung wieder zusammen.

Die den Sätzen 2.5 und 2.6 entsprechenden Sätze lauten daher

> SATZ 2.10: Für $M = 2^\rho$ und $N = 2^\lambda$ $(\rho,\lambda \in \mathbb{N})$ seien die Werte der mit den gleichen Perioden X und Y periodischen Funktionen f und g in den Punkten
>
> $$(x_m,y_n) = (m\,\frac{X}{M}\,,\, n\,\frac{Y}{N}) \quad , \quad m = 0,1,\ldots,M-1 \quad \text{und} \quad n = 0,1,\ldots,N-1 \quad ,$$
>
> im fundamentalen Intervall bekannt und beschränkt. Dann gilt:
>
> (i) Die diskrete dyadische Korrelation ist kommutativ, d. h. $\mathcal{D}(f \odot g)(x_m,y_n) = \mathcal{D}(g \odot f)(x_m,y_n)$, und periodisch mit den Perioden X und Y .
>
> (ii) Die diskreten Walshkoeffizienten der diskreten dyadischen Korrelation $\mathcal{D}(f \odot g)$ sind gegeben durch
>
> $$\mathcal{D}(f \odot g)^{\vee}_{M,N}\,(k,\ell) = f^{\vee}_{M,N}(k,\ell)\cdot g^{\vee}_{M,N}(k,\ell) \quad ,$$
>
> $k = 0,1,\ldots,M-1$ und $\ell = 0,1,\ldots,N-1$.

BEWEIS: Für ein $k \in \{0,1,\ldots,M-1\}$ und ein $\ell \in \{0,1,\ldots,N-1\}$ ist

$$\mathcal{D}(f \odot g)^{\vee}_{M,N}(k,\ell) = \frac{1}{M}\sum_{m=0}^{M-1}\frac{1}{N}\sum_{n=0}^{N-1} \mathcal{D}(f \odot g)(x_m,y_n)\ \mathrm{wal}_X(k,x_m)\ \mathrm{wal}_Y(\ell,y_n)$$

$$= \frac{1}{M}\sum_{m=0}^{M-1}\frac{1}{N}\sum_{n=0}^{N-1} \left\{ \frac{1}{M}\sum_{p=0}^{M-1}\frac{1}{N}\sum_{q=0}^{N-1} f(x_{m \oplus p},y_{n \oplus q})g(x_p,y_q) \right\} \mathrm{wal}_X(k,x_m)\ \mathrm{wal}_Y(\ell,y_n)$$

$$= \frac{1}{M}\sum_{p=0}^{M-1}\frac{1}{N}\sum_{q=0}^{N-1} g(x_p,y_q)\ \mathrm{wal}_X(k,x_p)\ \mathrm{wal}_Y(\ell,y_q)\ \cdot$$

$$\cdot \left\{ \frac{1}{M}\sum_{m=0}^{M-1}\frac{1}{N}\sum_{n=0}^{N-1} f(x_{m \oplus p},y_{n \oplus q})\ \mathrm{wal}_X(k,x_{m \oplus p})\ \mathrm{wal}_Y(\ell,y_{n \oplus q}) \right\} \quad ,$$

wobei die letzte Identität wegen

$$\mathrm{wal}_X(k,x_m) = \mathrm{wal}_X(k,x_{m \oplus p})\ \mathrm{wal}_X(k,x_p)$$

und

$$\mathrm{wal}_Y(\ell,y_n) = \mathrm{wal}_Y(\ell,y_{n \oplus q})\ \mathrm{wal}_Y(\ell,y_q)$$

gilt, deren Gültigkeit im Beweis von Satz 2.5 gezeigt wurde. Da für jede zulässigen festen p und q die Ausdrücke $m \oplus p$ und $n \oplus q$ für $m = 0,1,\ldots,M-1$ und $n = 0,1,\ldots,N-1$ genau einmal jeden Wert $0,1,\ldots,M-1$ bzw. $0,1,\ldots,N-1$ annehmen, steht in den geschweiften Klammern der Walshkoeffizient $\check{f}_{M,N}(k,\ell)$, und damit folgt dann die Behauptung (ii).

■

Satz 2.11: Für $M = 2^\rho$ und $N = 2^\lambda$ $(\rho,\lambda \in \mathbb{N})$ seien die Werte der mit den gleichen Perioden X und Y periodischen Funktionen f und g in den Punkten

$(x_m,y_n) = (m\,\frac{X}{M}\,,\ n\,\frac{Y}{N})\ ,\quad m = 0,1,\ldots,M-1$ und $n = 0,1,\ldots,N-1\ ,$

im fundamentalen Intervall bekannt und beschränkt. Dann gilt:

(i) Die diskrete dyadische Faltung ist kommutativ, d. h. $\mathcal{D}(f \circledast g)(x_m,y_n) = \mathcal{D}(g \circledast f)(x_m,y_n)$, und periodisch mit den Perioden X und Y .

(ii) Die diskreten Walshkoeffizienten der diskreten dyadischen Faltung $\mathcal{D}(f \circledast g)$ sind gegeben durch

$$\mathcal{D}(f \circledast g)^{\vee}_{M,N}(k,\ell) = \check{f}_{M,N}(k,\ell)\cdot \check{g}_{M,N}(k,\ell)\quad ,$$

$k = 0,1,\ldots,M-1$ und $\ell = 0,1,\ldots,N-1$.

EIN BEISPIEL

Bild 2.13 zeigt eine schon in Bild 1.15 zusammen mit ihrem diskreten Fourier-Amplituden-Spektrum abgebildete sehr einfache periodische Funktion, die im fundamentalen Intervall diskret gegeben ist, und das zugehörige diskrete Walsh-Amplituden-Spektrum $(M = N = 64)$. Dieses Spektrum muß man sich schon vom ersten Quadranten aus ansehen, um einen einigermaßen korrekten Einblick über die Verteilung der verschiedenen Sequenzanteile zu erhalten.

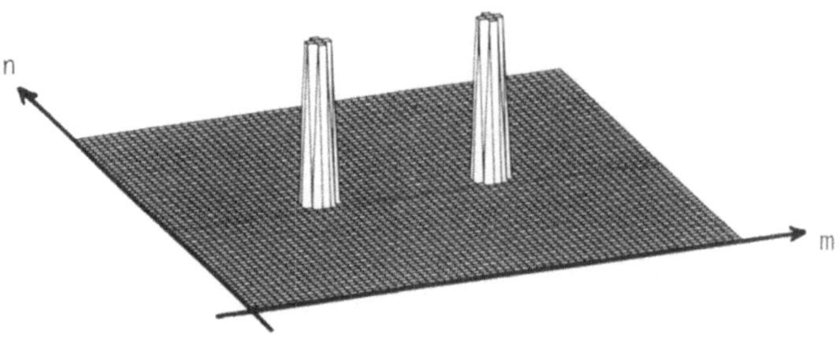

$f(x_m,y_n)$, $m = 0,1,\ldots,M-1$ und $n = 0,1,\ldots,N-1$

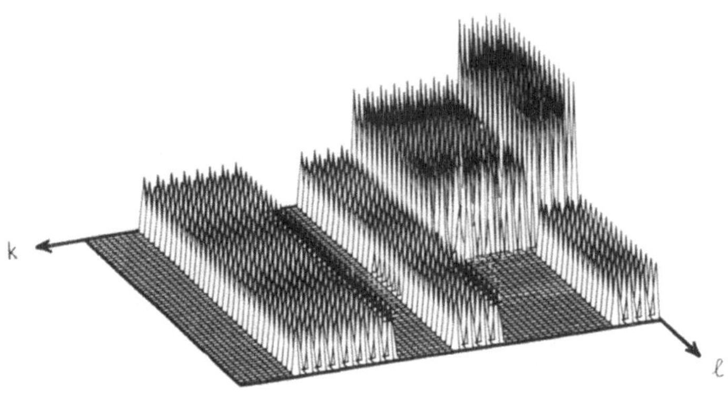

$|f^V_{M,N}(k,\ell)|$, $k = 0,1,\ldots,M-1$ und $\ell = 0,1,\ldots,N-1$

Bild 2.13

Die in der Draufsicht dargestellten entsprechenden Grauwertbilder (vgl. Bild 1.17) zeigt Bild 2.14; eine schwarze Fläche repräsentiert jeweils die Zahl Null und eine weiße Fläche bei der Funktion die Zahl 1 und beim Spektrum die Zahl 3/512 ; die dazwischenliegenden Grauwerte bedeuten jeweils entsprechend ihrer Helligkeit Werte zwischen diesen Schranken.

Während im (diskreten) Fourier-Amplituden-Spektrum die niederfrequenten (bzw. niedersequenten) Anteile um den Ursprung des Koordinatensystems stehen und mit wachsender Frequenz (bzw. Sequenz) die entsprechenden Anteile radial nach außen aufgetragen sind, sind die niedersequenten Anteile im (diskreten) Walsh-Amplituden-Spektrum im ersten Quadranten in der Nähe des Nullpunktes und die hochsequenten Anteile in der Nähe des diagonal gegenüberliegenden Eckpunktes des Datenfeldes!

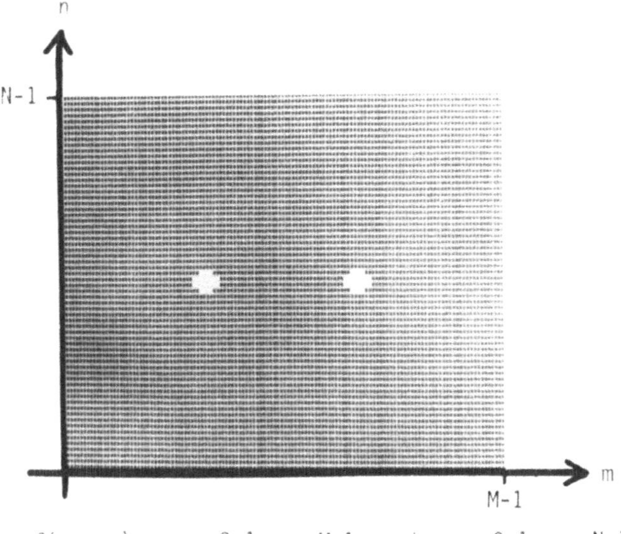

$f(x_m, y_n)$, m = 0,1,...,M-1 und n = 0,1,...,N-1

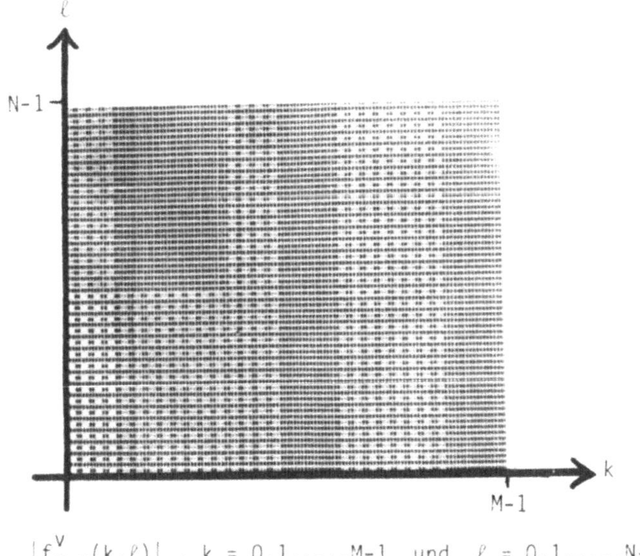

$|\overset{\vee}{f}_{M,N}(k,\ell)|$, k = 0,1,...,M-1 und ℓ = 0,1,...,N-1

Bild 2.14

Bezeichnet man die periodischen trigonometrischen Funktionen in folgender Weise mit

$$\begin{aligned} \mathrm{trig}_Z(2j,z) &= \cos\left(j \frac{2\pi}{Z} z\right) , \quad j = 0,1,2,\ldots \\ \mathrm{trig}_Z(2j-1,z) &= \sin\left(j \frac{2\pi}{Z} z\right) , \quad j = 1,2,\ldots \end{aligned} ,$$

dann entsprechen die Funktionen $\mathrm{trig}_Z(j,z)$ den Walsh-Funktionen $\mathrm{wal}_Z(j,z)$, wenn man statt $\cos\left(j \frac{2\pi}{Z} z\right)$ und $\sin\left(j \frac{2\pi}{Z} z\right)$ die Funktionen $\mathrm{cal}_Z(j,z)$

und $sal_Z(j,z)$ nimmt. Schreibt man mit Hilfe der trigonometrischen Additionstheoreme die diskrete Fourierteilsumme um und ordnet dann die Funktionen entsprechend, so erhält man die zur diskreten Fourierteilsumme äquivalente Approximation

$$\sum_{k=0}^{M-1} \sum_{\ell=0}^{N-1} c_{M,N}(k,\ell)\ trig_X(k,x)\ trig_Y(\ell,y) \quad .$$

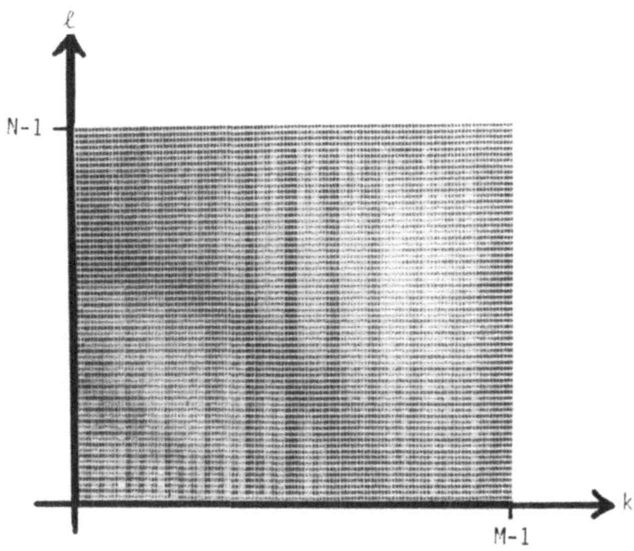

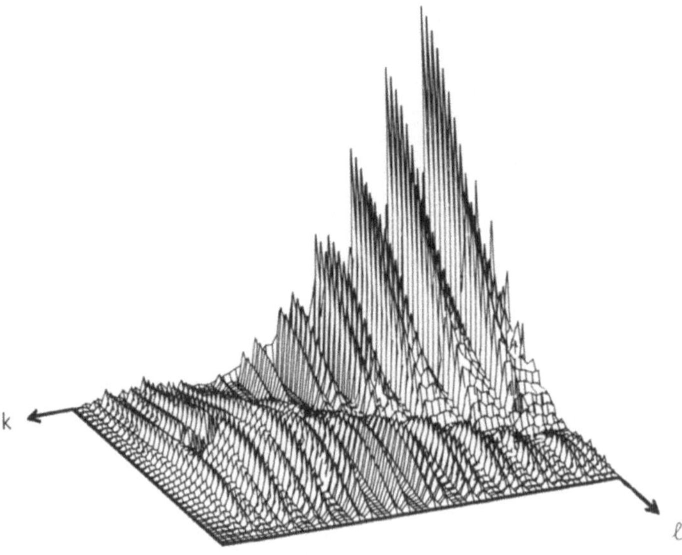

Bild 2.15: $|c_{M,N}(k,\ell)|$, $k = 0,1,\ldots,M-1$ und $\ell = 0,1,\ldots,N-1$

Die reellen Koeffizienten $c_{M,N}(k,\ell)$ lassen sich aus den Real- und Imaginärteilen der diskreten Fourierkoeffizienten $f^{\wedge}_{M,N}(k,\ell)$, $k = -\frac{M}{2},\dots,\frac{M}{2} - 1$ und $\ell = -\frac{N}{2},\dots,\frac{N}{2} - 1$, berechnen.

Bild 2.15 zeigt das zugehörige Amplituden-Spektrum, wenn man die sehr einfache periodische Funktion aus Bild 2.13 bzw. Bild 1.16 zugrungelegt. Bei dem Grauwertbild repräsentiert eine schwarze Fläche die Zahl Null und eine weiße Fläche die Zahl 0.02204085.. ; die dazwischenliegenden Grauwerte bedeuten entsprechend ihrer Helligkeit dazwischenliegende Werte.

Die Darstellung der diskreten Fourierteilsumme mit den Funktionen

$$\mathrm{trig}_X(k,x)\ \mathrm{trig}_Y(\ell,y) \quad , \quad k = 0,1,\dots,M-1 \ \text{ und } \ \ell = 0,1,\dots,N-1 \ ,$$

entspricht der diskreten Walshteilsumme (2.27). Ein Vergleich der beiden Amplituden-Spektren zeigt jedoch, daß im trigonometrischen Funktionensystem die Schwingungsanteile "glatter", also nicht so "kantig" wie im Walsh-Funktionensystem, und etwas anders verteilt sind. Dies untermauert die etwas unterschiedliche Interpretation des Walsh-Amplituden-Spektrums und des entsprechenden Fourier-Amplituden-Spektrums.

ZUSAMMENFASSUNG

Folgende Zusammenstellung faßt die wichtigsten Eigenschaften der zweidimensionalen endlichen Walsh-Transformation zusammen:

reellwertige periodische Funktion mit den Perioden X und Y	dazugehörige Walshkoeffizienten ($k,\ell = 0,1,2,\dots$)
$f(x,y)$	$f^{\vee}(k,\ell) = \frac{1}{X}\int_0^X \frac{1}{Y}\int_0^Y f(x,y)\,\mathrm{wal}_X(k,x)\,\mathrm{wal}_Y(\ell,y)\,dy\,dx$
	$\sum_{k=0}^{\infty}\sum_{\ell=0}^{\infty} (f^{\vee}(k,\ell))^2 = \frac{1}{X}\int_0^X \frac{1}{Y}\int_0^Y (f(x,y))^2\,dy\,dx$
	$\lim_{k\to\infty} f^{\vee}(k,\ell) = 0$, $\lim_{\ell\to\infty} f^{\vee}(k,\ell) = 0$
$f(x,y) = g(x)\cdot h(y)$	$f^{\vee}(k,\ell) = g^{\vee}(k)\cdot h^{\vee}(\ell)$
Linearität: $f(x,y) \pm g(x,y)$	$f^{\vee}(k,\ell) \pm g^{\vee}(k,\ell)$
$\alpha\cdot f(x,y)$, $\alpha \in \mathbb{R}$	$\alpha\cdot f^{\vee}(k,\ell)$

Für die zweidimensionale diskrete Walsh-Transformation gelten folgende wichtige Eigenschaften:

diskrete reelle Werte einer periodischen Funktion mit den Perioden X und Y in den Punkten $(x_m,y_n) = (m\frac{X}{M}, n\frac{Y}{N})$, $m = 0,1,\ldots,M-1$ und $n = 0,1,\ldots,N-1$ (M,N sind Potenzen von 2)	dazugehörige diskrete Walshkoeffizienten ($k = 0,1,\ldots,M-1$ und $\ell = 0,1,\ldots,N-1$)
$f(x_m,y_n) = \sum\limits_{k=0}^{M-1}\sum\limits_{\ell=0}^{N-1} f^V_{M,N}(k,\ell)\cdot$ $\cdot\, wal_X(m,x_k)\, wal_Y(n,y_\ell)$	$f^V_{M,N}(k,\ell) = \frac{1}{M}\sum\limits_{m=0}^{M-1}\frac{1}{N}\sum\limits_{n=0}^{N-1} f(x_m,y_n)\cdot$ $\cdot\, wal_X(k,x_m)\, wal_Y(\ell,y_n)$
	$\sum\limits_{k=0}^{M-1}\sum\limits_{\ell=0}^{N-1}(f^V_{M,N}(k,\ell))^2 = \frac{1}{M}\sum\limits_{m=0}^{M-1}\frac{1}{N}\sum\limits_{n=0}^{N-1}(f(x_m,y_n))^2$
$f(x_m,y_n) = g(x_m)\cdot h(y_n)$	$f^V_{M,N}(k,\ell) = g^V_M(k)\cdot h^V_N(\ell)$
Linearität: $f(x_m,y_n) \pm g(x_m,y_n)$	$f^V_{M,N}(k,\ell) \pm g^V_{M,N}(k,\ell)$
$\alpha\cdot f(x_m,y_n)$, $\alpha \in \mathbf{R}$	$\alpha\cdot f^V_{M,N}(k,\ell)$
diskrete Korrelation: $\mathcal{D}(f \odot g)(x_m,y_n)$	$f^V_{M,N}(k,\ell)\cdot g^V_{M,N}(k,\ell)$
diskrete Faltung: $\mathcal{D}(f \circledast g)(x_m,y_n)$	$f^V_{M,N}(k,\ell)\cdot g^V_{M,N}(k,\ell)$

2.4 DIE EFFEKTIVE BERECHNUNG DER DISKRETEN WALSH-TRANSFORMATION

DER EINDIMENSIONALE FALL

Im Unterschied zu den diskreten Fourierkoeffizienten werden zur Bestimmung der diskreten Walshkoeffizienten (2.10)

$$f_M^\vee(k) = \frac{1}{M} \sum_{m=0}^{M-1} f(x_m)\, wal_X(k,x_m) \quad , \quad k = 0,1,\ldots,M-1 \quad ,$$

keine Produkte, sondern nur Additionen/Subtraktionen durchgeführt, da die Walsh-Funktionen nur die Werte $+1$ und -1 annehmen.

Ein weiterer großer Vorteil bei der Berechnung der diskreten Walshkoeffizienten gegenüber der der diskreten Fourierkoeffizienten liegt darin, daß die Potenzen der Einheitswurzel komplex sind und paarweise verschieden sein können, während die Walsh-Funktionen nur die beiden reellen Werte ± 1 annehmen. Für reelle Datenfelder läßt sich daher die bei der diskreten Fourier-Analyse unumgängliche komplexe Rechnung vermeiden. Außerdem sind in einem Computer sämtliche Potenzen der irrationalen Einheitswurzel nicht exakt darstellbar, wohl aber die Werte ± 1 !

Die diskrete Walsh-Transformation kann man unter Umständen noch beschleunigen, falls ein Computer nicht "parallel" arbeitet, d. h. keine Bausteine besitzt, die die Summe von mehreren Zahlen auf einmal bestimmen können, sondern Additionen (und Multiplikationen) sequentiell ausführt.

Ist $[0,X)$ das fundamentale Intervall und $M = 2^\tau$ $(\tau \in \mathbb{N})$ die Anzahl der darin äquidistant verteilten Punkte $x_\ell = \ell \frac{X}{M}$, $\ell = 0,1,\ldots,M-1$, so werden zur Bestimmung der Koeffizienten

$$\beta_M(k) = \frac{1}{M} \sum_{\ell=0}^{M-1} f_\ell\, wal_X(k,x_\ell) \quad , \quad k = 0,1,\ldots,M-1 \quad , \tag{2.32}$$

bei vorgegebenen reellen Werten $\{f_\ell \mid \ell = 0,1,\ldots,M-1\}$ auf direktem Wege $M(M-1)$ reelle Additionen/Subtraktionen durchgeführt. [*Zum Vergleich im trigonometrischen Fall: Die Berechnung der Koeffizienten* (1.38)

$$\beta_M(k) = \frac{1}{M} \sum_{\ell=0}^{M-1} f_\ell\, e^{-2\pi i k \frac{\ell}{M}} \quad , \quad k = 0,1,\ldots,M-1 \quad ,$$

benötigt auf direktem Wege M^2 *komplexe Multiplikationen und* $M(M-1)$ *komplexe Additionen (!); unberücksichtigt geblieben ist jeweils die Normierung durch die Multiplikation mit* $1/M$.]

Die Werte der Walsh-Funktionen in den diskreten Punkten x_ℓ sind nach Satz 2.3 (i) gegeben durch

$$(2.33) \qquad wal_X(j,x_\ell) = (-1)^{\sum_{k=0}^{\tau-1} (\mu_k + \mu_{k+1})\omega_{\tau-1-k}} \equiv (-1)^{\sum_{k=0}^{\tau-1} (\mu_k \oplus \mu_{k+1})\omega_{\tau-1-k}} ,$$

wobei die nichtnegativen ganzen Zahlen $j,\ell < M = 2^\tau$ die eindeutigen Dualzahldarstellungen

$$(2.34) \qquad j = \sum_{\nu=0}^{\tau-1} \mu_\nu 2^\nu \quad (\mu_\tau = 0) , \quad \ell = \sum_{\nu=0}^{\tau-1} \omega_\nu 2^\nu , \quad \mu_\nu,\omega_\nu \in \{0,1\} ,$$

besitzen und die Modulo-2-Addition $\oplus$ durch (2.14) erklärt ist.

Ordnet man die nach ansteigenden Sequenzen durchnumerierten Walsh-Funktionen geeignet um, so kann man über einen FFT-artigen Algorithmus für die Berechnung der $M = 2^\tau$ diskreten Walshkoeffizienten eine Reduktion der Anzahl der nötigen Additionen auf $\tau \cdot 2^\tau$ (statt $2^\tau(2^\tau-1)$) erreichen.

Dazu benötigt man die Gray-Code Funktion, die jeder nichtnegativen ganzen Zahl $j < 2^\tau$ mit der Dualzahldarstellung aus (2.34) die eindeutige nichtnegative ganze Zahl $g(j) < 2^\tau$ mit der Dualzahldarstellung

$$(2.35) \qquad g(j) = \sum_{\nu=0}^{\tau-1} (\mu_\nu \oplus \mu_{\nu+1}) 2^\nu \qquad (\mu_\tau = 0)$$

zuordnet.

Die nach Paley (oder dyadisch) geordneten Walsh-Funktionen $pal_X(k,x)$ sind gegeben durch die Beziehung

$$(2.36) \qquad pal_X(g(j),x) = wal_X(j,x) \quad , \quad j = 0,1,\ldots \quad .$$

Der Definition (2.35) der Gray-Code Funktion kann man entnehmen, daß diese Funktion ganze Zahlen nur innerhalb der "Päckchen" $2^{q-1},\ldots,2^q-1$, $q \in \mathbb{N}$, umordnet, d. h. mit $j \in \{2^{q-1},\ldots,2^q-1\}$ ist auch $g(j) \in \{2^{q-1},\ldots,2^q-1\}$.

Für nichtnegative ganze Zahlen $j,\ell < M = 2^\tau$ mit den Dualzahldarstellungen (2.34) sind dann wegen (2.33) und (2.35) die Werte der nach Paley geordneten Walsh-Funktionen in den Punkten x_ℓ gegeben durch

$$(2.37) \qquad pal_X(j,x_\ell) = (-1)^{\sum_{k=0}^{\tau-1} \mu_k \, \omega_{\tau-1-k}} \quad ;$$

diese Funktionen genügen auch der Symmetriebedingung $pal_X(j,x_\ell) = pal_X(\ell,x_j)$. Die nach Paley geordneten Walsh-Funktionen haben nicht nur bei analytischen Untersuchungen Vorteile (siehe auch die Bemerkung zur Konvergenz der Walshteilsummen am Ende von Abschnitt 2.1), sondern man kann für sie auf ähnliche Weise und unter vergleichbarem Aufwand wie bei der diskreten Fourier-Transformation einen FFT-artigen Algorithmus zur Berechnung der diskreten Walsh-Paley-Koeffizienten (Walsh-Koeffizienten in der Paley-Ordnung) herleiten, der sich davon nur dadurch unterscheidet, daß alle trigonometrischen Werte (Potenzen der Einheitswurzel) durch 1 ersetzt werden.

Dazu betrachtet man statt der diskreten Walshteilsumme (2.12) als Approximation einer mit der Periode X periodischen Funktion f die **diskrete Walsh-Paley-Teilsumme**

$$(2.38)\qquad \mathcal{DP}_{2^\tau}(f)(x) = \sum_{k=0}^{2^\tau-1} f^{\sim}_{2^\tau}(k)\; pal_X(k,x)$$

mit den **diskreten Walsh-Paley-Koeffizienten**

$$(2.39)\qquad f^{\sim}_{2^\tau}(k) = \frac{1}{2^\tau} \sum_{m=0}^{2^\tau-1} f(x_m)\; pal_X(k,x_m) \quad , \quad k = 0,1,\dots,2^\tau-1 \quad ,$$

wobei $x_m = m\,\frac{X}{2^\tau}$ wieder die im Periodenintervall gleichverteilten Punkte seien. Wegen (2.36) unterscheiden sich die diskreten Walsh-Paley-Koeffizienten von den diskreten Walshkoeffizienten nur durch ihre Anordnung; genauer gilt

$$(2.40)\qquad f^{\vee}_{2^\tau}(k) = f^{\sim}_{2^\tau}(g(k)) \quad , \quad k = 0,1,\dots,2^\tau-1 \quad .$$

Die Koeffizienten $\alpha_{\tau,0,\ell}$ der Interpolationsfunktion

$$\varphi(x) \equiv P_{\tau,0}(x) = \sum_{\ell=0}^{2^\tau-1} \alpha_{\tau,0,\ell}\; pal_X(\ell,x) \quad ,$$

die in den Punkten x_m vorgegebene Werte $f_m = f(x_m)$ annimmt, sind nach Satz 2.4 in Verbindung mit (2.36) die diskreten Walsh-Paley-Koeffizienten $f^{\sim}_{2^\tau}(\ell)$ nach (2.39). Mit den Interpolationsfunktionen

$$P_{n,j}(x) = 2^{\tau-n} \sum_{\ell=0}^{2^n-1} \alpha_{n,j,\ell}\; pal_X(\ell,x)$$

$(n = 0,1,\dots,\tau\ ;\ j = 0,1,\dots,2^{\tau-n}-1)$, die die "verschobene Interpolationsbedingung"

$$P_{n,j}(x_{2^{\tau-n}k}) = f_{2^{\tau-n}k+j} \quad , \quad k = 0,1,\ldots,2^n-1 \quad ,$$

erfüllen, gilt, ausgehend von

$$P_{0,j}(x) \equiv 2^{\tau}\, \alpha_{0,j,0} = f_j \quad , \quad j = 0,1,\ldots,2^{\tau}-1 \quad ,$$

für $n \geq 1$ die Rekursion

$$P_{n,j}(x) = \frac{1}{2}\{1 + \mathrm{pal}_X(2^{n-1},x)\}\, P_{n-1,j}(x) + \frac{1}{2}\{1 - \mathrm{pal}_X(2^{n-1},x)\}\, P_{n-1,2^{\tau-n}+j}(x) \quad ,$$

die schließlich auf die gesuchte Interpolationsfunktion $P_{\tau,0}$ mit den diskreten Walsh-Paley-Koeffizienten führt. Denn mit

$$\mathrm{pal}_X(2^{n-1},x) = \begin{cases} 1 & , \quad x = x_{2^{\tau-n}2k} \\ -1 & , \quad x = x_{2^{\tau-n}(2k+1)} \end{cases}$$

nehmen die Funktion auf der linken Seite und die Funktion auf der rechten Seite für $k = 0,1,\ldots,2^{n-1}-1$ zum einen in den Punkten $x_{2^{\tau-n}2k}$ die gleichen Werte $f_{2^{\tau-n}2k+j}$ und zum anderen wegen

$$\mathrm{pal}_X(\ell,x_{2^{\tau-n}(2k+1)}) = \mathrm{pal}_X(\ell,x_{2^{\tau-n}2k}) \quad , \quad \ell = 0,1,\ldots,2^{n-1}-1 \quad ,$$

das heißt

$$P_{n-1,2^{\tau-n}+j}(x_{2^{\tau-n}(2k+1)}) = P_{n-1,2^{\tau-n}+j}(x_{2^{\tau-n}2k}) \quad ,$$

in den Punkten $x_{2^{\tau-n}(2k+1)}$ die gleichen Werte $f_{2^{\tau-n}(2k+1)+j}$ an; beide Seiten stimmen also in den Punkten $x_{2^{\tau-n}k}$, $k = 0,1,\ldots,2^n-1$, überein.

Ausgeschrieben lautet diese Rekursion

$$2^{\tau-n} \sum_{\ell=0}^{2^n-1} \alpha_{n,j,\ell}\, \mathrm{pal}_X(\ell,x)$$

$$= 2^{\tau-n} \sum_{\ell=0}^{2^{n-1}-1} \left\{\alpha_{n-1,j,\ell} + \alpha_{n-1,2^{\tau-n}+j,\ell}\right\} \mathrm{pal}_X(\ell,x) \quad +$$

$$+\ 2^{\tau-n} \sum_{\ell=0}^{2^{n-1}-1} \left\{\alpha_{n-1,j,\ell} - \alpha_{n-1,2^{\tau-n}+j,\ell}\right\} \mathrm{pal}_X(\ell,x)\, \mathrm{pal}_X(2^{n-1},x) \ .$$

Genauso wie die Walsh-Funktionen (Satz 2.3(iii)) erfüllen auch die nach Paley geordneten Funktionen die Beziehung

$$\mathrm{pal}_X(j,x)\ \mathrm{pal}_X(k,x) = \mathrm{pal}_X(j \oplus k\ ,\ x) \quad ,$$

so daß für $\ell = 0,1,\dots,2^{n-1}-1$

$$\mathrm{pal}_X(\ell,x)\ \mathrm{pal}_X(2^{n-1},x) = \mathrm{pal}_X(\ell \oplus 2^{n-1}\ ,\ x) = \mathrm{pal}_X(\ell + 2^{n-1}\ ,\ x)$$

gilt. Durch Koeffizientenvergleich folgt damit aus obiger Rekursion

$$\begin{aligned} \alpha_{n,j,\ell} &= \alpha_{n-1,j,\ell} + \alpha_{n-1,2^{\tau-n}+j,\ell} \\ \alpha_{n,j,2^{n-1}+\ell} &= \alpha_{n-1,j,\ell} - \alpha_{n-1,2^{\tau-n}+j,\ell} \end{aligned} \qquad (\ell = 0,1,\dots,2^{n-1}-1) \quad .$$

Dies ist genauso eine Berechnungsvorschrift wie bei der FFT (vgl. S. 58), nur mit dem Unterschied, daß die Potenzen der 2^τ-ten Einheitswurzel durch den Wert 1 ersetzt sind. Die FFT mit dieser Vereinfachung ergibt somit einen schnellen Algorithmus zur Bestimmung der diskreten Walsh-Paley-Koeffizienten. Nach Satz 2.3(i) und der Definition der Gray-Code Funktion gilt (2.37) auch für $j \geq M$; daraus folgt insbesondere, daß die diskreten Walsh-Paley-Koeffizienten periodisch mit der Periode $M = 2^\tau$ sind:

$$(2.41) \qquad \tilde{f_M}(k + \ell M) = \tilde{f_M}(k) \quad , \quad \ell = 0,1,2,\dots \quad .$$

Eine weitere Vereinfachung bei der Berechnung solcher Koeffizienten erreicht man, wenn man die nach Paley geordneten Walsh-Funktionen mit Hilfe der Bit-Umkehrfunktion σ_τ (vgl. Kapitel 1.4) weiter umordnet. Die Bit-Umkehrfunktion σ_τ ordnet jeder nichtnegativen ganzen Zahl $j < 2^\tau$ mit der Dualzahldarstellung

$$j = \sum_{\nu=0}^{\tau-1} \mu_\nu\, 2^\nu \qquad \text{mit} \qquad \mu_\nu \in \{0,1\}$$

die nichtnegative ganze Zahl $\sigma_\tau(j) < 2^\tau$ mit der Dualzahldarstellung

$$\sigma_\tau(j) = \sum_{\nu=0}^{\tau-1} \mu_{\tau-1-\nu}\, 2^\nu$$

zu. Die auf diese Weise geordneten **Walsh-Funktionen $\mathrm{hal}_X(k,x)$** heißen **nach Hadamard (oder natürlich) geordnet** und sind gegeben durch

$$(2.42) \qquad \mathrm{hal}_X(j,x) = \mathrm{pal}_X(\sigma_\tau(j),x) \quad , \quad j = 0,1,\dots,2^\tau-1 \quad ;$$

zu den nach ansteigenden Sequenzen geordneten Walsh-Funktionen stehen sie über die Gleichung

(2.43) $\quad hal_X(\sigma_\tau(g(j)),x) = wal_X(j,x) \quad , \quad j = 0,1,\ldots,2^\tau-1 \quad ,$

in Verbindung. Für nichtnegative ganze Zahlen $j,\ell < M = 2^\tau$ mit den Dualzahldarstellungen (2.34) sind dann die Werte der nach Hadamard geordneten Walsh-Funktionen in den Punkten x_ℓ gegeben durch

(2.44) $$hal_X(j,x_\ell) = (-1)^{\sum\limits_{k=0}^{\tau-1} \mu_k \, \omega_k} \quad ;$$

diese Funktionen haben deshalb ebenfalls die Symmetrieeigenschaft $hal_X(j,x_\ell) = hal_X(\ell,x_j)$.

Folgende Zusammenstellung zeigt die Zuordnungen der dyadisch geordneten Walsh-Funktionen $pal_X(k,x)$ und der natürlich geordneten Walsh-Funktionen $hal_X(k,x)$ zu den nach ansteigenden Sequenzen geordneten Walsh-Funktionen $wal_X(k,x)$ für $\tau = 4$, d. h. $M = 2^\tau = 16$:

$pal_X(0,x) = wal_X(0,x)$	$hal_X(0,x) = wal_X(0,x)$
$pal_X(1,x) = wal_X(1,x)$	$hal_X(1,x) = wal_X(15,x)$
$pal_X(2,x) = wal_X(3,x)$	$hal_X(2,x) = wal_X(7,x)$
$pal_X(3,x) = wal_X(2,x)$	$hal_X(3,x) = wal_X(8,x)$
$pal_X(4,x) = wal_X(7,x)$	$hal_X(4,x) = wal_X(3,x)$
$pal_X(5,x) = wal_X(6,x)$	$hal_X(5,x) = wal_X(12,x)$
$pal_X(6,x) = wal_X(4,x)$	$hal_X(6,x) = wal_X(4,x)$
$pal_X(7,x) = wal_X(5,x)$	$hal_X(7,x) = wal_X(11,x)$
$pal_X(8,x) = wal_X(15,x)$	$hal_X(8,x) = wal_X(1,x)$
$pal_X(9,x) = wal_X(14,x)$	$hal_X(9,x) = wal_X(14,x)$
$pal_X(10,x) = wal_X(12,x)$	$hal_X(10,x) = wal_X(6,x)$
$pal_X(11,x) = wal_X(13,x)$	$hal_X(11,x) = wal_X(9,x)$
$pal_X(12,x) = wal_X(8,x)$	$hal_X(12,x) = wal_X(2,x)$
$pal_X(13,x) = wal_X(9,x)$	$hal_X(13,x) = wal_X(13,x)$
$pal_X(14,x) = wal_X(11,x)$	$hal_X(14,x) = wal_X(5,x)$
$pal_X(15,x) = wal_X(10,x)$	$hal_X(15,x) = wal_X(10,x)$

Für wachsendes τ ändert sich die Zuordnung der ersten Walsh-Paley-Funktionen $pal_X(k,x)$ zu den Walsh-Funktionen $wal_X(k,x)$ nicht (vgl. (2.36)), da die Gray-Code Funktion g nicht von τ abhängt, während die Walsh-Hadamard-Funktionen $hal_X(k,x)$ den Walsh-Funktionen $wal_X(k,x)$ dann völlig neu zugeordnet werden (vgl. (2.43)), da dies zusätzlich über die von τ abhängige Bit-Umkehrfunktion σ_τ geschieht.

ZWEI PROGRAMME

Für einen reellen Datensatz $\{f(x_m) \mid m = 0,1,\ldots,2^\tau-1\}$, $(\tau \in \mathbb{N})$ führt folgendes Standard-FORTRAN 77-Unterprogramm die diskrete Walsh-Paley-Transformation und die Umkehrtransformation durch:

```
      SUBROUTINE FPT (TAU, F, IR)

CCCCCCCCCCCCCCCCCCCCCCCCCCCCCCCCCCCCCCCCCCCCCCCCCCCCCCCCCCCCCCCCCCCCCCCCC
C                                                                       C
C     DIESES PROGRAMM BESTIMMT MIT DER SCHNELLEN WALSH-PALEY-TRANSFOR-   C
C     MATION  ( F P T )  FUER  IR = 0  ZU  M = 2**TAU  GEGEBENEN REELLEN C
C     FUNKTIONSWERTEN  F(0), ... ,F(M-1)  DIE DISKRETEN WALSH-PALEY-    C
C     KOEFFIZIENTEN UND FUEHRT FUER  IR = 1  DIE UMKEHRTRANSFORMATION   C
C     DURCH.                                                            C
C                                                                       C
C    PARAMETER :                                                        C
C    ===========                                                        C
C                                                                       C
C    TAU  -  DIE ANZAHL DER FUNKTIONSWERTE IST  M = 2**TAU              C
C                                                                       C
C     F   -  REELLES FELD DER LAENGE  M  : F(0),F(1), ... ,F(M-1)       C
C                                                                       C
C    IR=0 -  BESTIMMUNG DER DISKRETEN WALSH-PALEY-KOEFFIZIENTEN :       C
C            DAS FELD  F  WIRD MIT DEN FUNKTIONSWERTEN BELEGT UEBER-    C
C            GEBEN UND IST NACH ABLAUF DES PROGRAMMS MIT DEN DISKRETEN  C
C            WALSH-PALEY-KOEFFIZIENTEN UEBERSPEICHERT.                  C
C                                                                       C
C    IR=1 -  BESTIMMUNG DER FUNKTIONSWERTE :                            C
C            DAS FELD  F  WIRD MIT DEN DISKRETEN WALSH-PALEY-KOEFFIZIEN- C
C            TEN BELEGT UEBERGEBEN UND IST NACH ABLAUF DES PROGRAMMS MIT C
C            DEN FUNKTIONSWERTEN UEBERSPEICHERT.                        C
C                                                                       C
CCCCCCCCCCCCCCCCCCCCCCCCCCCCCCCCCCCCCCCCCCCCCCCCCCCCCCCCCCCCCCCCCCCCCCCCC

      INTEGER TAU, SIGMA
      REAL F(0:2**TAU-1)

      M=2**TAU
      FAKTOR=1.0
      IF (IR.EQ.0) FAKTOR=1.0/REAL(M)

C********************************************************
C     UMSPEICHERUNG MIT DER BIT-UMKEHRFUNKTION
C     ( GLEICHZEITIGE NORMIERUNG, FALLS IR=0 )
C********************************************************

      DO 30 J = 0, M-1
      K=J
      SIGMA=0
        DO 20 N = 1, TAU
        KD2=K/2
        SIGMA=2*SIGMA+K-2*KD2
        K=KD2
   20   CONTINUE
      IF (SIGMA.LT.J) GOTO 30
      U=F(J)
      F(J)=F(SIGMA)*FAKTOR
      F(SIGMA)=U*FAKTOR
   30 CONTINUE
```

```
C*****************************************************
C     DURCHFUEHRUNG DER (UMKEHR-)TRANSFORMATION
C*****************************************************

C****  N MIN 1 = 2**( N - 1 )  ****
C****  N MIN 0 = 2**( N )      ****

      NMIN1=1
      DO 130 N = 1, TAU
      NMIN0=NMIN1+NMIN1
        DO 120 L = 0, NMIN1-1
          DO 110 J = 0, M-NMIN0, NMIN0
          U=F(J+L+NMIN1)
          F(J+L+NMIN1)=F(J+L)-U
          F(J+L)=F(J+L)+U
  110     CONTINUE
  120   CONTINUE
      NMIN1=NMIN0
  130 CONTINUE

      R E T U R N
      END
```

Man übergibt dem Unterprogramm FPT mit IR=0 das Datenfeld

$$F(j) = f(x_j) \quad , \quad j = 0,1,\dots,2^\tau-1 \quad ;$$

nach Ablauf des Programms ist das Feld F überspeichert mit den diskreten Walsh-Paley-Koeffizienten $F(k) = f^{\sim}_{2^\tau}(k)$, $k = 0,1,\dots,2^\tau-1$.

Zur Rücktransformation (IR=1) ist nach Ablauf des Programms das eingegebene Datenfeld F , das mit den diskreten Walsh-Paley-Koeffizienten $F(k) = f^{\sim}_{2^\tau}(k)$, $k = 0,1,\dots,2^\tau-1$, belegt übergeben wird, mit dem Datenfeld $F(j) = f(x_j)$, $j = 0,1,\dots,2^\tau-1$, überspeichert.

Man erhält die diskreten Walsh-Hadamard-Koeffizienten, wenn man in dem Unterprogramm FPT die Umordnung der Eingabedaten mit der Bit-Umkehrfunktion unterbindet; die Eingabedaten sind bei der Transformation (IR=0) nur noch durch Multiplikation mit $2^{-\tau}$ zu normieren.

Die Berechnung der diskreten Walsh-Paley-Koeffizienten und der diskreten Walsh-Hadamard-Koeffizienten ist weniger aufwendig als die der diskreten Walsh-Koeffizienten, das das nachfolgende Programm leistet. Will man z. B. die diskreten Walsh-Koeffizienten innerhalb der "Päckchen" $2^{q-1},\dots,2^q-1$ $(q \in \mathbb{N})$ gleich manipulieren, so braucht man nur die diskreten Walsh-Paley-Koeffizienten zu bestimmen, da diese durch eine Umordnung der diskreten Walsh-Koeffizienten innerhalb eines solchen "Päckchens" hervorgehen.

Sowohl die diskrete Walsh-Paley-Transformation als auch die diskrete Walsh-Hadamard-Transformation sind ein-eindeutig, haben entsprechende Eigenschaften, wie sie in diesem Kapitel für die diskrete Walsh-Transformation hergeleitet wurden, und liefern dieselben Informationen wie die diskrete Walsh-Transformation. Für viele Zwecke sind aber die zunächst ohne direkten Sinn, sondern aus technischen Gründen umgeordneten Koeffizienten nicht so von Interesse wie die diskreten Walshkoeffizienten, die nach den nach ansteigenden Sequenzen geordneten Walsh-Funktionen durchnumeriert sind.

Folgendes Unterprogramm in Standard-FORTRAN 77 führt für einen reellen Datensatz $\{f(x_m) \mid m = 0,1,\ldots,2^\tau-1\}$ $(\tau \in \mathbb{N}\ , \tau \leq 10)$ die diskrete Walsh-Transformation und die Umkehrtransformation durch (für $\tau > 10$ muß nur die Dimensionierung des Feldes Y im Vereinbarungsteil entsprechend geändert werden):

```
      SUBROUTINE FWT (TAU, F, IR)
CCCCCCCCCCCCCCCCCCCCCCCCCCCCCCCCCCCCCCCCCCCCCCCCCCCCCCCCCCCCCCCCCCCCCCCCC
C                                                                       C
C      DIESES PROGRAMM BESTIMMT MIT DER SCHNELLEN WALSH-TRANSFORMATION   C
C      ( F W T )  FUER  IR = 0  ZU  M=2**TAU  GEGEBENEN REELLEN FUNK-   C
C      TIONSWERTEN  F(0), ... , F(M-1)  DIE DISKRETEN WALSHKOEFFIZIENTEN C
C      FV(0), ... ,FV(M-1)  DER ZUGEHOERIGEN DISKRETEN WALSHTEILSUMME   C
C                                                                       C
C           (SUMME K=0 BIS M-1)  FV(K)*WAL(K,X)                         C
C                                                                       C
C      UND FUEHRT FUER  IR = 1  DIE UMKEHRTRANSFORMATION DURCH.         C
C                                                                       C
C     PARAMETER :                                                       C
C     ===========                                                       C
C                                                                       C
C     TAU  -  DIE ANZAHL DER FUNKTIONSWERTE IST  M = 2**TAU .           C
C             ES MUSS  TAU <= 10  SEIN.                                 C
C               ( FUER  TAU > 10  MUSS NUR DIE DIMENSIONIERUNG DES      C
C                 FELDES  Y  ENTSPRECHEND GEAENDERT WERDEN. )           C
C                                                                       C
C      F   -  REELLES FELD DER LAENGE  M  : F(0),F(1), ... ,F(M-1)      C
C                                                                       C
C     IR=0 -  BESTIMMUNG DER DISKRETEN WALSHKOEFFIZIENTEN :             C
C             DAS FELD  F  WIRD MIT DEN FUNKTIONSWERTEN BELEGT UEBER-   C
C             GEBEN UND IST NACH ABLAUF DES PROGRAMMS MIT DEN DISKRETEN C
C             WALSHKOEFFIZIENTEN UEBERSPEICHERT.                        C
C                                                                       C
C     IR=1 -  BESTIMMUNG DER FUNKTIONSWERTE :                           C
C             DAS FELD  F  WIRD MIT DEN DISKRETEN WALSHKOEFFIZIENTEN    C
C             BELEGT UEBERGEBEN UND IST NACH ABLAUF DES PROGRAMMS MIT   C
C             DEN FUNKTIONSWERTEN UEBERSPEICHERT.                       C
C                                                                       C
CCCCCCCCCCCCCCCCCCCCCCCCCCCCCCCCCCCCCCCCCCCCCCCCCCCCCCCCCCCCCCCCCCCCCCCCC

      INTEGER TAU, SIGRAY
      REAL F(0:2**TAU-1), Y(0:1023)

      M=2**TAU
      FAKTOR=1.0
      IF (IR.EQ.0) FAKTOR=1.0/REAL(M)

C**** UMSPEICHERUNG DER EINGANGADATEN  F  AUF ******
C**** DAS HILFSFELD  Y                        ******
C**** (GLEICHZEITIGE NORMIERUNG, FALLS IR=0 ) ******

      DO 10 J = 0, M-1
      Y(J)=F(J)*FAKTOR
   10 CONTINUE
```

```
C*******************************************************
C     DURCHFUEHRUNG DER (UMKEHR-)TRANSFORMATION
C*******************************************************

C****  N MIN 1 = 2**( N - 1 )  ****
C****  N MIN 0 = 2**( N )      ****

      NMIN1=1
      DO 130 N = 1, TAU
      NMIN0=NMIN1+NMIN1
        DO 120 L = 0, NMIN1-1
          DO 110 J = 0, M-NMIN0, NMIN0
          U=Y(J+L+NMIN1)
          Y(J+L+NMIN1)=Y(J+L)-U
          Y(J+L)=Y(J+L)+U
  110     CONTINUE
  120   CONTINUE
      NMIN1=NMIN0
  130 CONTINUE

C**** BESTIMMUNG DER BIT-UMGEKEHRTEN GRAY-CODE *****
C**** FUNKTION UND GLEICHZEITIGE UMSPEICHERUNG *****

      DO 150 J = 0, M-1
      K=J
      KD2=K/2
      SIGRAY=0
        DO 140 N = 1, TAU
        MY=K-2*KD2
        KD4=KD2/2
        MYP1=KD2-2*KD4
        SIGRAY=2*SIGRAY+(MY-MYP1)*(MY-MYP1)
        K=KD2
        KD2=KD4
  140   CONTINUE
      F(J)=Y(SIGRAY)
  150 CONTINUE

      R E T U R N
      END
```

Zur Bestimmung der diskreten Walshkoeffizienten $(IR = 0)$ übergibt man diesem Unterprogramm das mit den Funktionswerten belegte Datenfeld F

$$F(j) = f(x_j) \quad , \quad j = 0,1,\ldots,2^\tau-1 \quad ,$$

das nach Ablauf des Programms mit den diskreten Walshkoeffizienten überspeichert ist

$$F(j) = f^{\vee}_{2^\tau}(k) \quad , \quad k = 0,1,\ldots,2^\tau-1 \quad .$$

Unterläßt man vor Durchführung der eigentlichen schnellen Transformation die Umordnung der Daten mit der Bit-Umkehrfunktion, so erhält man die nach Hadamard geordneten diskreten Walsh-Koeffizienten. Nach (2.43) führt eine Umordnung, erst mit der Gray-Code Funktion und dann mit der Bit-Umkehrfunktion, auf die diskreten Walsh-Koeffizienten. Besitzt j die Dualzahldarstellung

$$j = \sum_{\nu=0}^{\tau-1} \mu_\nu 2^\nu \quad , \quad \mu_\nu \in \{0,1\} \quad ,$$

so ist mit $\mu_\tau = 0$

$$g(j) = \sum_{\nu=0}^{\tau-1} (\mu_\nu \oplus \mu_{\nu+1})\ 2^\nu = \sum_{\nu=0}^{\tau-1} (\mu_\nu - \mu_{\nu+1})^2\ 2^\nu$$

und

$$\sigma_\tau(g(j)) = \sum_{\nu=0}^{\tau-1} (\mu_\nu - \mu_{\nu+1})^2\ 2^{\tau-1-\nu} \quad ;$$

die Berechnung der "Bit-umgekehrten Gray-Code Funktion" $\sigma_\tau(g(j))$ kann also leicht modifiziert wie die bisherige Berechnung der Bit-Umkehrfunktion erfolgen.

Zur Realisierung dieser Programme etwa auf Mikrorechnern sollte man wieder beachten, daß die verwendeten Indizes, falls erforderlich, als ganzzahlige Größen (INTEGER) vorher zu vereinbaren sind. Die Berechnung der Bit-Umkehrfunktion läßt sich womöglich enorm beschleunigen, wenn man ein Feld entsprechender Länge mit ganzzahligen Elementen vereinbart und die in Kapitel 1.4 beschriebene Berechnungsvorschrift, die jeweils nur 1 Addition benötigt, benutzt. Ist auf der Rechenanlage die Exklusive-Oder-Funktion XOR verfügbar, so ist $g(j)$ nichts anderes als das Exklusive Oder der Zahlen j und $[\frac{j}{2}]$, wobei $[\frac{j}{2}]$ der ganzzahlige Anteil (INTEGER-Division) der Division von j durch 2 ist; eine Kombination dieser beiden Möglichkeiten gibt so eine sehr schnelle Berechnungsvorschrift der Bit-umgekehrten Gray-Code Funktion.

DER MEHRDIMENSIONALE FALL

Die Berechnung der diskreten Walshkoeffizienten läßt sich im mehrdimensionalen Fall wie bei den diskreten Fourierkoeffizienten iteriert eindimensional durchführen. So kann speziell im zweidimensionalen Fall die Bestimmung der diskreten Walshkoeffizienten eines gegebenen Datenfeldes $\{f(x_m,y_n) \mid m = 0,1,\ldots,M-1 \text{ und } n = 0,1,\ldots,N-1\}$ separabel erfolgen, da

$$f_{M,N}^{v}(k,\ell) = \frac{1}{M}\sum_{m=0}^{M-1} \frac{1}{N}\sum_{n=0}^{N-1} f(x_m,y_n)\ \mathrm{wal}_X(k,x_m)\ \mathrm{wal}_Y(\ell,y_n)$$

$$= \frac{1}{M}\sum_{m=0}^{M-1} \left\{\frac{1}{N}\sum_{n=0}^{N-1} f(x_m,y_n)\ \mathrm{wal}_Y(\ell,y_n)\right\} \mathrm{wal}_X(k,x_m)$$

ist. Wie bei der Berechnung der diskreten Fourierkoeffizienten ergeben also sukzessive eindimensionale Transformationen des gegebenen Datenfeldes, erst M mal "zeilenweise"

$$F(m,\ell) = \frac{1}{N} \sum_{n=0}^{N-1} f(x_m,y_n)\ \mathrm{wal}_Y(\ell,y_n) \quad , \quad \ell = 0,1,\dots,N-1 \quad ,$$

für $m = 0,1,\dots,M-1$, und dann N mal "spaltenweise"

$$f^{v}_{M,N}(k,\ell) = \frac{1}{M} \sum_{m=0}^{M-1} F(m,\ell)\ \mathrm{wal}_X(k,x_m) \quad , \quad k = 0,1,\dots,M-1 \quad ,$$

für $\ell = 0,1,\dots,N-1$, die Koeffizienten $f^{v}_{M,N}(k,\ell)$. Zuerst N "spaltenweise" und dann M "zeilenweise" eindimensionale Transformationen führen zum gleichen Ergebnis.

Dieselbe Vorgehensweise gilt auch für die Bestimmung von mehrdimensionalen diskreten Walsh-Paley-Koeffizienten (Walshkoeffizienten in der dyadischen Ordnung) und Walsh-Hadamard-Koeffizienten (Walshkoeffizienten in der natürlichen Ordnung).

ZWEI PROGRAMME

Für ein reelles rechteckiges Datenfeld

$$\{f(x_j,y_k) \mid j = 0,1,\dots,2^{\tau_X}-1 \text{ und } k = 0,1,\dots,2^{\tau_y}-1\}$$
$$(\tau_x,\tau_y \in \mathbb{N}\ ;\ \tau_x,\tau_y \leq 10)$$

führt folgendes Standard-FORTRAN 77-Unterprogramm die diskrete Walsh-Paley-Transformation und die Umkehrtransformation durch (bei größeren als 1024 x 1024-elementigen Datenfeldern muß nur im Vereinbarungsteil die Dimensionierung des Feldes SIGMA entsprechend geändert werden):

```
      SUBROUTINE FPT2D (TAUX, TAUY, F, IR)

CCCCCCCCCCCCCCCCCCCCCCCCCCCCCCCCCCCCCCCCCCCCCCCCCCCCCCCCCCCCCCCCCCCCCCCC
C                                                                      C
C     DIESES PROGRAMM TRANSFORMIERT ODER RUECKTRANSFORMIERT EIN         C
C     2-DIMENSIONALES REELLES FELD   F(J,K) , J=0,...,2**TAUX - 1,     C
C     K=0,...,2**TAUY - 1,  MIT DER SCHNELLEN WALSH-PALEY-TRANSFOR-    C
C     MATION ( F P T ) .                                               C
C                                                                      C
C   PARAMETER :                                                        C
C   ===========                                                        C
C                                                                      C
C  F , TAUX  _  DAS REELLE FELD  F  IST FUER ELEMENTE   F(J,K) ,       C
C      TAUY     J=0, .. ,M-1 , K=0, .. ,N-1  MIT  M = 2**TAUX  UND     C
C               N = 2**TAUY  VEREINBART. ES MUSS  TAUX, TAUY <=10  SEIN. C
C                  ( FUER  TAUX  ODER  TAUY > 10  MUSS NUR DIE DIMEN-  C
C                    SIONIERUNG DES FELDES  SIGMA AUF  SIGMA(0:2**TAU-1) C
C                    MIT  TAU = MAX (TAUX ; TAUY)  GEAENDERT WERDEN. ) C
C                                                                      C
C   IR = 0    -  BESTIMMUNG DER DISKRETEN WALSH-PALEY-KOEFFIZIENTEN :  C
C               DAS FELD  F  ENTHAELT BEIM AUFRUF DIESES UNTERPROGRAMMS C
C               DIE FUNKTIONSWERTE UND IST NACH ABLAUF DES PROGRAMMS   C
C               MIT DEN DISKRETEN WALSH-PALEY-KOEFFIZIENTEN UEBER-     C
C               SPEICHERT.                                             C
C                                                                      C
C   IR = 1    -  BESTIMMUNG DER FUNKTIONSWERTE :                       C
C               DAS FELD  F  ENTHAELT BEIM AUFRUF DIESES UNTERPROGRAMMS C
C               DIE DISKRETEN WALSH-PALEY-KOEFFIZIENTEN UND IST NACH   C
C               ABLAUF DES PROGRAMMS MIT DEN FUNKTIONSWERTEN UEBER-    C
C               SPEICHERT.                                             C
C                                                                      C
CCCCCCCCCCCCCCCCCCCCCCCCCCCCCCCCCCCCCCCCCCCCCCCCCCCCCCCCCCCCCCCCCCCCCCCC

      INTEGER SIGMA(0:1023), TAUX, TAUY
      REAL F(0:2**TAUX-1,0:2**TAUY-1)
      M=2**TAUX
      N=2**TAUY

C*************************************************************
C    Z E I L E N W E I S E     F P T     D E S     F E L D E S
C*************************************************************

      FAKTOR=1.0
      IF (IR.EQ.0) FAKTOR=1.0/REAL(N)

C****  BERECHNUNG DER BIT-UMKEHRFUNKTION  *********
C*****    MIN N  = 2**(TAUY - KLEIN N )   **********
C*****  N MIN 1 = 2**( KLEIN N - 1 )      **********

      NMIN1=N
      MINN=1
      SIGMA(0)=0
      DO 20 KLEINN = TAUY, 1, -1
      NMIN1=NMIN1/2
        DO 10 J = 0, MINN-1
        SIGMA(J+MINN)=SIGMA(J)+NMIN1
   10   CONTINUE
      MINN=MINN+MINN
   20 CONTINUE

C**** BERECHNUNG BEENDET *************************

      DO 150 K = 0, M-1

C**** UMSPEICHERUNG MIT DER BIT-UMKEHRFUNKTION ****
C**** ( GLEICHZEITIGE NORMIERUNG, FALLS IR=0 ) ****

      DO 100 J = 0, N-1
      IF (SIGMA(J).LT.J) GOTO 100
      U=F(K,J)
      F(K,J)=F(K,SIGMA(J))*FAKTOR
      F(K,SIGMA(J))=U*FAKTOR
  100 CONTINUE

C**** UMSPEICHERUNG BEENDET **********************

C*****  N MIN 1 = 2**( KLEIN N - 1 )      ***********
C*****  N MIN 0 = 2**( KLEIN N )          ***********
```

```
      NMIN1=1
        DO 130 KLEINN = 1, TAUY
        NMIN0=NMIN1+NMIN1
          DO 120 L = 0, NMIN1-1
            DO 110 J = 0, N-NMIN0, NMIN0
            U=F(K,J+L+NMIN1)
            F(K,J+L+NMIN1)=F(K,J+L)-U
            F(K,J+L)=F(K,J+L)+U
  110       CONTINUE
  120     CONTINUE
        NMIN1=NMIN0
  130   CONTINUE

  150 CONTINUE

C*****************************************************************
C     S P A L T E N W E I S E   F P T   D E S   F E L D E S
C*****************************************************************

C**** EVENTUELLE BERECHNUNG DER ******************
C**** BIT - UMKEHRFUNKTION      ******************

      IF (TAUX.NE.TAUY) THEN
        IF (IR.EQ.0) FAKTOR=1.0/REAL(M)
        NMIN1=M
        MINN=1
        SIGMA(0)=0
        DO 170 KLEINN = TAUX, 1, -1
        NMIN1=NMIN1/2
          DO 160 J = 0, MINN-1
          SIGMA(J+MINN)=SIGMA(J)+NMIN1
  160     CONTINUE
        MINN=MINN+MINN
  170   CONTINUE
      ENDIF

C**** EVENTUELLE BERECHNUNG BEENDET **************

      DO 250 K = 0, N-1

C**** UMSPEICHERUNG MIT DER BIT-UMKEHRFUNKTION ****
C**** ( GLEICHZEITIGE NORMIERUNG, FALLS IR=0 ) ****

      DO 200 J = 0, M-1
      IF (SIGMA(J).LT.J) GOTO 200
      U=F(J,K)
      F(J,K)=F(SIGMA(J),K)*FAKTOR
      F(SIGMA(J),K)=U*FAKTOR
  200 CONTINUE

C**** UMSPEICHERUNG BEENDET **********************

C*****  N MIN 1 = 2**( KLEIN N - 1 )    ***********
C*****  N MIN 0 = 2**( KLEIN N )        ***********

      NMIN1=1
        DO 230 KLEINN = 1, TAUX
        NMIN0=NMIN1+NMIN1
          DO 220 L = 0, NMIN1-1
            DO 210 J = 0, M-NMIN0, NMIN0
            U=F(J+L+NMIN1,K)
            F(J+L+NMIN1,K)=F(J+L,K)-U
            F(J+L,K)=F(J+L,K)+U
  210       CONTINUE
  220     CONTINUE
        NMIN1=NMIN0
  230   CONTINUE

  250 CONTINUE

      R E T U R N
      END
```

Man übergibt dem Unterprogramm FPT2D mit IR=0 das im Hauptprogramm M x N-dimensionierte Datenfeld $(M = 2^{\tau_x}, N = 2^{\tau_y})$

$$F(j,k) = f(x_j,y_k) \quad , \quad j = 0,1,\ldots,M-1 \text{ und } k = 0,1,\ldots,N-1 \;; \quad ^{*)}$$

nach Ablauf des Programms ist das Feld F überspeichert mit den **diskreten Walsh-Paley-Koeffizienten** $F(k,\ell) = f^{\sim}_{M,N}(k,\ell)$, die durch

$$f^{\sim}_{M,N}(k,\ell) = \frac{1}{M} \sum_{m=0}^{M-1} \frac{1}{N} \sum_{n=0}^{N-1} f(x_m,y_n)\; pal_X(k,x_m)\; pal_Y(\ell,y_n) \quad ,$$

$k = 0,1,\ldots,M-1$ und $\ell = 0,1,\ldots,N-1$, gegeben sind und die sich wegen (2.36) von den diskreten Walshkoeffizienten nur durch ihre Anordnung unterscheiden: Es gilt

$$f^{\vee}_{M,N}(k,\ell) = f^{\sim}_{M,N}(g(k),g(\ell)) \quad , \quad k = 0,1,\ldots,M-1 \;,\; \ell = 0,1,\ldots,N-1 \;,$$

mit der in (2.35) angegebenen Gray-Code Funktion g . Statt der diskreten Walshteilsumme (2.27) erhält man auf diese Weise als Approximation die **diskrete Walsh-Paley-Teilsumme**

$$\mathcal{DP}_{M,N}(f)(x,y) = \sum_{k=0}^{M-1} \sum_{\ell=0}^{N-1} f^{\sim}_{M,N}(k,\ell)\; pal_X(k,x)\; pal_Y(\ell,y) \quad .$$

Zur Rücktransformation (IR=1) ist nach Ablauf des Programms das eingegebene Datenfeld F , das mit den diskreten Walsh-Paley-Koeffizienten $F(k,\ell) = f^{\sim}_{M,N}(k,\ell)$, $k = 0,1,\ldots,M-1$ und $\ell = 0,1,\ldots,N-1$, belegt übergeben wird, mit dem Datenfeld $F(j,k) = f(x_j,y_k)$, $j = 0,1,\ldots,M-1$ und $k = 0,1,\ldots,N-1$, überspeichert.
Man erhält die diskreten Walsh-Hadamard-Koeffizienten, wenn man in diesem Unterprogramm die Umordnung der Eingabedaten mit der Bit-Umkehrfunktion (und damit auch die Berechnung dieser Funktion) unterbindet; die Eingabedaten sind bei der Transformation (IR=0) nur noch durch Multiplikation mit $2^{-\tau_X} \cdot 2^{-\tau_Y}$ zu normieren.

Folgendes Standard-FORTRAN 77-Unterprogramm führt die diskrete Walsh-Transformation für ein reelles rechteckiges Datenfeld

$$\{f(x_j,y_k) \mid j = 0,1,\ldots,2^{\tau_X}-1 \text{ und } k = 0,1,\ldots,2^{\tau_Y}-1\}$$

$$(\tau_X,\tau_Y \in \mathbb{N} \;;\; \tau_X,\tau_Y \le 10)$$

und die Umkehrtransformation durch (für τ_X oder $\tau_Y > 10$ muß man die

---
*) Das Datenfeld F darf in der rufenden Programmeinheit nicht anders als $2^{\tau_X} \times 2^{\tau_Y}$-elementig vereinbart sein!

Dimensionierung der Felder SIGMA und Y im Vereinbarungsteil entsprechend ändern):

```
      SUBROUTINE FWT2D (TAUX, TAUY, F, IR)
CCCCCCCCCCCCCCCCCCCCCCCCCCCCCCCCCCCCCCCCCCCCCCCCCCCCCCCCCCCCCCCCCCCCCCCCC
C                                                                       C
C     DIESES PROGRAMM TRANSFORMIERT ODER RUECKTRANSFORMIERT EIN          C
C     2-DIMENSIONALES REELLES FELD   F(J,K) , J=0,...,2**TAUX - 1,      C
C     K=0,...,2**TAUY - 1,  MIT DER SCHNELLEN WALSH-TRANSFORMATION       C
C     ( F W T ) .                                                       C
C                                                                       C
C   PARAMETER :                                                         C
C   ===========                                                         C
C                                                                       C
C  F , TAUX  _  DAS REELLE FELD  F  IST FUER ELEMENTE   F(J,K) ,        C
C      TAUY     J=0, .. ,M-1 , K=0, .. ,N-1  MIT  M = 2**TAUX  UND      C
C               N = 2**TAUY  VEREINBART. ES MUSS  TAUX, TAUY <=10  SEIN. C
C                 ( FUER  TAUX  ODER  TAUY > 10  MUSS NUR DIE DIMEN-    C
C                   SIONIERUNG DER FELDER  SIGRAY  UND  Y  AUF          C
C                   SIGRAY(0:2**TAU-1)  UND  Y(0:2**TAU-1)  MIT         C
C                   TAU = MAX (TAUX ; TAUY)  GEAENDERT WERDEN. )        C
C                                                                       C
C   IR = 0    -  BESTIMMUNG DER DISKRETEN WALSHKOEFFIZIENTEN :          C
C               DAS FELD  F  ENTHAELT BEIM AUFRUF DIESES UNTERPROGRAMMS C
C               DIE FUNKTIONSWERTE UND IST NACH ABLAUF DES PROGRAMMS    C
C               MIT DEN DISKRETEN WALSHKOEFFIZIENTEN UEBERSPEICHERT.    C
C                                                                       C
C   IR = 1    -  BESTIMMUNG DER FUNKTIONSWERTE :                        C
C               DAS FELD  F  ENTHAELT BEIM AUFRUF DIESES UNTERPROGRAMMS C
C               DIE DISKRETEN WALSHKOEFFIZIENTEN UND IST NACH ABLAUF    C
C               DES PROGRAMMS MIT DEN FUNKTIONSWERTEN UEBERSPEICHERT.   C
C                                                                       C
CCCCCCCCCCCCCCCCCCCCCCCCCCCCCCCCCCCCCCCCCCCCCCCCCCCCCCCCCCCCCCCCCCCCCCCCC

      INTEGER SIGRAY(0:1023), TAUX, TAUY
      REAL F(0:2**TAUX-1,0:2**TAUY-1), Y(0:1023)
      M=2**TAUX
      N=2**TAUY

C*************************************************************
C     Z E I L E N W E I S E    F W T    D E S    F E L D E S
C*************************************************************

      FAKTOR=1.0
      IF (IR.EQ.0) FAKTOR=1.0/REAL(N)

C****  BERECHNUNG DER BIT-UMGEKEHRTEN  ************
C****  GRAY-CODE FUNKTION              ************

      DO 20 J = 0, N-1
      K=J
      KD2=K/2
      SIGRAY(J)=0
        DO 10 KLEINN = 1, TAUY
        MY=K-2*KD2
        KD4=KD2/2
        MYP1=KD2-2*KD4
        SIGRAY(J)=2*SIGRAY(J)+(MY-MYP1)*(MY-MYP1)
        K=KD2
        KD2=KD4
   10   CONTINUE
   20 CONTINUE

C**** BERECHNUNG BEENDET **************************

      DO 150 K = 0, M-1

C****   ZEILENWEISE UMSPEICHERUNG DER EIN-       ****
C****   GANGSDATEN  F  AUF DAS HILFSFELD  Y      ****
C**** ( GLEICHZEITIGE NORMIERUNG, FALLS IR=0 ) ****

      DO 100 J = 0, N-1
      Y(J)=F(K,J)*FAKTOR
  100 CONTINUE

C**** UMSPEICHERUNG BEENDET **********************
```

```
C*****  N MIN 1 = 2**( KLEIN N - 1 )      ***********
C*****  N MIN 0 = 2**( KLEIN N )          ***********

      NMIN1=1
        DO 130 KLEINN = 1, TAUY
        NMIN0=NMIN1+NMIN1
          DO 120 L = 0, NMIN1-1
            DO 110 J = 0, N-NMIN0, NMIN0
            U=Y(J+L+NMIN1)
            Y(J+L+NMIN1)=Y(J+L)-U
            Y(J+L)=Y(J+L)+U
  110       CONTINUE
  120     CONTINUE
        NMIN1=NMIN0
  130   CONTINUE

C****  UMSPEICHERUNG MIT DER BIT-UMGEKEHRTEN  *****
C****  GRAY-CODE FUNKTION                     *****

      DO 140 J = 0, N-1
      F(K,J)=Y(SIGRAY(J))
  140 CONTINUE

  150 CONTINUE

C*************************************************************
C     S P A L T E N W E I S E   F W T   D E S   F E L D E S
C*************************************************************

C****  EVENTUELLE BERECHNUNG DER BIT-   ************
C****  UMGEKEHRTEN GRAY-CODE FUNKTION   ************

      IF (TAUX.NE.TAUY) THEN
        IF (IR.EQ.0) FAKTOR=1.0/REAL(M)
        DO 180 J = 0, M-1
        K=J
        KD2=K/2
        SIGRAY(J)=0
          DO 170 KLEINN = 1, TAUX
          MY=K-2*KD2
          KD4=KD2/2
          MYP1=KD2-2*KD4
          SIGRAY(J)=2*SIGRAY(J)+(MY-MYP1)*(MY-MYP1)
          K=KD2
          KD2=KD4
  170     CONTINUE
  180   CONTINUE
      ENDIF

C**** EVENTUELLE BERECHNUNG BEENDET ***************

      DO 250 K = 0, N-1

C****  SPALTENWEISE UMSPEICHERUNG DER ZEILEN-   ****
C****  WEISE TRANSFORMIERTEN DATEN AUF DAS      ****
C****  HILFSFELD  Y                             ****
C**** ( GLEICHZEITIGE NORMIERUNG, FALLS IR=0 ) ****

      DO 200 J = 0, M-1
      Y(J)=F(J,K)*FAKTOR
  200 CONTINUE

C**** UMSPEICHERUNG BEENDET **********************

C*****  N MIN 1 = 2**( KLEIN N - 1 )      ***********
C*****  N MIN 0 = 2**( KLEIN N )          ***********

      NMIN1=1
        DO 230 KLEINN = 1, TAUX
        NMIN0=NMIN1+NMIN1
          DO 220 L = 0, NMIN1-1
            DO 210 J = 0, M-NMIN0, NMIN0
            U=Y(J+L+NMIN1)
            Y(J+L+NMIN1)=Y(J+L)-U
            Y(J+L)=Y(J+L)+U
  210       CONTINUE
  220     CONTINUE
        NMIN1=NMIN0
  230   CONTINUE
```

```
C****  UMSPEICHERUNG MIT DER BIT-UMGEKEHRTEN  *****
C****  GRAY-CODE FUNKTION                      *****

        DO 240 J = 0, M-1
        F(J,K)=Y(SIGRAY(J))
  240   CONTINUE

  250 CONTINUE

      R E T U R N
      END
```

Für die Bestimmung der diskreten Transformation (IR=0) übergibt man dem Unterprogramm FWT2D das im rufenden Programm M x N-elementig dimensionierte Datenfeld $F(j,k) = f(x_j,y_k)$, $j = 0,1,\ldots,M-1$ und $k = 0,1,\ldots,N-1$ $(M = 2^{\tau_x}, N = 2^{\tau_y})$ *) .
Nach jeder eindimensionalen (Walsh-Hadamard-)Transformation werden gemäß der Beziehung (2.43) die erhaltenen Daten mit der Bit-umgekehrten Gray-Code Funktion umgeordnet. Nach Ablauf des Unterprogramms ist das Feld F überspeichert mit den diskreten Walshkoeffizienten $F(k,\ell) = f^{v}_{M,N}(k,\ell)$, $k = 0,1,\ldots,M-1$ und $\ell = 0,1,\ldots,N-1$.

Auch die in diesem Abschnitt angegebenen Programme lassen sich zur effizienteren Ausführung auf modernen Rechenanlagen (z. B. Pipeliner) "vektorisieren". Die Programme FPT2D und FWT2D zur Berechnung der diskreten Walsh-Paley-Koeffizienten (und damit auch der diskreten Walsh-Hadamard-Koeffizienten) und der diskreten Walshkoeffizienten ändert man dann genauso ab wie die Programme zur diskreten Fourier-Transformation, indem man die Summation über die einzelnen Zeilen und Spalten des Feldes jeweils in der innersten Schleife einer eindimensionalen Transformation durchführen läßt. Bei der Berechnung der diskreten Walshkoeffizienten muß man zusätzlich die Umspeicherung mit der Bit-umgekehrten Gray-Code Funktion modifizieren. Der Programmteil der zeilenweisen FWT hat dann folgendes Aussehen:

---

*) In der rufenden Programmeinheit darf das Feld F nicht anders als $2^{\tau_x} \times 2^{\tau_y}$-elementig dimensioniert sein.

```
C***********************************************************
C     Z E I L E N W E I S E    F W T    D E S    F E L D E S
C***********************************************************

      FAKTOR=1.0
      IF (IR.EQ.0) FAKTOR=1.0/REAL(N)

C****  BERECHNUNG DER BIT-UMGEKEHRTEN  ************
C****  GRAY-CODE FUNKTION              ************

      DO 20 J = 0, N-1
      K=J
      KD2=K/2
      SIGRAY(J)=0
        DO 10 KLEINN = 1, TAUY
        MY=K-2*KD2
        KD4=KD2/2
        MYP1=KD2-2*KD4
        SIGRAY(J)=2*SIGRAY(J)+(MY-MYP1)*(MY-MYP1)
        K=KD2
        KD2=KD4
 10     CONTINUE
 20   CONTINUE

C**** BERECHNUNG BEENDET *************************

C*****  N MIN 1 = 2**( KLEIN N - 1 )    ***********
C*****  N MIN 0 = 2**( KLEIN N )        ***********

      NMIN1=1
        DO 130 KLEINN = 1, TAUY
        NMIN0=NMIN1+NMIN1
          DO 120 L = 0, NMIN1-1
            DO 110 J = 0, N-NMIN0, NMIN0
              DO 105 K = 0, M-1
              U=F(K,J+L+NMIN1)
              F(K,J+L+NMIN1)=F(K,J+L)-U
              F(K,J+L)=F(K,J+L)+U
 105          CONTINUE
 110        CONTINUE
 120      CONTINUE
        NMIN1=NMIN0
 130    CONTINUE

C****  UMSPEICHERUNG MIT DER BIT-UMGEKEHRTEN  *****
C****  GRAY-CODE FUNKTION                     *****
C**** (GLEICHZEITIGE NORMIERUNG, FALLS IR=0 ) *****

      DO 145 K = 0, M-1
        DO 135 J = 0, N-1
        Y(J)=F(K,J)*FAKTOR
 135    CONTINUE
        DO 140 J = 0, N-1
        F(K,J)=Y(SIGRAY(J))
 140    CONTINUE
 145  CONTINUE
```

Die gleiche Änderung ist dann noch bei der spaltenweisen FWT vorzunehmen.

2.5 LITERATUR

Drei gute und leicht verständliche Bücher, die sich mit Walsh-Funktionen und Anwendungen der diskreten Walsh-Transformation beschäftigen, sind:

N. AHMED - K. R. RAO:
Orthogonal Transforms for Digital Signal Processing
Springer-Verlag, Berlin-Heidelberg-New York (1975)

F. HARMUTH:
Transmission of Information by Orthogonal Functions
Springer-Verlag, Berlin-Heidelberg-New York (1972)

F. HARMUTH:
Sequency Theory, Foundations and Applications
Academic Press, New York-San Francisco-London (1977)

Eingeführt wurden die Walsh- und die Walsh-Paley-Funktionen mit den beiden Veröffentlichungen:

J. L. WALSH:
A Closed Set of Normal Orthogonal Functions
American Journal of Mathematics, Vol. 45 (1923), 5 - 24

R. E. A. C. PALEY:
A Remarcable Series of Orthogonal Functions
Proceedings of the London Mathematical Society, Vol 34 (1932), 241 - 279

Ein guter Übersichtsartikel über theoretische Aspekte mit einem ausführlichen Literaturverzeichnis ist:

L. A. BALASHOV - A. I. RUBINSHTEIN:
Series With Respect to the Walsh System and Their Generalizations
Plenum Publishing Corporation, New York (1973)

Ausführliche Literaturzusammenstellungen über Walsh- und damit verwandte Funktionen und vielfältige Anwendungen enthalten die beiden folgenden Bibliographien:

An Annotated Bibliography on Walsh and Walsh Related Functions
John Hopkins University, Applied Physics Laboratory, Technical Report
TG-1198 A (1973)

J. N. BRAMHALL:
The First Fifty Years of Walsh Functions
Proceedings of the Symposium on the "Applications of Walsh Functions" (1973), 41 - 60

Schnelle Algorithmen für die diskrete Walsh-Transformation und damit verwandte Transformationen sind bekannt seit folgendem Artikel zur Schnellen Walsh-Paley-Transformation:

J. L. SHANKS:
Computation of the Fast Walsh-Fourier Transform
IEEE Transactions on Computers, Vol. C-18 (1969), 457 - 459

3. BILDVERARBEITUNG - EINE EINFÜHRUNG

Seit einigen Jahren findet die Auswertung von Bildern mit Hilfe von digitalen Rechenanlagen eine enorme Verbreitung. Preisgünstige und leistungsfähige Hardware mit schnellen Recheneinheiten und einer großen Speicherkapazität haben diesen Prozeß sehr beschleunigt.

Die Handhabung von Bildern auf digitale Weise begann schon kurz nach dem ersten Weltkrieg, als man Bilder für Zeitungen zwischen London und New York mittels eines Unterseekabels übertrug, doch erst ab Mitte der sechziger Jahre setzte eine ungeheure Entwicklung im digitalen Bildverarbeitungsbereich ein, angetrieben unter anderem durch Raumfahrtprogramme. In diesem wichtigen Anwendungsgebiet werden Bilder vom Mond und von anderen Himmelskörpern mit Computern aufbereitet und ausgewertet.

Bilder spielen als Informationsträger eine große Rolle. Die Bildverarbeitung dient zur Unterstützung des Menschen bei der Interpretation bildlicher Informationen, denn ein Computer kann Bilder viel genauer lesen und auswerten; ohne diese technische Hilfe würde das bloße menschliche Auge vieles nicht wahrnehmen.

Die Bilder 3.1 und 3.2 zeigen einfache, aber wirksame Anwendungen.

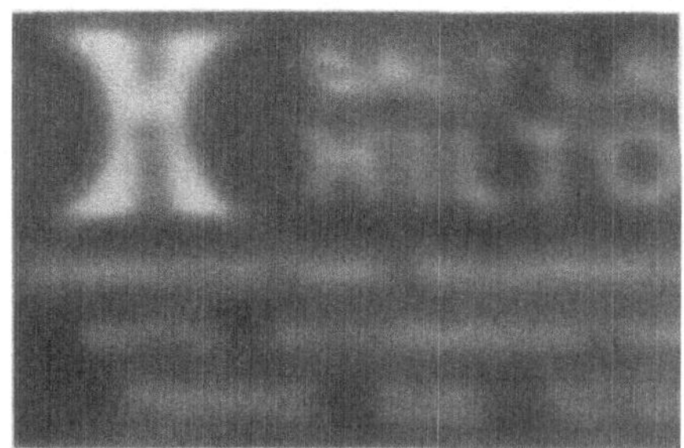

Bild 3.1: Bild vor und nach einem Bildverarbeitungsprozeß

Die Worte in Bild 3.1, die auf dem zugrundeliegenden unscharfen Originalbild nicht identifizierbar sind, können mit gewissen Bildverarbeitungstechniken durch einen Computer "lesbar" gemacht werden.

Bild 3.2: Bild vor und nach einem Bildverarbeitungsprozeß

Die Unschärfe im Bild des Kopfes einer Frau in Bild 3.2, durch eine gleichmäßige Bewegung bei der Aufnahme verursacht, kann mit Hilfe gewisser Methoden der Bildverarbeitung durch einen Computer, der nur das unscharfe Bild als Vorlage hat, entfernt werden.

Diese Fähigkeit nutzt man in vielen Bereichen. So werden in der Biomedizin zum Beispiel Röntgen- und Ultraschallbilder, Blutzellen-, Zellkern- und Chromosomenaufnahmen und thermographische und tomographische Bilder auf Rechnern analysiert, um schneller und zuverlässiger diagnostizieren zu können. Mit einem Computer lassen sich eine große Zahl von auszuwertenden Bildern bewältigen, Entzündungen und krankhafte Veränderungen oder Zysten entdecken, Erkrankungen durch Strahlenschäden feststellen und etwa bei Chromosomenaufnahmen Abnormalitäten wie Mongolismus erkennen. Bild 3.3 zeigt eine schlecht entwickelte Röntgenbildaufnahme und das durch einen Rechner daraus aufbereitete Bild. Die Information, die uns das verarbeitete Bild gibt, steckt schon für das menschliche Auge nicht wahrnehmbar im Originalbild und wurde mit Hilfe eines Rechners "sichtbar" gemacht.

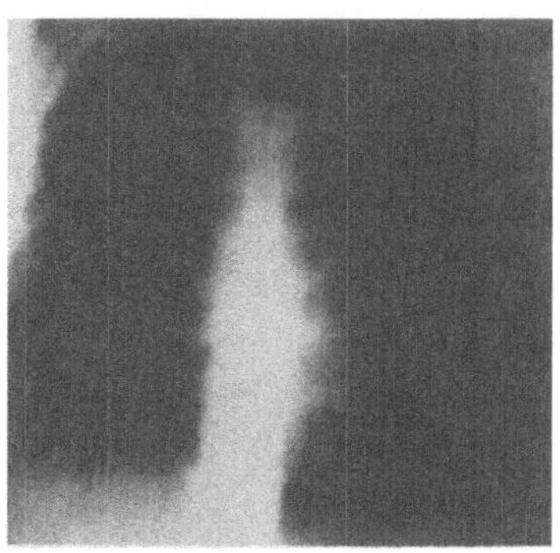

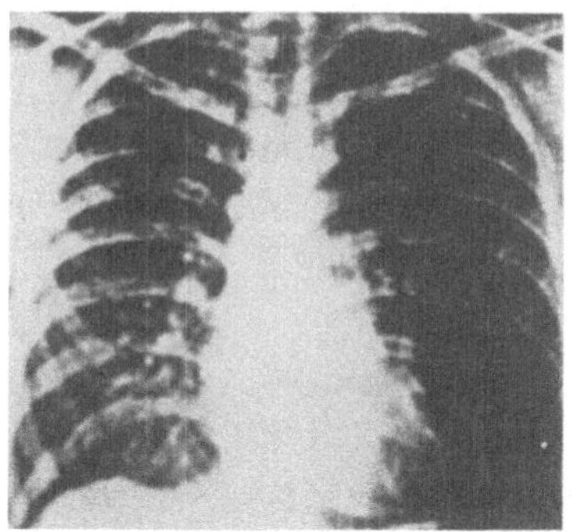

Bild 3.3: Röntgenbild vor und nach einem Bildverarbeitungsprozeß

Auch bei der Erdfernerkundung [englisch: *remote sensing*], d.h. bei der Erforschung und Überwachung der Erde mittels nicht bodenständiger Aufnahmegeräte (Sensoren), benutzt man inzwischen Rechenanlagen zur Auswertung von Bildern. So ist etwa in den Bereichen der Land-, Forst- und Wasserwirtschaft zum Beispiel zur Vegetationsbestimmung und der Ermittlung von Wachstumsschäden oder von Schädlingsbefall, im Bereich der Geologie zum Beispiel für lithologisch-kartografische Kartierungen, zur Schnee- und Eisermittlung und zur Vulkanüberwachung, im Bereich der Meteorologie zum Beispiel zur Bestimmung von Windfeldern und Wolkenverteilungen und zur Temperaturermittlung, und in den Bereichen der Fotogrammetrie, Ökologie und Geodäsie die rechnerunterstützte Bildverarbeitung schon jetzt unentbehrlich geworden. Man kann mittlerweile bei Luftfotografien, von einem Flugzeug oder einem Satelliten aufgenommen, Untersuchungen von riesigen Wäldern auf Industrieimmissionen oder Insektenbefall mit der Computer-Bildanalyse durchführen und damit sogar Angriffe von Ungeziefer auf einzelne Bäume feststellen. Es lassen sich mit dieser technischen Hilfe verschwommene archeologische Vorlagen wiederherstellen und auch natürliche Rohstoffe entdecken und sinnvoll geplant ausbeuten.

In Industrie und Technik wird zunehmend die rechnerunterstützte Bildauswertung etwa in der automatischen Fertigung und zu Qualitätskontrollen sowie zur Feststellung ("Sichtbarmachung") von Überbeanspruchungen in Baukonstruktionen und zur Messung ("Sichtbarmachung") von schädlichen Vibrationen im Flugzeugbau eingesetzt.

Ein weiterer Nutznießer dieser technischen Fähigkeit ist das Militär, das durch vielerlei Projekte die bisherige Entwicklung auch mit beeinflußt hat. Die Bildauswertung auf Computern findet bei der Aufklärung und Überwachung, bei der Waffenlenkung, der Navigation, der Fernsteuerung und der Kartographie Anwendung.

Auch zur Verkehrskontrolle, beim Umweltschutz und sogar für polizeiliche Untersuchungen (Fingerabdrücke, Fahndungsbilder) nutzt man in Anfängen schon die Fähigkeiten der Bildverarbeitung auf Rechenanlagen aus; ihrer zukünftigen Verwendung sind kaum Grenzen gesetzt.

3.1 WICHTIGE BEGRIFFE

Um die Elemente der Bildverarbeitung richtig erfassen zu können, sollen zunächst grundlegende Begriffe erklärt werden.

DAS ANALOGE BILD

Unter einem Bild [*image, picture*] versteht man eine Abbildung oder eine Darstellung von irgendwelchen Objekten oder Sachen. Vertraute Bilder sind Zeichnungen, Fotos, Dias und Filme, aber auch unsichtbare physikalische Größen wie Druck, Temperatur und Schall können als Bilder dargestellt werden.

Mathematisch läßt sich ein zweidimensionales Schwarz-Weiß-Bild durch eine kontinuierliche Verteilung von Signalintensitäten $f(x,y;t)$ beschreiben: Zum Zeitpunkt t gibt f zu jedem Punkt (x,y) im Bild die Lichtintensität (Helligkeit, Grauwert) an. Die Werte der Funktion f sind durch zwei Werte f_{min} und f_{max} nach unten und oben beschränkt, wobei f_{min} Schwarz und f_{max} Weiß zugeordnet sind und dazwischenliegende Werte entsprechend helle Grauwerte bedeuten. In der Regel betrachtet man (quasi-)stationäre Bilder, dh. die Funktion f ist unabhängig von der Zeit t. Durchgesetzt hat sich folgende Achsenvereinbarung:

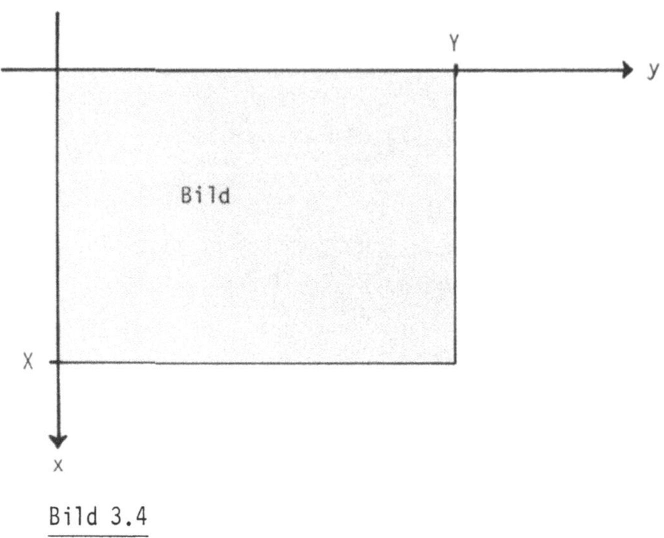

Bild 3.4

Die Intensitätsfunktion f ist also auf dem Rechteck $[0,X] \times [0,Y]$ definiert und nach oben und unten beschränkt:

$$f_{min} \le f(x,y) \le f_{max} \quad \text{für} \quad 0 \le x \le X \quad , \quad 0 \le y \le Y \quad .$$

Bild 3.5 zeigt die Aufnahme eines Hauses mit Garten und die dazugehörige Intensitäts- oder Grauwertfunktion f, deren Werte zwischen $f_{min} = 0$ und f_{max} liegen.

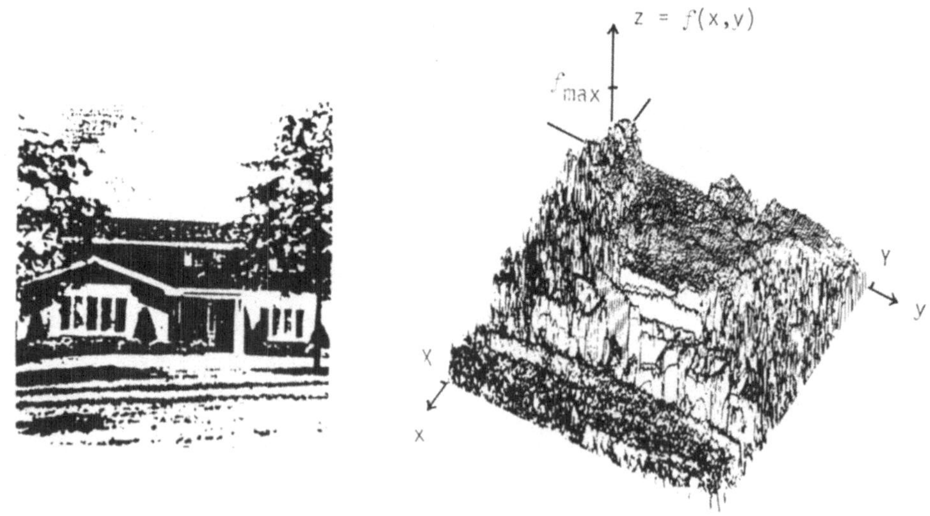

Bild 3.5: Bild mit zugehöriger Intensitätsfunktion

Ein Farbbild läßt sich durch je eine Intensitätsfunktion für die drei Farbkomponenten Rot, Blau und Grün beschreiben, dh. pro Bildpunkt sind drei Eigenschaften des Bildes, nämlich die Anteile der Grundfarben im optischen Spektrum , bekannt.

DAS DIGITALE BILD

Unter einem digitalen Bild [*digital image*] versteht man eine numerische Darstellung des Bildes, also eine für eine Rechenanlage geeignete Wiedergabe des Bildes. Die Umwandlung eines Bildes in ein digitales Bild nennt man Digitalisieren [*digitizing*]. Dazu wird sowohl der Definitionsbereich als auch der Wertebereich der das Bild beschreibenden Funktion f diskretisiert: Man unterteilt zunächst das zugrundeliegende Rechteck $[0,X] \times [0,Y]$ in $M \cdot N$ meist gleichgroße Bildelemente (x_m,y_n) , $m = 0,1,\ldots,M-1$ und $n = 0,1,\ldots,N-1$, auch Pixels [von *picture elements*] genannt, die oft rechteckig bzw. sogar quadratisch sind, aber zum Beispiel auch hexagonal sein können [dieser Vorgang heißt: *scanning*], mißt die Intensität des Bildes, also den Grauwert in diesen Stellen [dieser Vorgang heißt: *sampling*], unterteilt den Grauwertbereich [*gray scale*] in endlich viele verschiedene, meist gleichgroße Intervalle, die je einen Grauwert [*gray level*] bedeuten, und ordnet jedem Bildpunkt den entsprechenden Grauwert zu [dieser Vorgang heißt: *quantization*]. Man kann die Grauwerte durchnumerieren und daher ohne Einschränkung ganzzahlige Werte [*integer*] als Grauwerte annehmen.
Der Digitalisierungsprozeß ordnet also einer Intensitätsfunktion, die ein Bild beschreibt, eine Matrix mit ganzzahligen Elementen zu.

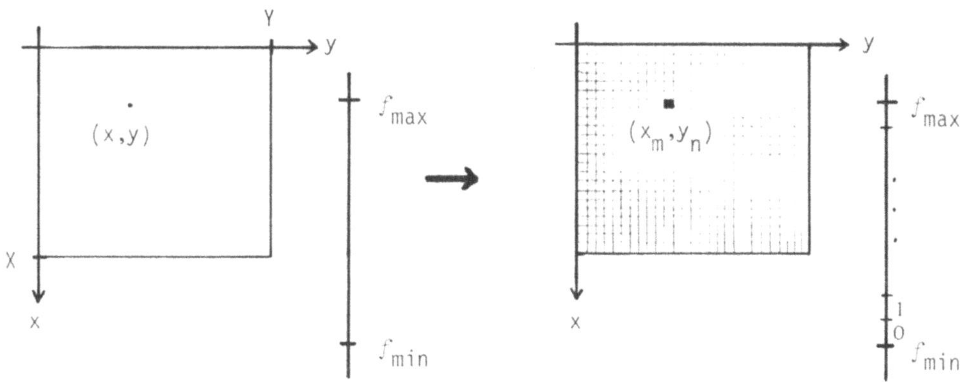

$$f(x,y)\;,\quad (x,y)\in[0,X]\times[0,Y] \longrightarrow \begin{pmatrix} f(x_0,y_0) & f(x_0,y_1) & \cdot & \cdot & \cdot & f(x_0,y_{N-1}) \\ f(x_1,y_0) & & & & & \cdot \\ \cdot & & & & & \cdot \\ \cdot & & & & & \cdot \\ f(x_{M-1},y_0) & \cdot & \cdot & \cdot & \cdot & f(x_{M-1},y_{N-1}) \end{pmatrix}$$

Bild 3.6: Digitalisierung eines Bildes

Will man ein Farbbild digitalisieren, so muß man diesen Prozeß mit verschiedenen Farbfiltern dreimal für die Grundfarben Rot, Blau und Grün durchlaufen; ein digitales Farbbild benötigt daher einen dreimal so großen Bildspeicher.

Damit Verfahren der Bildverarbeitung, insbesondere solche, die mit der Fourier-Transformation oder der Walsh-Transformation zusammenhängen, effizient sind, wählt man sehr häufig die Anzahl der Bildelemente pro Zeile (= N) und Spalte (= M) als Potenzen von 2 ; dies gilt auch für die Anzahl der Grauwerte.

Um eine möglichst gute Auflösung [*resolution*], dh. eine möglichst genaue digitale Darstellung des Bildes zu erreichen, müssen sowohl die Anzahl der Bildelemente als auch die Anzahl der Grauwerte angemessen groß sein.

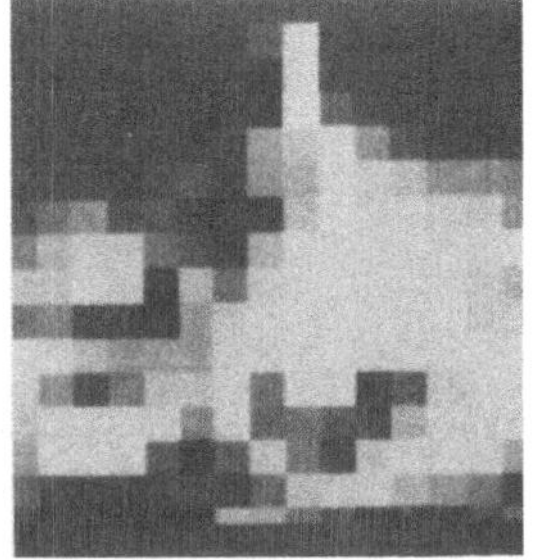

Bild 3.7: Digitale Bilder mit 512 x 512, 64 x 64 und 16 x 16 Bildelementen

Bild 3.7 zeigt einen Astronauten mit unterschiedlicher Auflösung der zugehörigen Intensitätsfunktion im Definitionsbereich; zugrunde liegen jeweils 256 verschiedene Grauwerte. Schon bei 64 x 64 Bildelementen erkennt das menschliche Auge einen nachteiligen Digitalisierungseffekt.

Bild 3.8: Digitale Bilder mit 128, 16 und 4 Grauwerten

Bild 3.8 verdeutlicht unangenehme Quantisierungseffekte. Die jeweils 512 x 512 elementigen digitalen Bilder haben unterschiedlich viele Grauwerte.

Das menschliche Auge kann nur etwa 30 verschiedene Grautöne und je nach Größe des Bildes auch nur begrenzt viele Bildelemente unterscheiden, dh. benachbarte Werte als unterschiedlich erkennen. Trotzdem ist eine hohe Auflösung aus zwei Gründen sehr wichtig:

1.) Ein hoher Auflösungsgrad sowohl bei der Anzahl der Bildelemente als auch bei der Anzahl der Grauwerte gibt das Bild möglichst genau wieder; die Information, die im Bild für das menschliche Auge unsichtbar steckt, bleibt bei höchstens geringen Verlusten erhalten. Gerade die Extraktion von für den Menschen ohne technische Hilfe nicht wahrnehmbarer Information aus einem Bild macht die digitale Bildauswertung so bedeutsam und unentbehrlich.

2.) Viele Verfahren der digitalen Bildverarbeitung basieren auf der Analysis kontinuierlicher Funktionen. Sie setzen eine kontinuierlich gegebene Bild-Intensitätsfunktion voraus, was auch in den letzten Kapiteln zum Ausdruck kam. Ist dies nicht erfüllt, so muß man solche Verfahren überlegt anwenden. Ein hoher Auflösungsgrad approximiert das zugrundeliegende Bild sehr gut; ein Verarbeitungsprozeß wird in der Regel entsprechend gute Ergebnisse liefern.

Heutzutage liegt die Auflösung digitaler Bilder bei etwa 512 x 512 (= $2^9 \times 2^9$) Bildelementen und 256 (= 2^8) Grauwerten. Man braucht so 512 · 512 · 8 bit = 256 K Byte Speicherplatz für ein Bild. Aber auch Bilder mit mehr Bildelementen und mehr verschiedenen Intensitätswerten sind für spezielle Anwendungen unumgänglich; der Speicherplatzbedarf steigt dann allerdings rapide an.

Die Qualität eines Bildes kann man noch verbessern, indem man vom speziellen Bild abhängige unregelmäßig große Bildelemente wählt, also etwa in relativ glatten Regionen eine grobe und in der Nähe scharfer Übergänge eine feine Unterteilung wählt. Genauso kann man den Intensitätsbereich nichtäquidistant quantisieren, also zum Beispiel bei glatten Grauton-Übergängen mehr Grauwerte zulassen oder einen häufig vorkommenden Grauwertbereich feiner unterteilen.

DIE DIGITALE BILDVERARBEITUNG

Die Bildanalyse nur durch das menschliche Auge ist der mit Rechnerunterstützung also weit unterlegen. Ein Bild in Postkartengröße (13 x 18 cm), digitalisiert mit einer Auflösung von 512 x 1024 Bildelementen und 32 verschiedenen Grautönen, vermag das menschliche Auge nicht mehr vom Original zu unterscheiden. Mit dieser Auflösung gibt es aber nicht unendlich viele, sondern nur $32^{512 \cdot 1024}$ verschiedene Bilder. In dieser großen, aber doch begrenzten Menge liegen alle bisher gemachten oder denkbaren und vom Menschen wahrnehmbaren Schwarz-Weiß-Bilder in Postkartengröße!
Im Rechner kann zwar auch nur eine "endliche" Menge von Bildern dargestellt werden, jedoch ist die Mächtigkeit dieser Menge um ein unglaubliches Vielfaches größer.

Bei der **digitalen Bildverarbeitung** [*digital image processing*] wird das digitale Bild im Rechner einer Reihe von Operationen unterzogen mit dem Ziel, ein erstrebtes Ergebnis zu erreichen. Man will dem Bild gewünschte, aber zunächst nicht wahrnehmbare Informationen entnehmen; am Ende eines Bildverarbeitungsprozesses steht also ein Informationsgewinn.

Die digitale Bildverarbeitung läßt sich grob in 2 Bereiche unterteilen, in den der Bildvorverarbeitung und in den der eigentlichen Bildauswertung.

Die Bildvorverarbeitung bereitet die digitale Bildvorlage auf, sie bringt das Bild in eine für die Bildauswertung geeignete Form [*image enhancement; image restoration*] . Darunter fallen zum Beispiel Filterungsprozesse zur Entfernung von Rauschen[*noise*] oder Unschärfe [*blur*] in einem Bild, geometrische Entzerrungen, Histogrammausgleiche zur Ausschöpfung der zur Verfügung stehenden Grauwerte (ein Grauwert-Histogramm ist eine Funktion, die die Häufigkeit eines jeden im Bild vorkommenden Grauwertes angibt) und auch Bilddatenreduktionen [*image encoding*] mit möglichst geringen Informationsverlusten zur Minimierung des notwendigen Speicherbedarfs. Solche Datenreduktionen werden häufig vor Bildübertragungen oder rechenintensiven Verarbeitungsprozessen gemacht, um den Aufwand in vertretbaren Grenzen zu halten.

Die Bildauswertung oder Bildanalyse macht eine Merkmalsextraktion [*feature extraction*]. Es wird eine Liste [*feature vector*] erstellt, die die erstrebten Informationen über das Bild enthält. Eine solche Merkmalliste reduziert den Umfang der Information drastisch und enthält gleichzeitig Kenntnisse über verschiedene Bildobjekte. Die anschließende Bildinterpretation erfordert eine syntaktische und semantische Beschreibung, also eine Beschreibung von Strukturen und ihren Bedeutungen im Aufbau eines Bildes. Typische Aufgaben der Bildauswertung sind etwa die Bestimmung von zusammenhängenden Mengen von Bildelementen, die Unterteilung des Bildes in solche Regionen und deren Beschreibungen [*image segmentation and description*], das Erkennen von vorgegebenen Mustern [*pattern recognition*],das Auffinden von Objekten, das Festhalten ihrer Lage und ihre anschließende Einordnung in eine bestimmte Klasse [*image detection, registration and classification*] , die Gewinnung von Objektkonturen und -flächen, die Detektion von Bildobjekten, die sich gegenüber einem Referenzbild geändert haben, die Texturanalyse, eine Klassifikationsaufgabe, bei der eine regionale Zuordnung von Bewertungsklassen zum Bildinhalt vorgenommen wird, die Multispektralanalyse, eine Objektklassifikation aufgrund gewisser Verhaltensweisen in bestimmten Spektralkanälen, und die Szenenanalye, bei der sowohl eine detaillierte Beschreibung der in einem Bild oder in einer Folge von Bildern (Szene) vorhandenen Objekte erfolgt als auch die Suche nach vorgebbaren Objekten in einem Bild gemeint ist.

Obwohl die digitale Bildverarbeitung Informationen aus einem Bild extrahiert, die das bloße menschliche Auge nie wahrnehmen könnte, darf man die Flexibilität des menschlichen Auges nicht unterschätzen. In fast allen Anwendungsgebieten ist zur Zeit (noch) keine vollautomatische Bildauswertung möglich, sondern man kombiniert maschinelle Verfahren mit manuell-visueller Unterstützung durch den Menschen im interaktiven Betrieb. Es ist bis heute nicht gelungen, auch mit noch so großem (Rechen-)Aufwand die hervorragenden Leistungen des menschlichen Sehsystems annähernd nachvollziehen zu können.
Nur für bestimmte einfache Zwecke ist inzwischen eine automatische Bildauswertung möglich, so zum Beispiel bei der automatischen Schriftzeichenerkennung und der automatischen Materialprüfung.
Trotzdem hat sich die digitale Bildverarbeitung zur Unterstützung des Menschen beim Analysieren von Bildern bewährt und unentbehrlich gemacht. Der Mensch, der ein Bild immer subjektiv wahrnimmt, wird zum Beispiel bei zeitintensiven oder sich oft wiederholenden Lesevorgängen entlastet, und die Fehlerrate beim Lesen wird reduziert. Man kann inzwischen so große Datenmengen, daß eine visuell-manuelle Auswertung unmöglich ist, bewältigen.

3.2 DIE DIGITALE BILDVERARBEITUNGSANLAGE

Bild 3.9 zeigt die typische Konfiguration einer digitalen Bildverarbeitungsanlage.

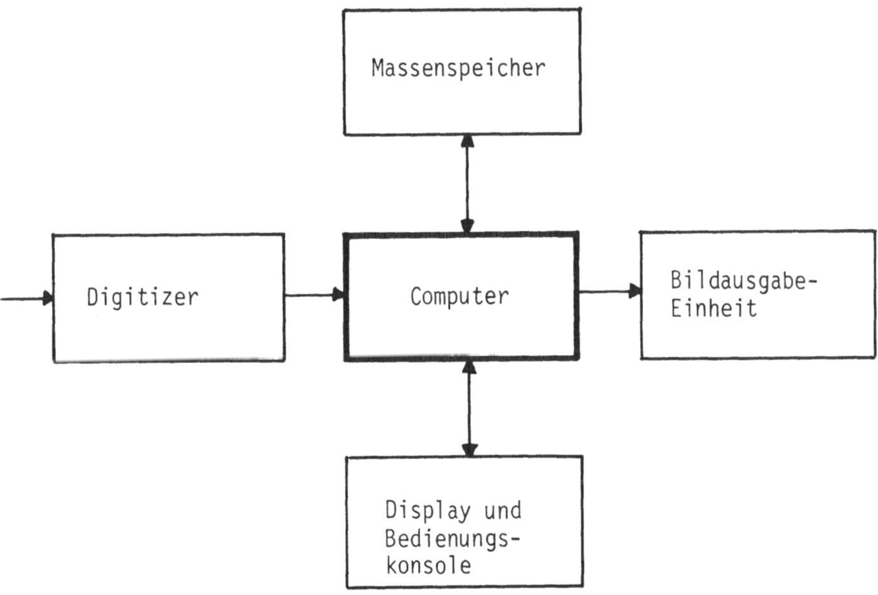

Bild 3.9: Elemente einer digitalen Bildverarbeitungsanlage

Das zu verarbeitende Bild muß zunächst digitalisiert werden. Ein Digitizer, auch Scanner genannt (obwohl Scanning nur ein Teil des Digitalisierens ist), wandelt das "analoge" Bild in eine für den Computer geeignete digitale Darstellung um. Man erhält so von einem Schwarz-Weiß-Bild eine Matrix mit Grauwerten und von einem Farbbild drei Matrizen mit den Farbwertanteilen der Grundfarben Rot, Grün und Blau. Die Auflösung des Digitizers sollte sehr gut sein, um den bei dieser Umwandlung unvermeidbaren Informationsverlust so klein wie möglich zu halten. Außerdem kann eine unangemessen geringe Auflösung leicht zu falschen Schlüssen bei der Interpretation des Bildes führen. Einem hochqualitativen Digitizer sind aber durch das optische System bedingt Grenzen gesetzt; sowohl die minimierbare, aber nicht eliminierbare Linsen-Aberration als auch Dispersionseffekte begrenzen die Qualität eines digitalisierten Bildes. Das dadurch von einem Digitizer dem Bild hinzugefügte Rauschen sollte möglichst klein zum Kontrast des Bildes sein. Gröbere Unregelmäßigkeiten in der digitalen Darstellung eines konstant-grauen Bildes deuten auf eine niedere Qualität des Digitizers hin. Bei der Digitalisierung von Farbbildern kann zusätzlich noch Information verlorengehen, da sich nicht alle sichtbaren Farben durch die Farbanteile der drei Grundfarben darstellen lassen, so zum Beispiel purpur.

Im Rechner wird das digitale Bild anschließend gewissen Verarbeitungsroutinen unterworfen. Dieser Prozeß findet meist interaktiv statt; der Benutzer steuert von einem Terminal aus den Verarbeitungsablauf, und ein Display, in der Regel ein hochauflösender (Farb-) Monitor, zeigt ihm (zwischen-) verarbeitete Bilder an. Nur wenn am Ende einer Bildauswertung numerische Daten oder Entscheidungen stehen, ist ein solches Gerät überflüssig. Oft ist ein Display mit 1 bit Graphik ausgerüstet, um eine zusätzliche Maske auf das angezeigte Bild legen zu können, und mit einer steuerbaren Falschfarbendarstellung versehen, dh. Farben werden in vorgebbare andere ("falsche") Farben umgewandelt, um Objekte in einem Bild besser voneinander abzusetzen.

Die Verarbeitung etwa von mehreren Bildern und auch komplexere Bildauswerteaufgaben sind sehr rechenintensiv und speicheraufwendig und verlangen einen schnellen Datentransport. Der Computer muß daher angemessen ausgestattet sein. Es gibt inzwischen Spezialprozessoren (Bildprozessoren) insbesondere für Echtzeitanwendungen, die bestimmte Verarbeitungsprozesse sehr effektiv durchführen können.

Als externe Massenspeicher dienen Bandgeräte, auf denen auch alternativ digitale Bilder ein- und ausgegeben werden können, und Plattenspeicher. Die Plattenspeicher enthalten einerseits die Daten von Bildern und andererseits die zur Verfügung stehende Anwendungssoftware. Existierende Programme erhöhen die Fähigkeiten des Systems. Eine Standardisierung, wie sie inzwischen auf dem Hardware-Sektor erreicht ist, ist auf dem Gebiet der Software noch nicht abzusehen. Als Libraries sind zur Zeit nur Vorverarbeitungsroutinen verfügbar, also Verfahren, die ein digitales Bild in eine für die Bildauswertung geeignete Form bringen. Solche Programmpakete erhöhen zwar die Vielseitigkeit einer Bildverarbeitungsanlage, doch bleiben für die Programmentwicklung noch viele wichtige und anspruchsvolle Aufgaben. Obschon zur schnelleren Verarbeitung die Programme häufig in Assembler-Sprache geschrieben sind, wird eine solche Anlage zur Erhöhung der Flexibilität für die Programmentwicklung zumindest eine höhere Programmiersprache haben.

Als Ausgabeeinheit dient meist ein hochqualitativer (Farb-) Filmplotter; das verarbeitete Bild wird auf einem lichtempfindlichen fotographischen Film festgehalten. Dieser Prozeß ist die Umkehrung des Digitalisierens, und die Qualität des Ausgabegerätes, ebenfalls begrenzt durch die vorhandene Optik, sollte zumindest der des Digitizers angepaßt sein.

Selbstverständlich sind an einer komfortablen Bildverarbeitungsanlage noch weitere Peripheriegeräte wie Drucker, Kartenleser und ein Hardcopygerät, das etwa ein Sofortbild auf Polaroidbasis ausgibt, angeschlossen.

Eine wesentliche Steigerung der Leistungsfähigkeit einer solchen Anlage ist fast nur mit einer leistungsfähigeren Hardware zu erreichen.

3.3 BEISPIELE EINIGER BILDVERARBEITUNGSTECHNIKEN

Liegt ein digitales Bild zur Auswertung vor, so muß man es zunächst aufbereiten. Ein solcher Bildvorverarbeitungsprozeß ist inzwischen größtenteils standardisiert,während die eigentliche Bildauswertung sehr problemabhängig ist und sich noch im Entwicklungsstadium befindet.

Bei der Bildvorverarbeitung kann man zur Verbesserung der Bildqualität direkte Manipulationen an den einzelnen Bildelementen und deren Grauwerten durchführen oder aber durch gewisse Bildtransformationen, die spezielle bildbeschreibende Eigenschaften liefern, Modifikationen am transformierten Bild vornehmen.

DIREKTE METHODEN ZUR BILDVORVERARBEITUNG

Unter den direkten Methoden ist die Manipulation am Grauwert-Histogramm sehr einfach und hilfreich. Das Grauwert-Histogramm eines Bildes ist eine diskrete Funktion, die für jeden Grauwert die Anzahl der Bildelemente mit diesem Grauwert angibt. Das Grauwert-Histogramm eines Bildes ist eindeutig, aber aus einem solchen Histogramm kann man das Bild nicht zurückgewinnen, da jede räumliche Information fehlt. So haben zwei Bilder, in denen nur Objekte versetzt sind, gleiche Histogramme.

Ein Histogramm zeigt an, ob und wie ein Bild den ganzen Umfang des erlaubten Grauwertbereiches ausschöpft. Gewöhnlich sollten in einem Bild alle möglichen Grauwerte vorkommen, da sonst sowohl Kontrast verlorengeht als auch der zur Verfügung stehende Speicherplatz nicht ausgenutzt wird.

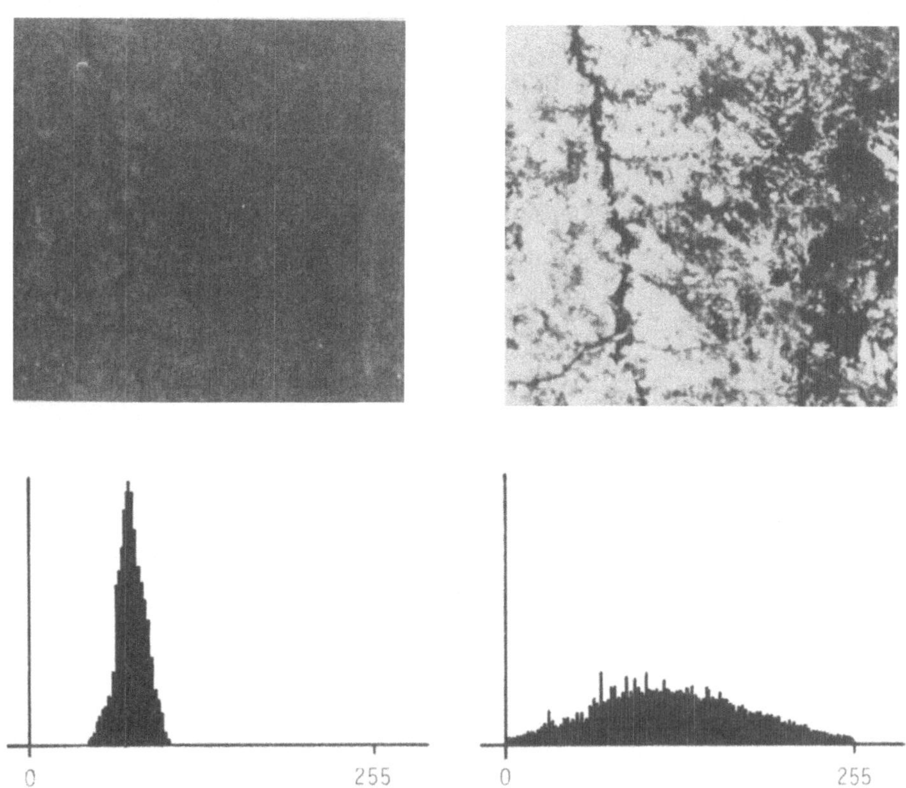

Bild 3.10: Bild mit Grauwert-Histogramm vor und nach einer Histogrammanipulation

Bild 3.10 zeigt eine Luftaufnahme, die nicht den gesamten Grauwertbereich ausnutzt. Dadurch ist sie kontrastarm. Man kann etwa durch Streckung der Grauwertbereiche, die häufig vorkommen ("Spitzen" im Histogramm), jedem Bildelement einen neuen Grauwert zuordnen, so daß das resultierende Bild alle möglichen Grauwerte beinhaltet und qualitativ weitaus besser ist als die Vorlage.

Störungen in einem Bild können auch reduziert werden, indem der Grauwert eines Bildelementes unter Berücksichtigung der Grauwerte gewisser benachbarter Elemente modifiziert wird, zum Beispiel durch den Mittelwert der Grauwerte dieser Nachbar-Pixel.

Bild 3.11: Bild vor und nach einem Verarbeitungsvorgang

Die stark verrauschte Vorlage in Bild 3.11 wurde durch einen lokalen nichtlinearen Mittelungsprozeß der Grauwerte soweit verbessert, daß das unterdrückte Rauschen nicht mehr sichtbar ist.
Zur besseren subjektiven Wahrnehmung der Inhalte eines Bildes kann man ein Grauwertbild auch in Pseudofarben darstellen, indem gewissen Grauwerten oder Objekten gewisse Farben zugeordnet werden. Solche Pseudofarbbilder stellen für das Auge auch kleinste Unterschiede bewußt heraus. Um auch bei einem Farbbild Objekte besser voneinander abzusetzen, kann man das Bild mit falschen Farben darstellen. Auch diese Falschfarbbilder nutzen das gute Farbunterscheidungsvermögen des menschlichen Auges aus.

BILDVORVERARBEITUNG MITTELS BILDTRANSFORMATIONEN

Zur Aufbereitung von Bildern spielen Bildtransformationen eine große Rolle. Eine Sonderstellung nehmen dabei die umkehrbar-eindeutigen, meist linearen Transformationen ein, da sie mit keiner Informationsreduktion verbunden sind, sondern eine äquivalente Darstellung des Bildes mit bestimmten bildbeschreibenden Eigenschaften ergeben. Die wichtigsten dieser Transformationen wurden in den letzten beiden Kapiteln behandelt. So zerlegt zum Beispiel die Fourier-Transformation ein Bild in harmonische Sinus- und Kosinus-Schwingungen, die ganzzahlige Vielfache einer bestimmten Grundfrequenz sind; das transformierte Bild gibt die Schwingungsanteile dieser Schwingungen an. Langsame Änderungen in einem Bild spiegeln sich in den niederfrequenten Anteilen der Fourier-Transformation wieder, während scharfe Übergänge, also abrupte Grauwertänderungen, die hochfrequenten Anteile bestimmen. Dämpft man zur Verbesserung des Bildes bestimmte Frequenzanteile, so spricht man von einer Filterung. So kann man ein Bild glätten, indem man durch eine Tiefpaßfilterung [*lowpass filtering*] die hochfrequenten Anteile unterdrückt, also nur die Energie der niederen Frequenzen unverändert läßt, und ein Bild kontrastreicher, schärfer machen, indem man durch eine Hochpaßfilterung [*highpass filtering*] die niederfrequenten Anteile abschwächt, also nur die Energie bestimmter höherer Frequenzen unverändert läßt.

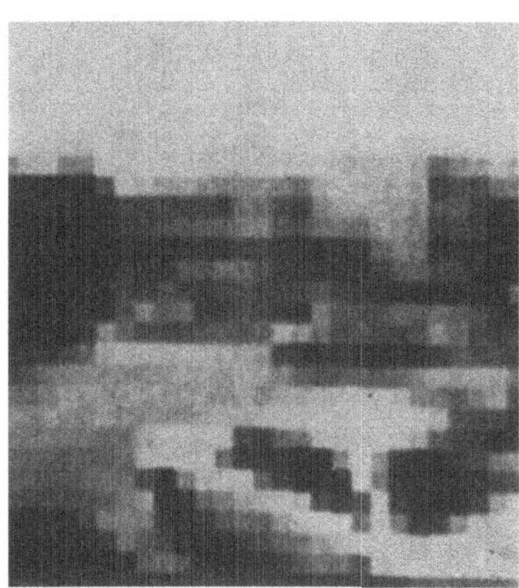

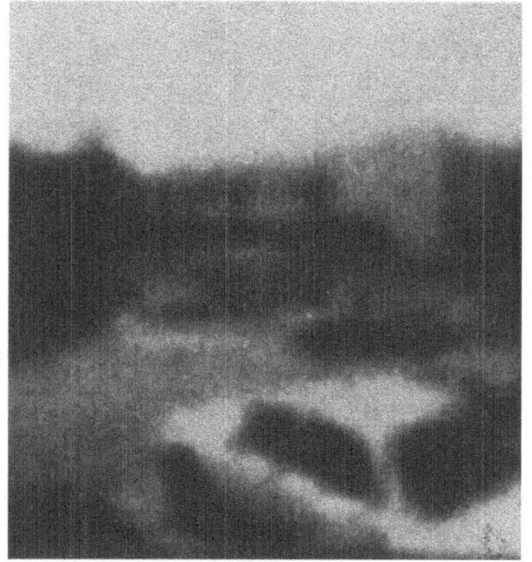

Bild 3.12: Bild vor und nach einer Tiefpaßfilterung

Bild 3.12 zeigt die Wirkung einer Tiefpaßfilterung. Die grobe Rasterstruktur des digitalen Bildes mit 32 x 32 Bildelementen führt zu abrupten Grauwertübergängen zwischen den einzelnen Pixels. Faßt man dieses Bild als ein

256 x 256-elementiges Bild auf, dh. jedem Bildelement entsprechen 8 x 8 kleinere Bildelemente mit konstantem Grauwert, und führt dann eine Tiefpaßfilterung durch, so sieht man, daß der Informationsgehalt des Bildes nicht so gering ist, wie es das menschliche Auge zunächst feststellt.

Die schlechte Röntgenaufnahme aus Bild 3.3 wurde durch eine Hochpaßfilterung und einen anschließenden Histogramm-Ausgleich, womit eine Gleichverteilung im Grauwert-Histogramm angestrebt wird, so sehr verbessert, daß eine anschließende Diagnose möglich ist.

Filterungen sind nichts anderes als Faltungsprozesse. Eine Durchführung der Faltung der Bildfunktion mit einer bestimmten anderen Funktion mit Hilfe der (diskreten) Fourier-Transformation nutzt aus, daß eine Faltung einer Multiplikation der Frequenzanteile entspricht und daß sich mit Hilfe der Schnellen Fourier-Transformation (Fast Fourier Transform, FFT) diese Operationen schon bei sehr kleinen Bildausschnitten günstiger durchführen lassen.

Für die Schnelle Fourier-Transformation ist eine komplexe Darstellung und damit eine Rechnung mit komplexen Zahlen unvermeidlich. Diese etwas aufwendigen Rechnungen vermeidet eine Zerlegung des Bildes in Schwingungsanteile, die durch die Walsh-Funktionen beschrieben werden. Der Rechenaufwand reduziert sich dadurch erheblich, doch sollte man bei der Interpretation bestimmter Schwingungsanteile auch vorsichtig sein; eine augenscheinliche Ähnlichkeit mit der Fourier-Transformation schließt nicht automatisch ähnliches Schwingungsverhalten mit ein.

Die Walsh-Transformation und damit verwandte Transformationen (Paley, Hadamard,..) benutzt man häufig auch zur Bildcodierung [*image encoding*], dh. zur Reduzierung der Bilddaten etwa vor Bildübertragungen möglichst ohne Informationsverlust, so daß sich das Bild möglichst genau rekonstruieren läßt.

Man kann mit Methoden, wie sie oben angedeutet wurden, versuchen, die Qualität eines vorliegenden Bildes zu verbessern. Dabei beurteilt man subjektiv, ob der Grad der Verbesserung für eine spezielle Anwendung ausreicht, das Bild also dafür geeigneter dargestellt ist [diese Vorgehensweise heißt: *image enhancement*].

Eine andere Möglichkeit, ein Bild zu verbessern, ist, das digitale Bild als eine degradierte Darstellung eines Original-Bildes aufzufassen und durch ein a-priori-Wissen über die störenden Einflüsse diese wieder rückgängig zu machen und so das Originalbild möglichst gut zurückzugewinnen [diese Vorgehensweise heißt: *image restoration*]. Flächenbezogene Bildverschlechterungen lassen sich häufig durch folgendes Modell beschreiben: Eine Faltung der Original-Bildfunktion f mit einer "Verschmutzungs"-Funktion a [*transfer function*] und meist noch ein zusätzliches additives Rauschen r [*noise*] ergeben das degradierte Bild g

$$g = f * a + r \quad .$$

Kennt man die Verschmutzung und das Rauschen, so kann man über die Fourier-Transformation $\mathcal{F}$ dieser Modellgleichung das transformierte Bild der Original-Bildfunktion bestimmen

$$\mathcal{F}(f) = \frac{\mathcal{F}(g) - \mathcal{F}(r)}{\mathcal{F}(a)} \quad , \quad \mathcal{F}(a) \neq 0 \quad ,$$

und nach der Umkehrtransformation erhält man das wiederhergestellte (restaurierte) Bild. Diese Methode heißt inverse Filterung [*inverse filtering*].

In der für die Programmierung wichtigen mathematisch exakten Schreibweise der letzten Kapitel lautet die obige Modellgleichung

$$g(x_m,y_n) = \mathcal{D}(f * a)(x_m,y_n) + r(x_m,y_n) \quad ,$$

$m = 0,1,\ldots,M-1$ und $n = 0,1,\ldots,N-1$. Die diskrete Fourier-Transformation der linken und der rechten Seite ergibt (mit Satz 1.15 (ii))

$$g^{\wedge}_{M,N}(k,\ell) = f^{\wedge}_{M,N}(k,\ell)\, a^{\wedge}_{M,N}(k,\ell) + r^{\wedge}_{M,N}(k,\ell) \quad ,$$

$k = -\frac{M}{2},\ldots,\frac{M}{2} - 1$ und $\ell = -\frac{N}{2},\ldots,\frac{N}{2} - 1$. Daher ist die zu dem gesuchten digitalen Bild $f(x_m,y_n)$ äquivalente Darstellung über die diskreten Fourierkoeffizienten für $a^{\wedge}_{M,N}(k,\ell) \neq 0$ durch

$$f^{\wedge}_{M,N}(k,\ell) = \frac{g^{\wedge}_{M,N}(k,\ell) - r^{\wedge}_{M,N}(k,\ell)}{a^{\wedge}_{M,N}(k,\ell)}$$

gegeben.

Für diejenigen Werte von k und ℓ , für die der Fourierkoeffizient $a^{\wedge}_{M,N}(k,\ell)$ verschwindet, muß man auf andere Weise versuchen, Informationen über die entsprechenden Koeffizienten $f^{\wedge}_{M,N}(k,\ell)$ zu gewinnen.

EIN BEISPIEL

Die Wirkung einer Faltung im Spektrum soll folgendes Beispiel veranschaulichen.

Eine Aufnahme ist durch das defokussierende Linsensystem der Kamera unscharf. Das erstrebte scharfe Bild läßt sich über den obigen Ansatz bestimmen, indem man die verzerrende Wirkung des fokussierenden Linsensystems als einen Faltungsprozeß auffaßt: Kennt man die systembedingte optische Verschmutzungsfunktion a , so ist das erhaltene unscharfe Bild g eine diskrete Faltung des noch unbekannten scharfen Bildes f mit dieser Funktion a :

$$g(x_m,y_n) = \mathcal{D}(f * a)(x_m,y_n)$$

$$= \frac{1}{M}\sum_{k=0}^{m}\left\{\frac{1}{N}\sum_{\ell=0}^{n} f(x_{m-k},y_{n-\ell})a(x_k,y_\ell) + \frac{1}{N}\sum_{\ell=n+1}^{N-1} f(x_{m-k},y_{N+n-\ell})\, a(x_k,y_\ell)\right\}$$

$$+ \frac{1}{M}\sum_{k=m+1}^{M-1}\left\{\frac{1}{N}\sum_{\ell=0}^{n} f(x_{M+m-k},y_{n-\ell})a(x_k,y_\ell) + \frac{1}{N}\sum_{\ell=n+1}^{N-1} f(x_{M+m-k},y_{N+n-\ell})a(x_k,y_\ell)\right\} ,$$

$m = 0,1,\ldots,M-1$ und $n = 0,1,\ldots,N-1$ (vgl. Gleichung (1.35)). Mit Hilfe der diskreten Fourier-Transformation läßt sich diese zunächst umständliche Faltungsoperation durch $M\cdot N$ punktweise Produkte ersetzen (vgl. Satz 1.15):

$$g^{\wedge}_{M,N}(k,\ell) = f^{\wedge}_{M,N}(k,\ell) \cdot a^{\wedge}_{M,N}(k,\ell) \quad ,$$

$k = -\frac{M}{2},\ldots,\frac{M}{2} - 1$ und $\ell = -\frac{N}{2},\ldots,\frac{N}{2} - 1$. Bild 3.13 zeigt die Fourier-Amplituden-Spektren des unscharfen Bildes und der Verschmutzungsfunktion. In der Nähe des Ursprungs sind die Beträge der Amplituden der niedrigen Frequenzen aufgetragen und radial nach außen diejenigen der immer größer werdenden Frequenzen. Im Fourier-Amplituden-Spektrum des unscharfen Bildes sieht man deutlich, daß dieses Bild die für die Schärfe wichtigen hochfrequenten Anteile fast gar nicht enthält.

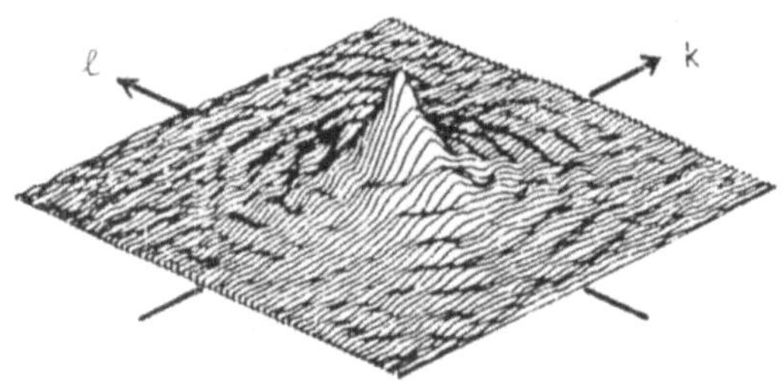

Fourier-Amplituden-Spektrum $\{|\hat{g}_{M,N}(k,\ell)|\}$ des unscharfen Bildes g

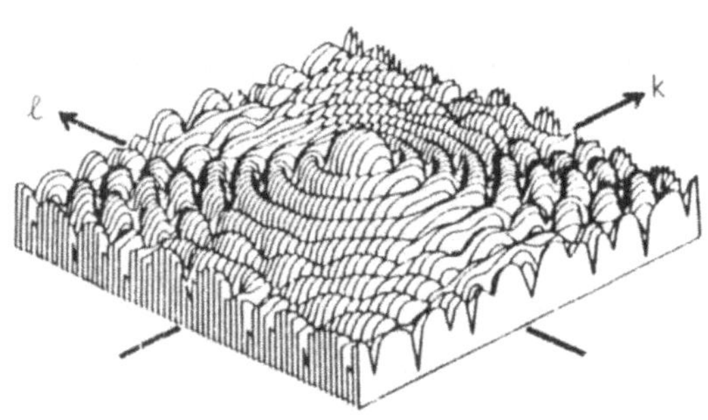

Fourier-Amplituden-Spektrum $\{|\hat{a}_{M,N}(k,\ell)|\}$ der Verschmutzungsfunktion a

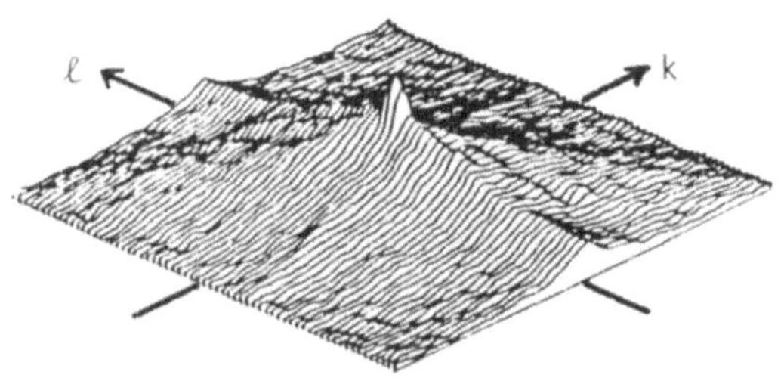

Fourier-Amplituden-Spektrum $\{|\hat{f}_{M,N}(k,\ell)|\}$ des scharfen Bildes f

Bild 3.13

Man gewinnt die diskreten Fourierkoeffizienten des gesuchten scharfen Bildes über

$$\hat{f}_{M,N}(k,\ell) = \frac{\hat{g}_{M,N}(k,\ell)}{\hat{a}_{M,N}(k,\ell)} \quad ,$$

sofern $\hat{a}_{M,N}(k,\ell) \neq 0$ ist. An den Stellen, wo $\hat{a}_{M,N}(k,\ell)$ verschwindet, wird bei exakter Beschreibung der Funktion a auch $\hat{g}_{M,N}(k,\ell)$ verschwinden, und man muß dann den unbestimmten Ausdruck $\frac{"0"}{0}$ durch einen geeigneten Wert ersetzen, etwa so, daß das Fourier-Amplituden-Spektrum des resultierenden Bildes f nicht unnötig schwankt (vgl. Bild 3.13). Die Lösung hierfür ist keineswegs eindeutig, und der gewählte Weg wird sich womöglich im Ergebnis sichtbar auswirken. Die diskrete Fourier-Umkehrtransformation (vgl. Gleichung (1.34)) ergibt dann das gesuchte diskrete scharfe Bild f :

$$f(x_m,y_n) = \sum_{k=-\frac{M}{2}}^{\frac{M}{2}-1} \sum_{\ell=-\frac{N}{2}}^{\frac{N}{2}-1} \hat{f}_{M,N}(k,\ell)\, e^{2\pi i(m\frac{k}{M}+n\frac{\ell}{N})} ,$$

$m = 0,1,\ldots,M-1$ und $n = 0,1,\ldots,N-1$. Häufig wird man die optische Verschmutzungsfunktion nicht kennen. Charakteristisch für die verzerrende Wirkung von fokussierenden Linsensystemen ist, daß bestimmte Fourierkoeffizienten verschwinden, die auf konzentrischen Kreisen liegen. Diese Information kann man aber den Fourierkoeffizienten des unscharfen Bildes entnehmen (vgl. Bild 3.13). Mit diesem Ansatz kann man dann versuchen, die optische Verschmutzungsfunktion bzw. deren Spektrum zu beschreiben.

□

Die Bilder 3.1 und 3.2 sind durch eine inverse Filterung fast völlig instand gesetzt worden.

Schwierigkeiten bereitet bei inversen Filterungen die Beschreibung der Verschmutzungsfunktion und des Rauschens; eine analytische Bestimmung dieser Funktionen ist nur sehr selten möglich, so daß sich das erhaltene Bild vom Original-Bild noch unterscheiden wird. Rauschen kommt etwa bei Fotografien durch die Körnung des Films in ein Bild. Und bei der Umwandlung eines Bildes von optischer zu elektrischer Form entsteht fotoelektronisches Rauschen, und bei der Verwendung elektronischer Verstärker entwickelt sich ein thermales Rauschen.

Bild 3.14 zeigt die Aufnahme eines Mondkraters, die durch atmosphärische Turbulenzen bedingt unscharf ist. Nach einer inversen Filterung erhält man ein Bild, das viel mehr Details über diesen Krater verrät.

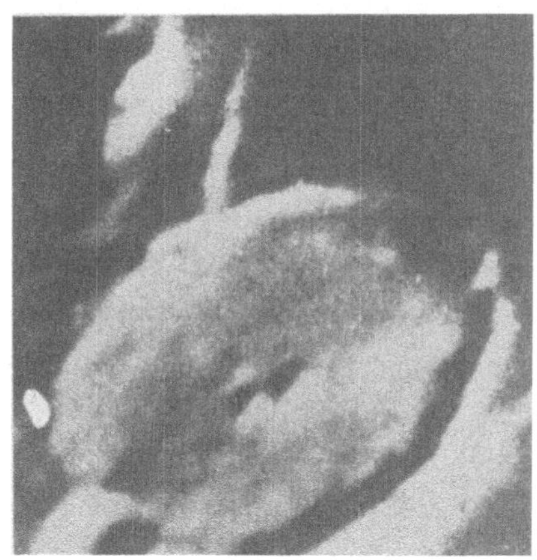

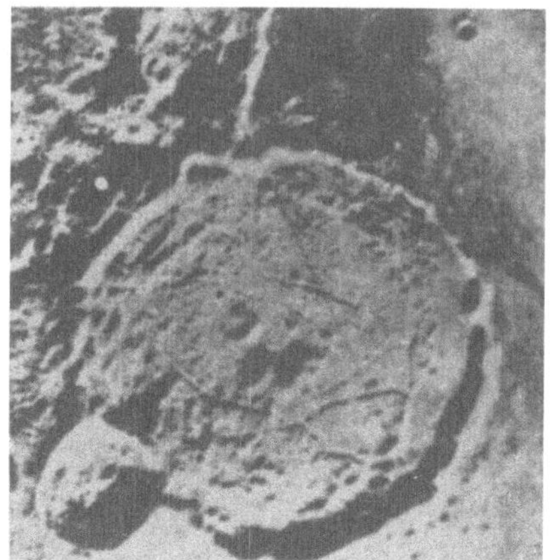

Bild 3.14: Bild eines Mondkraters vor und nach einem inversen Filterungsprozeß

Meistens ist man gezwungen, gewisse einfache Modelle von Verschmutzungen und Rauschquellen zu benutzen, um ein möglichst gutes restauriertes Bild zu erhalten. Diese Modelle sind oft von statistischer Natur. Damit lassen sich etwa durch Linsenfehler im Digitizer verursachte Entartungen und auch periodische Störungen entfernen. Häufig verwendet werden auch Wiener Filter [*least-squares filter, Wiener filter*], welche die Bildinformation statistisch nach dem Prinzip der geringsten quadratischen Abweichung restaurieren.

Es gibt keine zufriedenstellende automatische Bildrestaurierung, so daß eine sukzessive Vorgehensweise eventuell sogar mit partieller Bildrestaurierung am erfolgversprechensten ist. Da es keine allgemeinen Kriterien gibt, beurteilt einzig das menschliche Auge wieder die Güte der Wiederherstellung des Bildes.

Ebenfalls wichtig für die Aufbereitung von Bildern sind geometrische Bildentzerrungen. Dadurch werden die räumlichen Verhältnisse zwischen Objekten in einem Bild richtiggestellt. Dies ist zum Beispiel wichtig, um Verzerrungen von Digitizern oder Displays rückgängig zu machen oder Aufnahmen, die nahe Objekte verzerrt zeigen, zu korrigieren (siehe Bild 3.15 unter Beachtung der Tischkanten!). Auch sind geometrische Transformationen erforderlich, um zwei oder mehrere unter veränderten Orientierungen aufgenommene Bilder vergleichen zu können oder um von Luftaufnahmen Karten herzustellen (kartographische Projektionen).

Bild 3.15: Bild vor und nach einer geometrischen Korrektur

ZUR DIGITALEN BILDAUSWERTUNG

Selbst wenn die Bildvorverarbeitung größtenteils noch von subjektiven Beurteilungskriterien abhängig ist, so läßt sich dieser Vorverarbeitungsprozeß in der Regel unter Anwendung von oben angedeuteten Methoden relativ schnell durchführen.
Die Anforderungen an die digitale Bildverarbeitung steigen enorm bei der eigentlichen Bildauswertung. Zur Zeit befindet man sich in einem heuristischen Stadium. Für einzelne, ganz spezielle Anwendungen gibt es Methoden oder Strategien, jedoch ist beim gegenwärtigen Stand der Technik die Bildanalyse in fast allen Bereichen nicht automatisierbar, da sie viel zu komplex ist und auch noch eine Entscheidungsfähigkeit verlangt. Deshalb ist bei der Bildauswertung der Wissenschaftler des betreffenden Fachgebietes nach wie vor unentbehrlich.

Einige einfache Methoden sind für viele Zwecke sehr hilfreich, insbesondere dann, wenn eine manuelle Auswertung sehr arbeitsaufwendig und fehleranfällig ist. So ist man oft daran interessiert, Objekte oder Konturen und Linienmuster zu ermitteln. Dies braucht man im medizinischen Bereich etwa bei der Blutzellenanalyse, wo weiße Blutkörperchen erkannt und ihre Größe und Form bestimmt werden müssen, oder in der Industrie, um bestimmte Werkstücke in einer beliebigen Lage zu erkennen, damit sie anschließend

automatisch erfaßt und geordnet werden können. Die Steuerung von Robotern ist bei ungünstigen Arbeitsbedingungen (Radioaktivität, Weltraum) besonders von Bedeutung.
Auch zum Aufbau kartographischer Karten muß man linienhafte Strukturen erkennen, und im militärischen Bereich hält man die Ermittlung von Objekten ("Feind") etwa zur automatischen Zielverfolgung für ungeheuer wichtig.

Die einfachste Methode, ein Bild in mehrere Regionen zu unterteilen [*image segmentation*], ist, mit einer bestimmten, im gesamten Bild nicht notwendig konstanten Grauwertschwelle [*threshold*] eine Klasse von Bereichen, deren Grauwerte oberhalb dieses Schwellwertes liegen, und eine andere, deren Grauwerte unter dieser Schwelle liegen, zu bestimmen. So lassen sich zum Beispiel Objekte aus einem eintönigen Hintergrund herausheben. Es gibt schon Strategien, die eine vom speziellen Bild abhängige "optimale" Grauwertschwelle zu ermitteln versuchen.

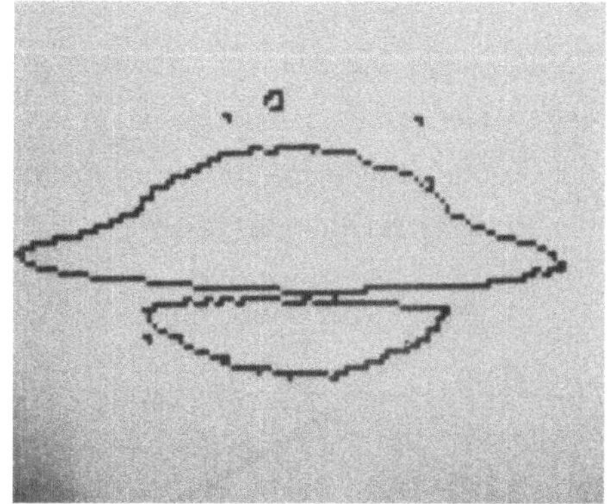

Bild 3.16: Bild vor und nach einer Kantenextraktion

Bild 3.16 zeigt die digitalisierte Aufnahme eines Sternnebels mit 256 Grauwerten. Zur Heraushebung der Kontur wurde in der Mitte des Grauwertbereiches eine feste Grauwertschwelle gelegt. Jedes Bildelement wurde, falls ein benachbartes Bildelement in dem anderen halben Grauwertbereich liegt, der Grauwert Schwarz, und falls alle benachbarten Bildelemente demselben halben Grauwertbereich angehören, der Grauwert Weiß zugeordnet. So entsteht ein Bild mit 2 Grauwerten, auch Binärbild genannt.

Eine weitere Möglichkeit, Ränder und Kanten zu bestimmen, ist die der Gradientenbildung. Der Gradient einer zweidimensionalen Funktion, also einer Fläche, in einem Punkt ist ein Vektor, der in die Richtung der stärksten Änderung der Funktion in diesem Punkt zeigt, und sein Betrag gibt diese Änderung an. Für ein digitales Bild, also eine Matrix, macht ein entsprechender diskreter Gradient, der proportional zu einer gewissen Differenz von Grauwerten benachbarter Bildelemente ist, diese Angaben. Auch hierbei läßt sich gut mit Schwellwerten arbeiten.

Um ein bestimmtes Objekt in einem Bild zu erkennen, benutzt man häufig die Korrelation. Mit ihr ist ein Maß für eine Art Übereinstimmung gegeben.

ZUR KORRELATION

Die in den letzten Kapiteln behandelten Korrelationsbegriffe für periodische Funktionen lassen sich unter Umständen effektiv in der Bildverarbeitung einsetzen. Sind $f(x_m,y_n)$ und $g(x_m,y_n)$, $m = 0,1,\dots,M-1$ und $n = 0,1,\dots,N-1$, die gleichverteilten diskreten reellen Werte von zwei periodischen Funktionen mit den gleichen Perioden, so ist deren diskrete zyklische Korrelation über

$$\mathcal{D}(f \circ g)(x_m,y_n)$$

$$= \frac{1}{M}\sum_{k=0}^{M-1-m}\frac{1}{N}\left\{\sum_{\ell=0}^{N-1-n} f(x_{m+k},y_{n+\ell})g(x_k,y_\ell) + \sum_{\ell=N-n}^{N-1} f(x_{m+k},y_{n+\ell-N})g(x_k,y_\ell)\right\}$$

$$+ \frac{1}{M}\sum_{k=M-m}^{M-1}\frac{1}{N}\left\{\sum_{\ell=0}^{N-1-n} f(x_{m+k-M},y_{n+\ell})g(x_k,y_\ell) + \sum_{\ell=N-n}^{N-1} f(x_{m+k-M},y_{n+\ell-N})g(x_k,y_\ell)\right\} ,$$

$m = 0,1,\dots,M-1$ und $n = 0,1,\dots,N-1$, gegeben (vgl. Gleichung (1.36)). Mit Hilfe der diskreten Fourier-Transformation kann man diese zunächst aufwendige Operation sehr schnell berechnen (vgl. Satz 1.16 und Gleichung (1.34)): Unter Kenntnis der diskreten Fourierkoeffizienten $f^{\wedge}_{M,N}(k,\ell)$ und $g^{\wedge}_{M,N}(k,\ell)$ von f und g erhält man mit der diskreten Fourier-Umkehrtransformation alle gesuchten Werte:

$$\mathcal{D}(f \circ g)(x_m,y_n) = \sum_{k=-\frac{M}{2}}^{\frac{M}{2}-1} \sum_{\ell=-\frac{N}{2}}^{\frac{N}{2}-1} f^{\wedge}_{M,N}(k,\ell)\ \overline{g^{\wedge}_{M,N}(k,\ell)}\ e^{2\pi i(m\frac{k}{M}+n\frac{\ell}{N})} \quad .$$

Nach der Schwarz'schen Ungleichung erfüllen für periodisches f und g die Größen

$$R_{m,n} = \frac{\mathcal{D}(f \circ g)(x_m,y_n)}{\left(\frac{1}{M}\sum_{k=0}^{M-1}\frac{1}{N}\sum_{\ell=0}^{N-1} f^2(x_k,y_\ell)\right)^{1/2} \cdot \left(\frac{1}{M}\sum_{k=0}^{M-1}\frac{1}{N}\sum_{\ell=0}^{N-1} g^2(x_k,y_\ell)\right)^{1/2}}$$

für alle $m = 0,1,\ldots,M-1$ und $n = 0,1,\ldots,N-1$ die doppelte Ungleichung

$$-1 \leq R_{m,n} \leq 1 \quad ,$$

wobei eines der beiden möglichen Gleichheitszeichen nur dann auftreten kann, wenn $f(x_{m+k},y_{n+\ell}) = \lambda\ g(x_k,y_\ell)$ für alle k und ℓ und ein reelles λ gilt. In diesem Sinne ist die normierte diskrete Korrelation $R_{m,n}$ ein direktes Maß für die Übereinstimmung - genauer für die proportionale Übereinstimmung oder die lineare Abhängigkeit - von $f(x_{m+k},y_{n+\ell})$ und $g(x_k,y_\ell)$ für festes m und n : Ist $|R_{m,n}| = 1$, so stimmen sie (bis auf einen Proportionalitätsfaktor) überein, und für $R_{m,n} = 0$ besteht kein solcher Zusammenhang. Der Koeffizient $R_{0,0}$ ist ein Maß für die Übereinstimmung von $f(x_k,y_\ell)$ und $g(x_k,y_\ell)$, also für f und g , während der Koeffizient $R_{m,n}$ den im fundamentalen Periodenintervall liegenden Ausschnitt der um x_m in x-Richtung und y_n in y-Richtung verschobenen Funktion $f(x_{m+k},y_{n+\ell})$ mit der Funktion $g(x_k,y_\ell)$ in Zusammenhang bringt.

Liegt nun ein größeres digitales Bild $f(x_k,y_\ell)$, $k = 0,1,\ldots,K-1$ und $\ell = 0,1,\ldots,L-1$, und ein kleineres $M \times N$-großes vorgegebenes Bild $g(x_k,y_\ell)$, $k = 0,1,\ldots,M-1$ und $\ell = 0,1,\ldots,N-1$, ein möglicher Bildausschnitt, vor, so kann man für jede mögliche Lage des kleinen Bildes g im Bild f den Korrelationskoeffizienten $R_{0,0}$ berechnen und durch Vergleich dieser Größen die Stelle der größtmöglichen Übereinstimmung feststellen. Da die Werte von f und g im allgemeinen zwischen dem minimalen Grauwert $= 0$ und dem maximalen Grauwert liegen, also sämtlich nichtnegativ sind, liegen auch die möglichen normierten Korrelationskoeffizienten $R_{m,n}$ zwischen 0 und 1 . Der Einfachheit halber nehmen wir an, daß der Ausschnitt g , wenn er im Bild f vorkommt, nicht gegenüber der dortigen Stellung gedreht ist, da sonst unangenehme Effekte berücksichtigt werden müssen; so hat das nur aus dem kleinsten und größten Grauwert bestehende einfache Bild g in Bild 3.17, wenn es mit sich selbst verglichen wird, den Korrelationskoeffizienten 1 , was einer (bis auf Proportionalität) totalen Übereinstimmung entspricht, während es bei einer Korrelation mit dem um 90^0 gedrehten Bild den Koeffizienten 0 ergibt, der interpretiert das genaue Gegenteil bedeutet.

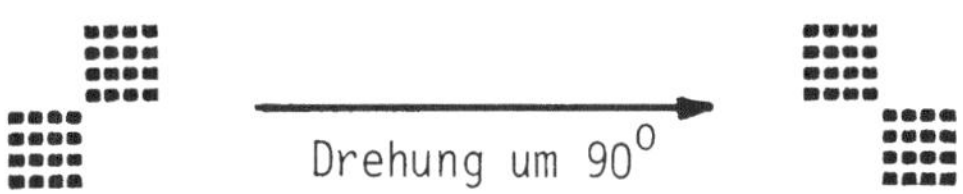

Bild 3.17

Die zuverlässigste Methode ist dann also, jeden M x N-großen Bildausschnitt $f(x_{\mu+k},y_{\nu+\ell})$, $\mu = 0,1,\ldots,K-M$ und $\nu = 0,1,\ldots,L-N$, des großen Bildes f mit dem kleinen Bild $g(x_k,y_\ell)$, $m = 0,1,\ldots,M-1$ und $n = 0,1,\ldots,N-1$, zu vergleichen, für alle möglichen μ und ν also jeweils nur den Koeffizienten $R_{0,0}$ zu bestimmen. Dies ist allerdings sehr aufwendig und würde den Einsatz der (Schnellen) Fourier-Transformation, die ja jedesmal nicht nur eine Größe, sondern einen M·N-großen Satz von Koeffizienten liefert, nicht rechtfertigen. Man kann aber die Information, die die (Schnelle) Fourier-Transformation jeweils mit den M·N Koeffizienten gibt, zur erheblichen Reduzierung des Rechenaufwandes einsetzen - wenn auch mit Vorsicht.

Hat man zu einem möglichen Paar von Werten μ , ν die Größen

$$R_{m,n} = \frac{\mathcal{D}(\tilde{f} \circ g)(x_m,y_n)}{\left(\frac{1}{M}\sum_{k=0}^{M-1}\frac{1}{N}\sum_{\ell=0}^{N-1}\tilde{f}^{\,2}(x_k,y_\ell)\right)^{1/2}\cdot\left(\frac{1}{M}\sum_{k=0}^{M-1}\frac{1}{N}\sum_{\ell=0}^{N-1}g^2(x_k,y_\ell)\right)^{1/2}} ,$$

$m = 0,1,\ldots,M-1$ und $n = 0,1,\ldots,N-1$, der normierten diskreten zyklischen Korrelation des aus dem großen Bild herausgezogenen Bildausschnittes $\tilde{f}(x_k,y_\ell) = f(x_{\mu+k},y_{\nu+\ell})$ mit dem vorgegebenen Bild $g(x_k,y_\ell)$ bestimmt, so macht der Koeffizient $R_{0,0}$ eine Aussage über die Übereinstimmung dieser beiden gleichgroßen Bilder, während der Koeffizient $R_{m,n}$ das Bild $g(x_k,y_\ell)$ um m Bildpunkte nach unten und n Bildpunkte nach rechts (die Achsenvereinbarung nach Bild 3.4 vorausgesetzt) verschoben mit dem Bild

$f(x_{\mu+k}, y_{\nu+\ell})$ in Zusammenhang bringt - unter der Annahme allerdings, daß der $M \times N$-große Bildausschnitt $f(x_{\mu+k}, y_{\nu+\ell})$ periodisch fortgesetzt ist (vgl. Bild 3.18).

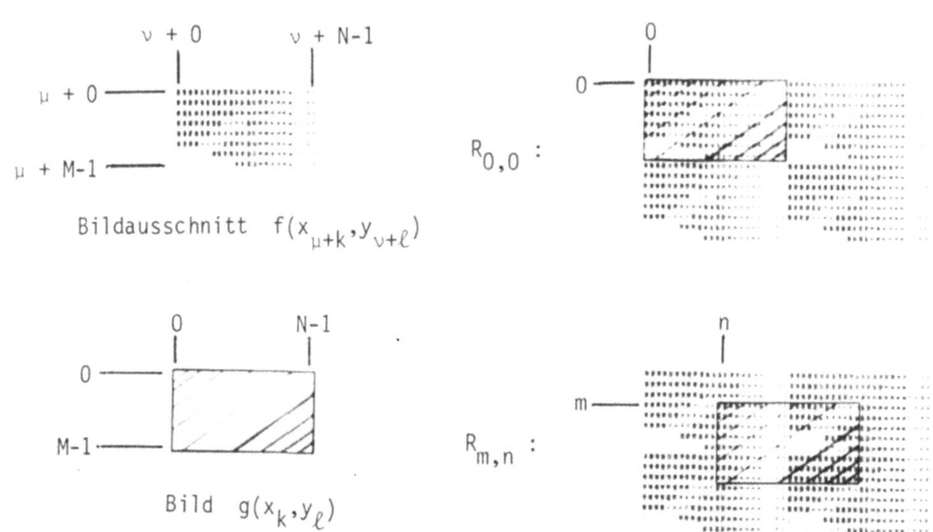

Bild 3.18: Zur Interpretation der zyklischen Korrelationskoeffizienten $R_{m,n}$

Dies stimmt ja in der Regel nicht. Nimmt man z. B. den Koeffizienten $R_{0,1}$, so kommt durch die periodische Fortsetzung bedingt nur eine Spalte, also nur eine geringe Datenmenge (M von $M \cdot N$ Daten) zum Tragen. Die dadurch bedingte Verfälschung wird gering sein, so daß die Größe $R_{0,1}$ eine - hoffentlich gute - Schätzung für die Übereinstimmung des entsprechenden Bildausschnitts $f(x_{\mu+k}, y_{\nu+1+\ell})$ aus dem großen Bild mit dem kleinen Bild $g(x_k, y_\ell)$ ist. Ähnliches gilt für die Koeffizienten $R_{1,0}$, $R_{1,1}$ usw. Für relativ kleine Werte m,n kann man so die Größen $R_{m,n}$ als Schätzungen für die Übereinstimmung an den entsprechenden Stellen im Bild nehmen, so daß deren Berechnungen entfallen können. Verwertet man jeweils nur die Größen $R_{0,0}$, $R_{0,1}$, $R_{1,0}$ und $R_{1,1}$ (mit den drei letzten als Schätzungen) auf diese Weise, so ist der Rechenaufwand zeilen- und spaltenweise halbiert, also insgesamt auf ein Viertel reduziert.
Eine Vereinfachung bei der Bestimmung der Größen $R_{m,n}$ kann zudem vorgenommen werden, indem man die diskrete Korrelation statt durch die quadratischen Mittel der Funktionen $\tilde{f}$ und g durch deren arithmetische Mittelwerte normiert und so die Größen

$$\tilde{R}_{m,n} = \frac{\mathcal{D}(\tilde{f} \circ g)(x_m,y_n)}{\left(\frac{1}{M}\sum_{k=0}^{M-1}\frac{1}{N}\sum_{\ell=0}^{N-1}\tilde{f}(x_k,y_\ell)\right)\cdot\left(\frac{1}{M}\sum_{k=0}^{M-1}\frac{1}{N}\sum_{\ell=0}^{N-1}g(x_k,y_\ell)\right)} \quad ,$$

$m = 0,1,\ldots,M-1$ und $n = 0,1,\ldots,N-1$, bestimmt. Da das arithmetische Mittel immer unterhalb des quadratischen Mittels liegt, gilt für alle m und alle n

$$R_{m,n} \leq \tilde{R}_{m,n} \quad .$$

Der Vorteil liegt darin, daß man die Mittelwerte bei der Berechnung der diskreten Korrelation mit der (Schnellen) Fourier-Transformation unterwegs geschenkt bekommt, da sie nichts anderes als die nullten Fourierkoeffizienten der beteiligten Funktionen sind (vgl. Gleichung (1.30)):

$$\tilde{R}_{m,n} = \frac{\mathcal{D}(\tilde{f} \circ g)(x_m,y_n)}{\tilde{f}^{\wedge}_{M,N}(0,0) \cdot g^{\wedge}_{M,N}(0,0)} \quad .$$

Inwieweit diese zur einfacheren Berechnung gegenüber $R_{m,n}$ verfälschten Größen $\tilde{R}_{m,n}$ zumindest für kleinere Werte von m und n noch aussagekräftig sind, soll an den folgenden zwei Beispielen überprüft werden.

Um einen Einfluß spezieller Eigenschaften eines bestimmten Bildes auszuschließen, gehen wir zunächst von einem 31 x 31-großen Bild f aus, das zufällig [*random*] mit 64 verschiedenen Grauwerten zwischen 0 und 63 belegt ist. Ab der Position (12,12) , die sich für die geschätzten Größen $R_{m,n}$ bzw. $\tilde{R}_{m,n}$ im folgenden als die ungünstigste erweist, ist ein 8 x 8-großer Bildausschnitt g entnommen. Durch Vergleich mit dem großen Bild soll die Stelle der größten Übereinstimmung - also die Stelle (12,12) - über die Größen $\tilde{R}_{m,n}$ lokalisiert werden. Berechnet man für jede mögliche Lage des Bildausschnitts g im großen Bild f jeweils die Größe $R_{0,0}$, so wird, wie man in Bild 3.19 oben sehen kann, der Wert 1 , was einer (bis auf Proportionalität) totalen Übereinstimmung entspricht, nur an der richtigen Stelle angenommen. Wie deutlich diese Stelle betont wird, zeigt das rechte obere Bild, in dem nur die im oberen Drittel des Wertebereichs liegenden Werte hervorgehoben sind. Aber auch die verfälschten Größen $\tilde{R}_{m,n}$ lokalisieren eindeutig die richtige Stelle selbst für größere Werte von m und n , wenn auch immer schwächer; nur mit den Werten $\tilde{R}_{0,0}$ hat die Stelle der größten Übereinstimmung einen Wert von etwa 1.35 . Zur besseren Übersicht dient die rechte Hälfte der Bilder, bei denen eine Ebene die Werte,

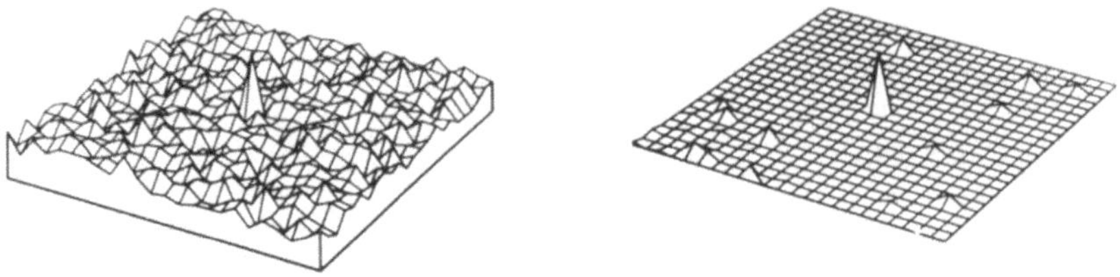

Korrelationskoeffizienten $R_{0,0}$

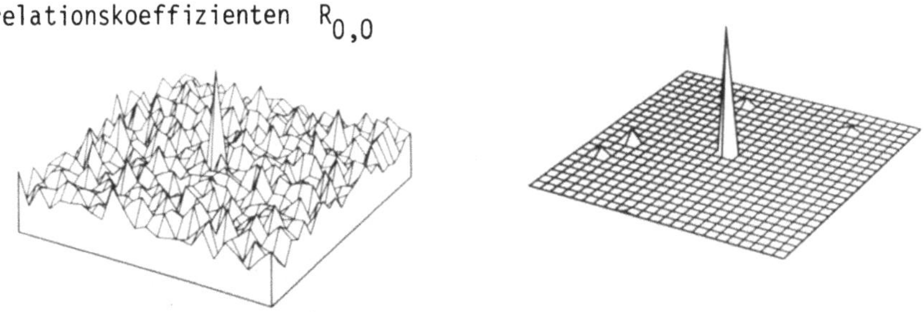

Korrelationskoeffizienten $\tilde{R}_{0,0}$

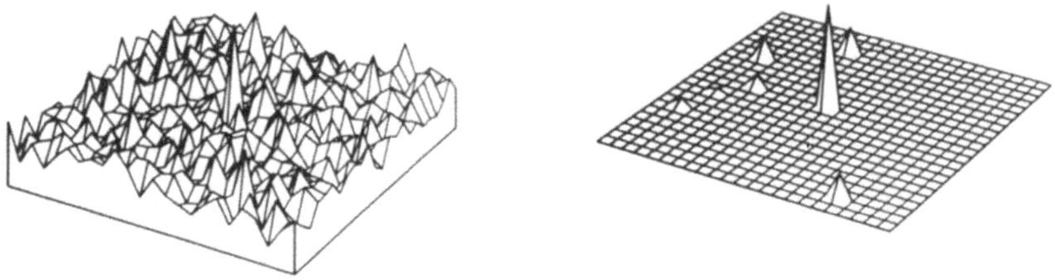

Korrelationskoeffizienten unter Verwendung von $\tilde{R}_{m,n}$, $m = 0,1$ und $n = 0,1$

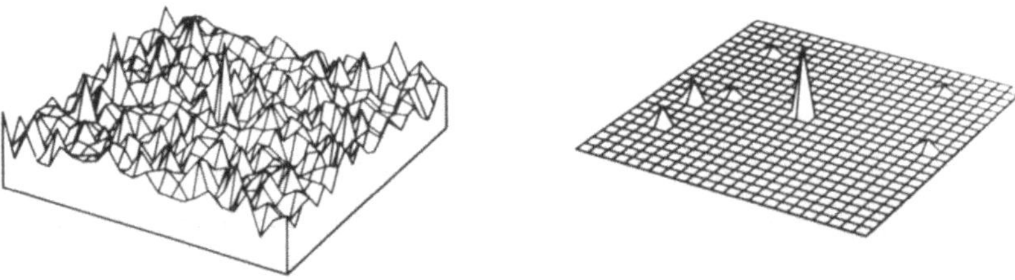

Korrelationskoeffizienten unter Verwendung von $\tilde{R}_{m,n}$, $m = 0,1,2$ und $n = 0,1,2$

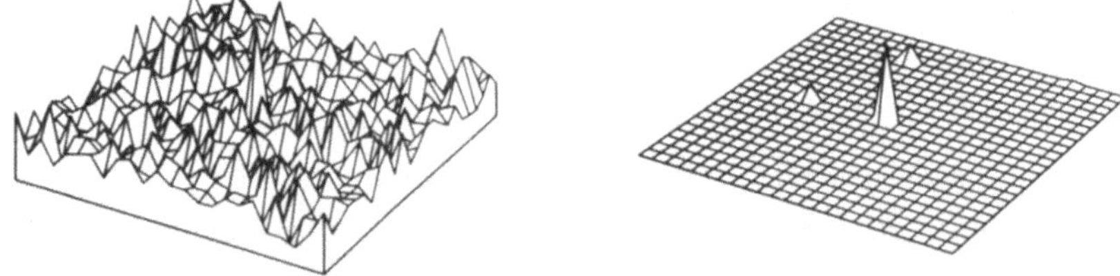

Korrelationskoeffizienten unter Verwendung von $\tilde{R}_{m,n}$, $m = 0,\ldots,3$ und $n = 0,\ldots,3$

Bild 3.19

die nicht im oberen Wertebereichsdrittel liegen, abschneidet. Auch mit den Größen $\widetilde{R}_{m,n}$ mit $m = 0,\ldots,3$ und $n = 0,\ldots,3$, immerhin einem Viertel der Information, die die (Schnelle) Fourier-Transformation in jedem Schritt liefert, erhält man noch eine deutliche Aussage, obwohl hierbei dieser maximale Wert unter Berücksichtigung von nur 25 der 64 Werte des Bildausschnitts direkt und von 39 durch die angenommene periodische Fortsetzung bedingte verfälschte Werte entsteht. Der Rechenaufwand ist hierbei gegenüber dem nur aus den Größen $\widetilde{R}_{0,0}$ bestehenden Korrelationsgebirge allerdings auf $\frac{1}{16}$ gesunken!

Mit der diskreten dyadischen Korrelation (die sich effektiv über die diskrete Walsh-Transformation und -Umkehrtransformation berechnen läßt) als Ersatz für die diskrete zyklische Korrelation kann man in dieser Weise übrigens nicht vorgehen! Da die dyadische Korrelation die Werte der beiden teilnehmenden Funktionen in anderer Weise verknüpft, ist eine Interpretation der entsprechenden Größen

$$\widetilde{r}_{m,n} = \frac{\mathcal{D}(\widetilde{f} \odot g)(x_m,y_n)}{\widetilde{f}^{\vee}_{M,N}(0,0) \cdot g^{\vee}_{M,N}(0,0)}$$

so nicht möglich; die nullten Walshkoeffizienten sind wie die nullten Fourierkoeffizienten die Mittelwerte der beiden teilnehmenden Funktionen. Dies untermauert Bild 3.20, das im Vergleich mit Bild 3.19 auch optisch sichtbar macht, daß zwar die Größen $\widetilde{R}_{0,0}$ und $\widetilde{r}_{0,0}$ jeweils übereinstimmen, mehr aber auch nicht.

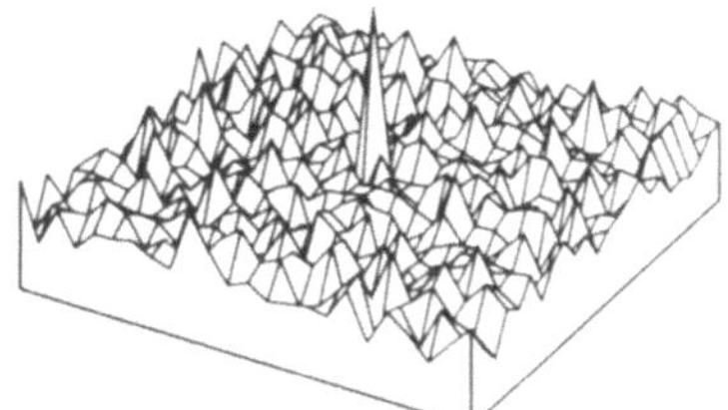

Korrelationskoeffizienten $\widetilde{r}_{0,0}$

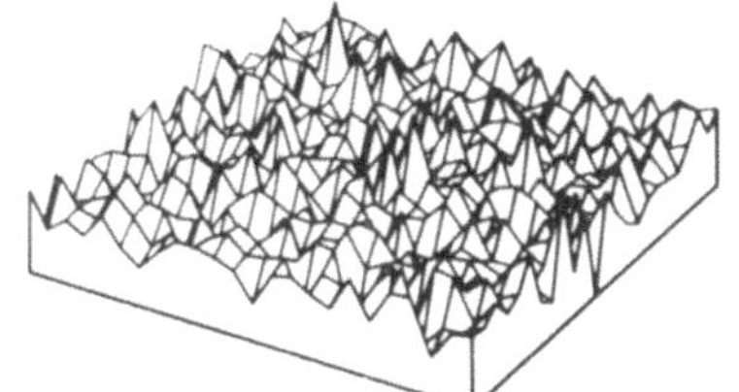

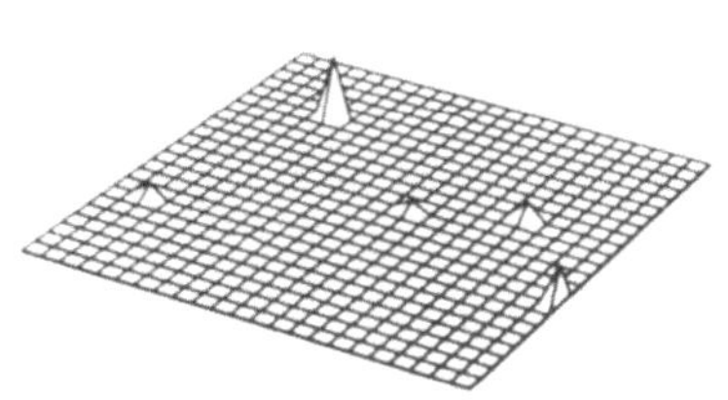

Korrelationskoeffizienten unter Verwendung von $\widetilde{r}_{m,n}$, $m = 0,1$ und $n = 0,1$

Bild 3.20

Die in Bild 3.19 dargestellten befriedigenden Ergebnisse können unter Umständen durch bestimmte Charakteristiken in einem Bild stark negativ beeinflußt werden und so zu falschen Aussagen führen, wenn man nicht aufpaßt. Als Beispiel dazu dient das in Bild 3.21 dargestellte und aus 32 verschiedenen Grauwerten bestehende Bild *LISA* .

Bild 3.21: *LISA* und zwei Bildausschnitte von *LISA*

In Bild 3.21 sind rechts an den entsprechenden Stellen noch zwei 8 x 8-große Ausschnitte hervorgehoben, die wiederum über das Korrelationsmaß im Bild *LISA* lokalisiert werden sollen, wobei der Übersicht halber den im folgenden betrachteten Korrelationsgebirgen nur der dort markierte Ausschnitt von *LISA* um diese zwei Bildausschnitte herum zugrundeliegt. Innerhalb dieses markierten Ausschnitts liegen die beiden Bildausschnitte an den Stellen (12,12) und (12,24) , also an Stellen, die sich für die betrachteten Schätzungen $\tilde{R}_{m,n}$ als zwei der ungünstigsten erweisen.

Bei den Korrelationsgebirgen in diesen Bildern ist der erste Korrelationskoeffizient am hintenliegenden Eckpunkt abgetragen; Zeilen laufen nach rechts und Spalten nach links vorne weg. Die in Bild 3.22 dargestellten Korrelationswerte, die zum Bildausschnitt an der Stelle (12,12) gehören, zeigen, wo im Bild eine gute Übereinstimmung mit diesem Bildausschnitt auch tatsächlich besteht: Entlang der rechten Wange von *LISA* und etwas schächer dort, wo das Haar auf die linke Schulter fällt. Dies wird besonders in der rechten Hälfte der Bilder deutlich, die nur Werte im oberen Drittel des jeweiligen Wertebereichs hervorhebt. Nur mit den Größen $R_{0,0}$ wird, wie dies auch sein muß, die richtige Position im Bild mit dem Wert 1 als die Stelle

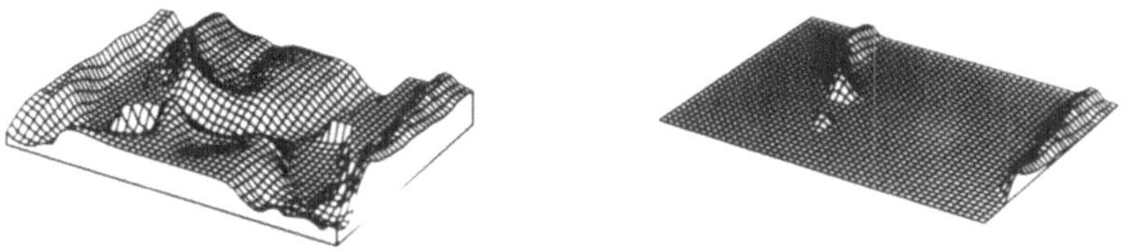

Korrelationskoeffizienten $R_{0,0}$

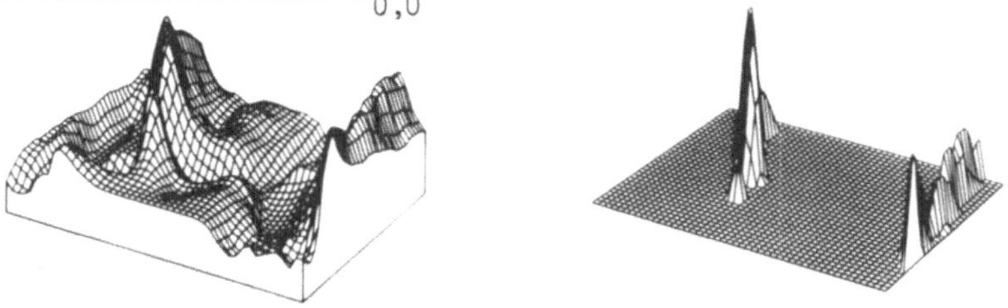

Korrelationskoeffizienten $\tilde{R}_{0,0}$

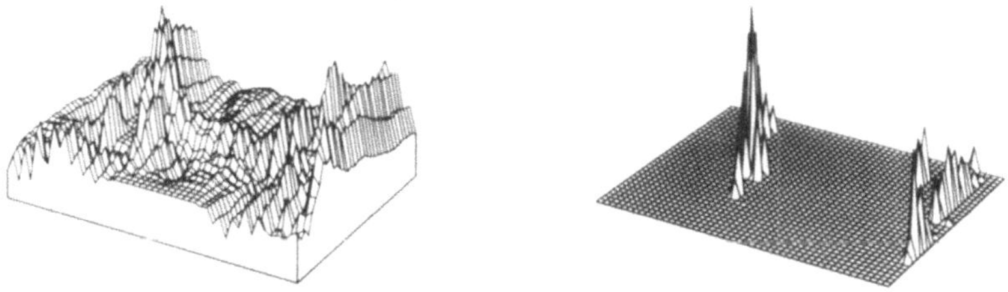

Korrelationskoeffizienten unter Verwendung von $\tilde{R}_{m,n}$, $m = 0,1$ und $n = 0,1$

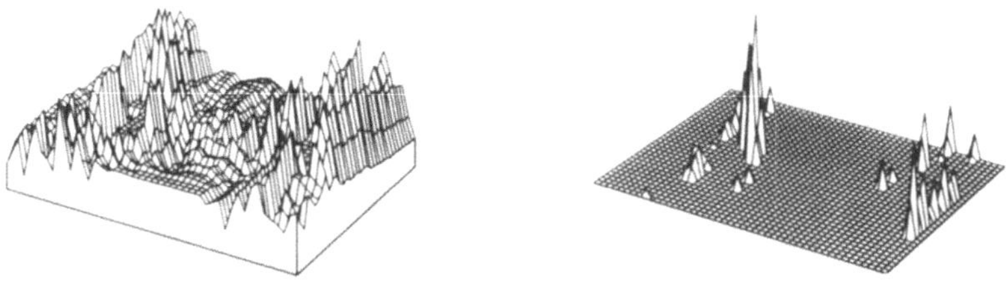

Korrelationskoeffizienten unter Verwendung von $\tilde{R}_{m,n}$, $m = 0,1,2$ und $n = 0,1,2$

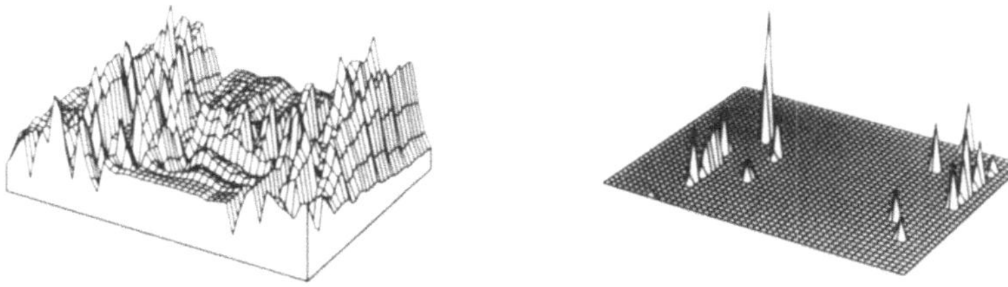

Korrelationskoeffizienten unter Verwendung von $\tilde{R}_{m,n}$, $m = 0,\dots,3$ und $n = 0,\dots,3$

Bild 3.22: Korrelationsgebirge zum 1. Bildausschnitt aus *LISA*

der größten Übereinstimmung getroffen. Ebenfalls die richtige Stelle im Bild lokalisieren die Größen $\tilde{R}_{0,0}$ (mit einem maximalen Wert von knapp 2.9). Auch unter Berücksichtigung mehrerer Größen $\tilde{R}_{m,n}$ wird der Bereich einer guten Übereinstimmung in etwa wiedergegeben, nicht jedoch mehr genau die richtige Stelle: Unter Verwendung der Größen $\tilde{R}_{0,0}$, $\tilde{R}_{0,1}$, $\tilde{R}_{1,0}$ und $\tilde{R}_{1,1}$ liegt der maximale Korrelationskoeffizient um 5 Bildpunkte nach unten und 3 Bildpunkte nach rechts gegenüber der richtigen Stelle verschoben, während in den restlichen beiden Fällen, also unter Berücksichtigung von 9 beziehungsweise 16 Größen $\tilde{R}_{m,n}$, der größte Wert jeweils an der Stelle (13,13) , also direkt neben der richtigen Stelle, angenommen wird.

Alle im Bild 3.22 dargestellten Korrelationsgebirge zeigen in der Nähe der richtigen Stelle erheblich höhere Werte als anderswo, und eine einzige Stelle hebt sich nicht deutlich hervor. Um den Aufwand in Grenzen zu halten, kann man in solchen Fällen so vorgehen: Unter Verwendung einer angemessenen Anzahl von Schätzungen $\tilde{R}_{m,n}$ (hier etwa für $m = 0,1,2$ und $n = 0,1,2$) werden Bereiche einer größeren Übereinstimmung festgelegt, und nur diese Bereiche werden dann genauer untersucht.
Der 2. Bildausschnitt von *LISA* ist eigentlich ein Bereich, der eindeutig dieser Stelle wieder zugeordnet werden müßte. Bild 3.23 zeigt einmal die Korrelationswerte $R_{0,0}$, die (natürlich) die Stelle (12,24) als einzige mit dem Wert 1 richtig lokalisieren, und einmal die Korrelationswerte $\tilde{R}_{0,0}$, die eine völlig verkehrte Stelle (nämlich die Stelle (18,35)) mit dem größten Wert versehen.

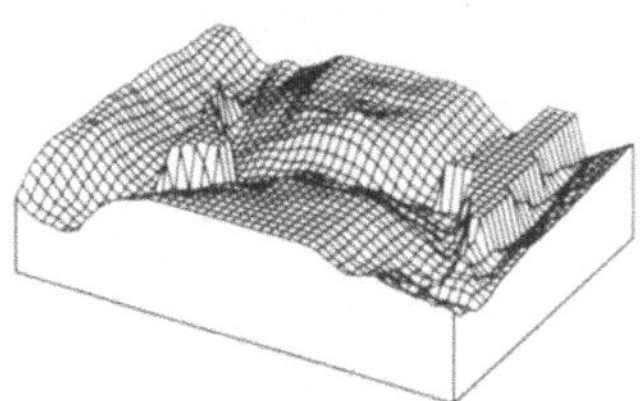
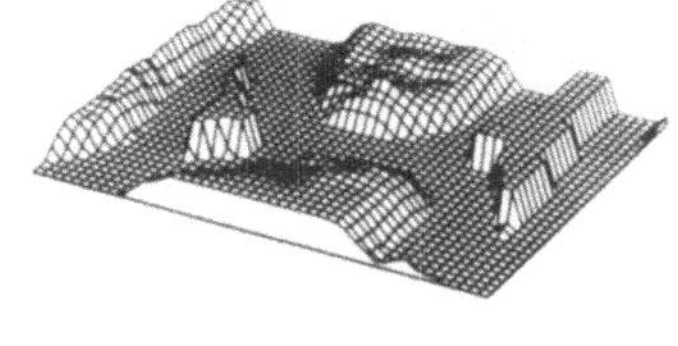

Korrelationskoeffizienten $R_{0.0}$

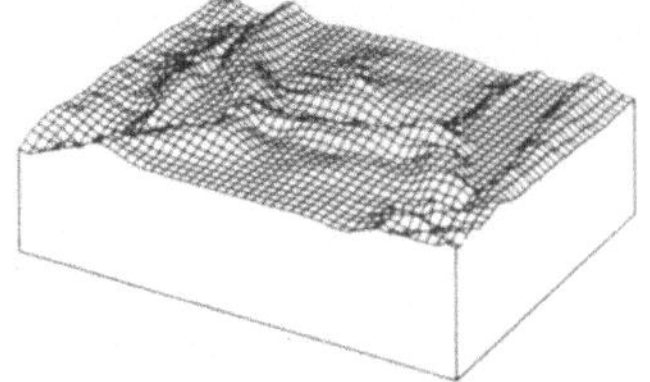
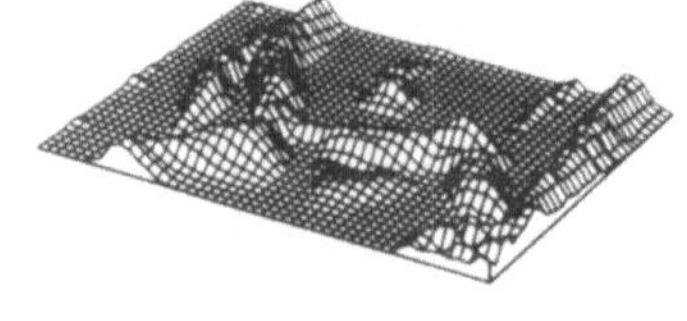

Korrelationskoeffizienten $\tilde{R}_{0,0}$

Bild 3.23: Korrelationsgebirge zum 2. Bildausschnitt von *LISA*

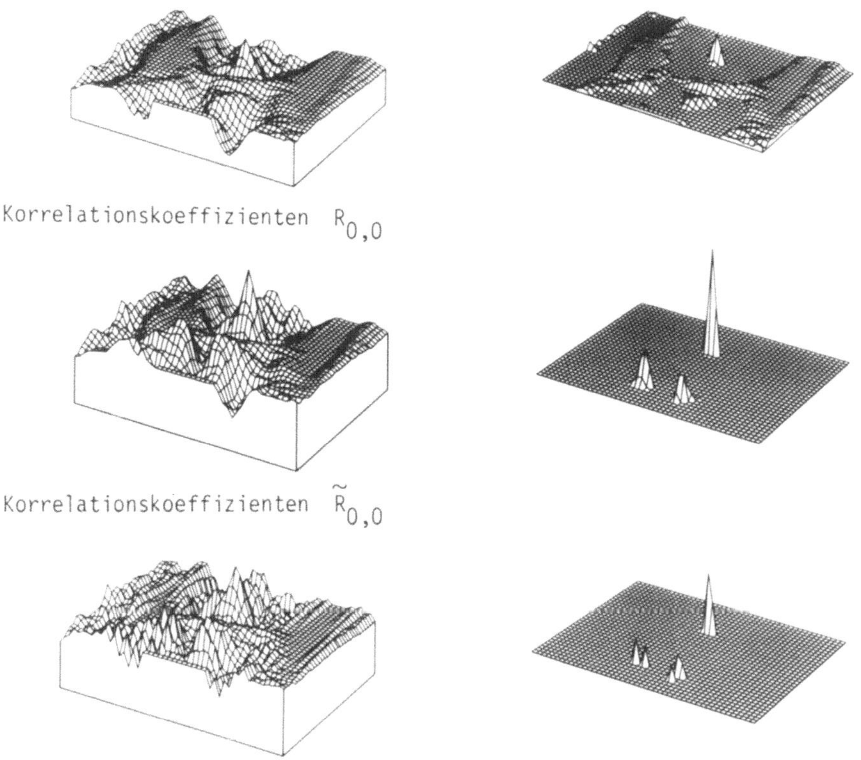

Korrelationskoeffizienten $R_{0,0}$

Korrelationskoeffizienten $\tilde{R}_{0,0}$

Korrelationskoeffizienten unter Verwendung von $\tilde{R}_{m,n}$, $m = 0,1$ und $n = 0,1$

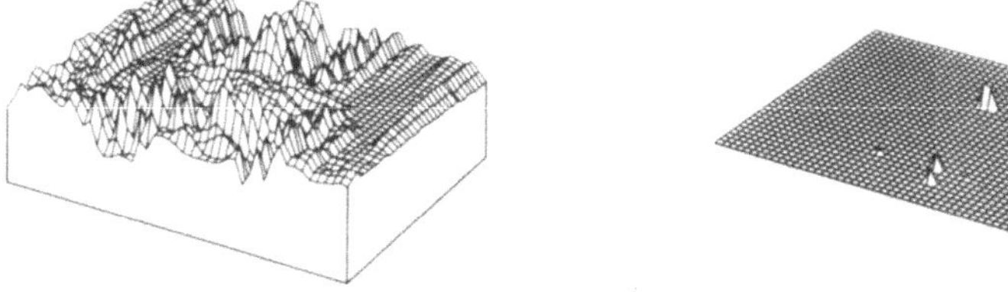

Korrelationskoeffizienten unter Verwendung von $\tilde{R}_{m,n}$, $m = 0,1,2$ und $n = 0,1,2$

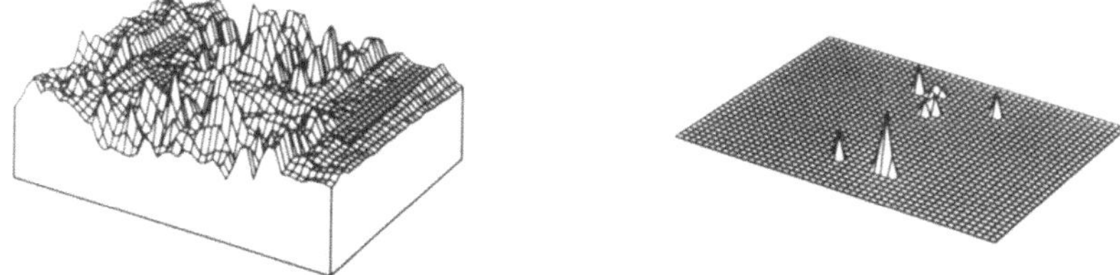

Korrelationskoeffizienten unter Verwendung von $\tilde{R}_{m,n}$, $m = 0,\ldots,3$ und $n = 0,\ldots,3$

<u>Bild 3.24:</u> Korrelationsgebirge zum 2. Bildausschnitt von *LISA* , beides "negativ" genommen

Auch die Verwendung mehrerer Größen $\tilde{R}_{m,n}$ liefert ebensolche konfusen Ergebnisse. Dieses Beispiel tappt in die Falle, die beim Übergang der Korrelationskoeffizienten $R_{m,n}$ zu den Größen $\tilde{R}_{m,n}$ durch das Ersetzen der quadratischen Mittelwerte durch die arithmetischen Mittelwerte aufgemacht wurde. Mehr als die Hälfte der in diesem Bildausschnitt vorkommenden Grauwerte liegen im obersten Sechstel des Grauwertbereichs, so daß der zugehörige arithmetische Mittelwert ziemlich groß und damit der Kehrwert ziemlich klein ist. Bildausschnitte mit überwiegend niedrigen Grauwerten, also einem kleinen arithmetischen Mittelwert, sorgen dann bei der Bildung der zugehörigen Grössen $\tilde{R}_{m,n}$ dafür, daß diese Werte unverhältnismäßig groß werden.

Betrachtet man hingegen das Bild *LISA* und den 2. Bildausschnitt "negativ", d. h. ordnet man den Bildelementwerten den Grauwertbereich so zu, daß Weiß dem kleinsten und Schwarz dem größten Grauwert entspricht, so hat nun bei der Bildung der Größen $\tilde{R}_{m,n}$ der vorgelegte Bildausschnitt das entsprechende Gewicht. Die Ergebnisse sind, wie Bild 3.24 zeigt, deutlich und richtig mit Ausnahme des letzten Falles: Die Stelle (12,24) wird eindeutig in den ersten drei Fällen und auch noch einigermaßen klar im vierten Fall lokalisiert, obwohl in diesem Fall bei der Berechnung der Größen $\tilde{R}_{m,n}$ für diese Stelle von den benötigten 64 Werten von *LISA* immerhin schon 28 durch die periodische Fortsetzung bedingt verfälscht sind. Im letzten in Bild 3.24 dargestellten Fall hat zwar auch die richtige Stelle (12,24) einen einigermaßen grossen Wert, der größte Wert wird allerdings an einer ganz anderen Stelle, nämlich an der Stelle (29,28), angenommen.

Bei den in diesen Beispielen benutzten Bildausschnittgrößen von 8×8 Pixel ist der Einsatz der Schnellen Fourier-Transformation noch nicht allzu effektiv. Bei Bildausschnitten mit ca. 1000 Elementen, etwa einem 32×32-elementigen Ausschnitt, und mehr kann man den oben beschriebenen Weg (mit Vorsicht natürlich) selbst unter Ausnutzung von relativ wenigen geschätzten Größen effizient beschreiten. Nutzt man nur etwa 5 bis 15 Prozent der bei der Fourier-Transformation in jedem Schritt auf einen Schlag gelieferten Matrix von zyklischen Korrelationskoeffizienten, das entspricht ungefähr $\frac{1}{20}$ bis $\frac{1}{7}$ dieser Datenmenge, so hat man neben einem aussagekräftigen Ergebnis noch eine mit der Bildausschnittgröße enorm wachsende Rechenzeitersparnis erreicht.

□

Zur Auswertung einer Bildszene liegt oft eine Folge von Bildern derselben Objekte zu verschiedenen Zeitpunkten vor. Dabei interessieren die zeitlichen Veränderungen. Dies ist zum Beispiel im medizinischen Bereich bei Aufnahmen kranker Körperorgane während der Behandlung oder etwa in der Regionalplanung zur Bestimmung neuer Straßen und Wohngebiete sehr wichtig und kommt auch im militärischen Bereich für die Aufklärung vor. Eine sehr einfache und zuverlässige Methode ist die der Differenzbildung von Bildpaaren. Dabei geht man von zwei zu unterschiedlichen Zeitpunkten aufgenommenen Bildern aus, die, eventuell nach einer geometrischen Korrektur, gleich orientiert sind. Die bildelementweise Differenz der entsprechenden Grauwerte gibt dann eine Aussage über die Unterschiede in diesen Bildern.

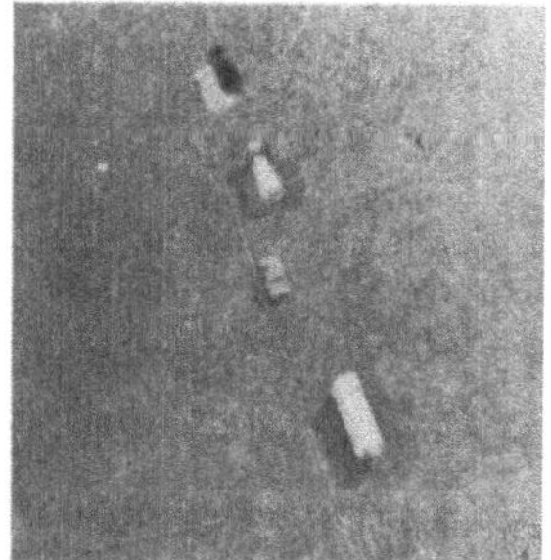

Bild 3.25: Auswertung einer Bildfolge durch Differenzbildung

In Bild 3.25 sind zwei Aufnahmen eines Siedlungsgebietes unter gleichen Aufnahmebedingungen zu unterschiedlichen Zeitpunkten gemacht worden. Im Differenzbild ist die unveränderte Umgebung grau wiedergegeben und die Veränderungen in schwarz und weiß dargestellt, um sie hervorzuheben. In der Regel müssen vor der Differenzbildung die beiden Bilder angepaßt werden, denn selbst unter gleichen Aufnahmebedingungen können etwa durch eine veränderte Beleuchtung (Schatten) identische Objekte unterschiedlich wiedergegeben werden.

Die eigentliche zeit- und rechenintensive Bildverarbeitung liegt in der Merkmalsextraktion [*feature extraction*]. So muß man etwa zur Auffindung und Klassifizierung von vorgegebenen Mustern in einem Bild [*pattern recognition; image detection*] Schablonen mit allen Objekten im Bild vergleichen. Bei ausreichender Ähnlichkeit wird ein Objekt dann einer bestimmten Klasse zugeordnet. Zur Feststellung von Ähnlichkeiten dient häufig die oben behandelte Korrelation, die sich effektiv mit Hilfe der Schnellen Fourier-Transformation berechnen läßt, aber auch verschiedene Verfahren der statistischen Entscheidungstheorie werden oft zur Klassifizierung benutzt. Das Aufstellen eines Merkmalvektors [*feature vector*] ist mit einer enormen Datenreduktion verbunden und bringt gleichzeitig einen Gewinn an Informationen über die im Bild interessierenden Objekte.

Will man z. B. zur Vorausschätzung von Ernteerträgen auf einem Satellitenbild Getreideanbauflächen nach Getreidearten klassifizieren, so muß man zuerst die Vegetationsgebiete erkennen. Dabei interessieren nicht andere Merkmale im Bild wie etwa eine Straße, ein Fluß oder eine Ortschaft. Hat man die Getreideanbauflächen extrahiert, so muß man dann noch nach den verschiedenen Getreidesorten differenzieren.

Solche Aufnahmen machen zur Zeit Satelliten der Serien Landsat von der NASA (USA) und Meteosat von der ESA (European Space Agency). Diese Satelliten senden per Funk die Daten ihrer Abtastgeräte (Multispektral-Scanner) aus sichtbaren und Infrarot-Spektralbereichen. Die Auflösung der Landsat-Bilder ist ca. 55 x 80 m, d. h. diese Fläche entspricht einem Bildelement des digitalen Bildes, das ein Gebiet von ca. 185 km x 185 km umfaßt und somit mehr als 7,5 Millionen Bildelemente enthält. Aufgrund dieser immensen Datenmenge kann man nur Teilbildbereiche verarbeiten. Verschiedene Regionen lassen sich durch die unterschiedlichen Signalintensitäten in den einzelnen Spektralbereichen erkennen. Nach einer genauen Analyse der einzelnen Signalintensitäten ist man etwa in der Lage, einige Getreidekrankheiten schon im Frühstadium zu erkennen.

Die Analyse von Farbbildern ist sehr aufwendig, und man muß zudem beachten, daß eine unabhängige Verarbeitung der drei Farbauszüge Rot, Grün und Blau oft zu Verfälschungen führt.

Die eigentliche Bildauswertung ist ein noch junges Forschungsgebiet und so komplex, daß sie auch in absehbarer Zeit nicht vereinheitlicht sein wird. Inzwischen gibt es schon Erweiterungen auf die Verarbeitung von 3-dimensionalen Bildern, wobei die dritte Komponente nicht notwendig auch eine räumliche sein muß, sondern zum Beispiel das Wellenlängen-Spektrum des Lichtes in jedem Punkt beinhalten kann. Auch gibt es optische Techniken in der Bildverarbeitung, etwa für die Korrelation, die eingeschränkt anwendbar sind, sich aber durch einen sehr schnellen Operationsablauf auszeichnen.

3.4 LITERATUR

Für das noch junge Forschungsgebiet der (digitalen) Bildverarbeitung gibt es nur wenige Lehrbücher. Nützliche neuere Methoden werden zur Zeit größtenteils in Fachzeitschriften und Tagungsberichten veröffentlicht.

Vier einführende, leicht verständliche Bücher sind:

K. R. CASTLEMAN:
Digital Image Processing
Prentice Hall, Inc., Englewood Cliffs - New Jersey (1979)

R. C. GONZALEZ - P. WINTZ:
Digital Image Processing
Addison-Wesley Publishing Company, Inc. (1977)

W. K. PRATT:
Digital Image Processing
John Wiley & Sons, Inc. (1978)

A. ROSENFELD - A. C. KAK:
Digital Picture Processing
Academic Press, New York - San Francisco - London (1976)

Ein sehr gutes, anwendungsorientiertes Buch ist:

H: KAZMIERCZAK (Hrsg.):
Erfassung und maschinelle Verarbeitung von Bilddaten
Springer-Verlag, Wien - New York (1980)

Folgenden Lehrbüchern wurden angeführte Bildbeispiele entnommen:

Aus CASTLEMAN: Digital Image Processing
Bild 3.15 (S. 120)

Aus GONZALEZ - WINTZ: Digital Image Processing
Bild 3.2 (S. 207), Bild 3.3 (S. 165), Bild 3.7 (S. 25), Bild 3.8 (S. 26/27), Bild 3.16 (S. 325)

Aus PRATT: Digital Image Processing
Bild 3.10 (S. 317), Bild 3.11 (S. 333)

Aus KAZMIERCZAK: Erfassung und maschinelle Verarbeitung von Bilddaten
Bild 3.12 (S. 36), Bild 3.25 (S. 119)

Aus T. S. HUANG (Ed.): Picture Processing and Digital Filtering
Topics in Applied Physics, Vol. 6, Springer-Verlag, Berlin-Heidelberg-New York (1979)
Bild 3.14 (S. 192)

Aus J. P. FOITH: Digitale Bildverarbeitung und Szenen-Analyse
Vorlesungssript WS 79/80, Universität Karlsruhe
Bild 3.5 (S. 38)

Aus T. M. CANNON - B. R. HUNT: Bildverarbeitung im Computer
Spektrum der Wissenschaft, S. 98 - 111, Dezember 1981
Bild 3.1 (S. 110), Bild 3.13 (S. 108)

SACHWORTVERZEICHNIS

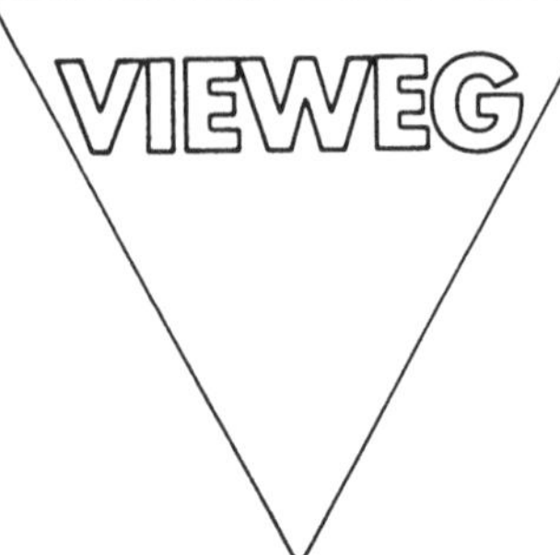

Bernd Rosenstengel/Udo Winand

Petri-Netze

Eine anwendungsorientierte Einführung. Hrsg. von Paul Schmitz und Norbert Szyperski. 2., ergänz. und verb. Aufl. 1983. XV, 169 S. mit 97 Abb. 16,2 X 22,9 cm. (Programm Angewandte Informatik.) Kart.

Das Buch ist als eine erste Heranführung an die Theorie der Petri-Netze und deren Erweiterungen für potentielle Anwender im betriebswirtschaftlichen Bereich gedacht. Diese nach C. A. Petri benannte Theorie ist durch die graphische Darstellungsmöglichkeit besonders geeignet, komplexe und abstrakte Systemzusammenhänge sowohl anschaulich als auch kommunizierbar abzubilden und zu analysieren. Ein wesentliches Merkmal der Theorie ist die explizite Einbeziehung dynamischer Elemente in die graphische Repräsentation und ihre Kalküle.

Der Text verdeutlicht durch erläuternde Beispiele die genannten Aspekte in den Grundzügen für einen interessierten Leser ohne besondere Kenntnisse der Mathematik oder Informatik. Dabei wird weniger auf Vollständigkeit als auf die Vermittlung eines Gefühls für Anwendungen Wert gelegt. Die große Anzahl graphischer Darstellungen soll Mißverständnissen oder Schwierigkeiten vorbeugen. Zur Vertiefung und Selbstkontrolle sind für jeden Abschnitt Aufgaben mit Lösungen angegeben. Ein Glossar erleichtert das schnelle Sich-Wieder-Einfinden in den Text.